U0158857

王军 著

拾年

生活·讀書·新知 三联书店

图书在版编目（CIP）数据

拾年／王军著. —2 版. —北京：生活·读书·新知
三联书店，2020.6
ISBN 978 – 7 – 108 – 06645 – 9

Ⅰ.①拾… Ⅱ.①王… Ⅲ.①城市史－建筑史－北京
Ⅳ.① TU–098.12

中国版本图书馆 CIP 数据核字（2020）第 014036 号

责任编辑　刘蓉林
封扉设计　薛　宇
装帧设计　罗　洪
责任印制　宋　家
出版发行　生活·讀書·新知 三联书店
　　　　　（北京市东城区美术馆东街 22 号）
邮　　编　100010
经　　销　新华书店
印　　刷　北京图文天地制版印刷有限公司
版　　次　2012 年 8 月北京第 1 版
　　　　　2020 年 6 月北京第 2 版
　　　　　2020 年 6 月北京第 3 次印刷
开　　本　720 毫米 ×1020 毫米　1/16　印张 25.5
字　　数　260 千字　图 265 幅
印　　数　20,001 – 30,000 册
定　　价　78.00 元

目　录

2011 年 4 月 8 日，一位女孩在北京菜市口校场三条跳绳，她
所在的胡同位于金中都故城之内、辽南京东城墙左近，这片区
域已被官方划入组织论证后实施的危改项目范围　王军摄

前 言

这一个十年

　　写下"拾年"二字，心中滋味万千。此刻，距离《城记》搁笔已整整十载。

　　还记得 2001 年疯狂度过的日日夜夜。那时，我在新华社北京分社任职，是跑新闻的记者，那一年大事小事不断——北京申办奥运、中国加入世贸……一项项报道任务令我无比兴奋，又是应接不暇，心中还惦记着家里的书桌，那上面有我未写完的《城记》。

　　经常是夜里才回到这张书桌前。一抬头，天色已亮。

　　那一年的 7 月 13 日，北京时间 22 时 08 分，新华社赴莫斯科记者发来急电：2008 年奥林匹克盛会选择了北京。

　　中国的大门，不可逆转地向世界敞开了。这一刻，来得如此艰辛，为了这一扇门的打开，近代以来，多少无辜的生命为此付出。

　　中国，这个从公元 6 世纪开始，在一千多年时间里领跑世界文明的国度，自 1840 年以来，在列强的枪炮之下，经历了沉沉的失落。

　　一个自视为"天朝上国"之邦，对自己的文明产生了深深的怀疑，废旧书、废古物、废汉字的呼声日隆，虽然另一股力量在与之抗衡，期望"整理国故"以"再造文明"，但一次又一次，被集体的情绪湮没。

　　严复（1854～1921）把赫胥黎（Thomas Henry Huxley, 1825~1895）的著作《进化论与伦理学》（*Evolution and Ethics and Other Essays*）译成了《天演论》，竟是以改编原著的方式，将达尔文的进化论植入中国人的心灵。

　　在赫胥黎看来，在自然界，物种之间的关系是竞争进化、适者生存，但人类存在一种伦理关系，能够互助互敬、相亲相爱，不同于物种之间的关系。但严复不以为然，认为人类社会也是生存竞争、优胜劣败，便略去赫氏著作之伦理学部分，只保留进化论部分，并在书中借题发挥。

　　《天演论》风靡一时，影响了好几代人——你竞争不过别人，被人家欺负，就是劣败啊！从鸦片战争，到甲午战争，再到庚子之战……你不就是劣败吗？你再要去搞什么民族的东西，不就是要亡国吗？

有一天，我读到 1955 年梁思成（1901～1972）承受的责难——"如果要用机器的就都不要民族形式，用民族形式就成为卖国主义"，心中想到的，还是那一部《天演论》。

严复为什么把赫胥黎幻想的仁爱家园，变成了尚武社会？是他太想着给积贫积弱的旧中国下一剂猛药吧？

从自认技不如人，再到自认文化落后、人不如人，中国人的心灵经历了怎样的煎熬？1948 年 3 月，朱自清（1898～1948）撰文反对北平文物整理委员会修缮文物之请，理由包括："不同意过分地强调保存古物，过分地强调北平这个文化城"，"今天主张保存这些旧东西的人大多数是些'五四'时代的人物，不至于再有这种顽固的思想"。言语之中，还透着《天演论》的逻辑啊。

东西方文明的悲剧性碰撞，在中国社会内部形成一个巨大的投影——求富自强，总是伴随着对祖宅的摧毁、共同记忆的灭失，儿孙们顾不得思量其中的曲直，先是要把它荡平了再说。甚至，这才叫爱国。

这样的线索渐次演绎，便被掺杂太多的利益。一套逻辑哪怕持续一时，也会衍生既得利益，久而久之，逻辑也就是名义上的存在，但它还被立在那儿，因为可以掩护另一种逻辑。

北京如此伟大，难道我们还感觉不到吗？在北京成功申办奥运会的那一天深夜，我目睹长安街上欢腾的人流，心中充满对和平的祈愿，还有对这个城市的忧虑。

我又回到那一张书桌前，继续写那一部《城记》。回家路上，我看到元大都的土儿胡同、香饵胡同……被夷为了平地。

这个城市是我们的家园，我们已把它建成了世界上立交桥最多的城市，同时，也是最堵的城市。我们付出了如此之代价，换来的却是这样一个现实。难道北京举办奥运、中国加入世贸带来的空前发展机遇，只会更加剧这样的不堪？

我疯狂地敲打着键盘，完成了《城记》的写作，对 20 世纪 50 年代以来北京城市改造历程作了一个初步的梳理。末了，做了一梦，梦见北京的总体规划要修编了，不再在老城里面大拆大建了。

怀着这一个梦，我投入另一项工作，与同事刘江合作，对北京的城市发展模式展开调研，试图回答：北京既有的城市结构能否适应奥运会申办成功之后大发展的需要？

这组调研引起了决策层的关注，工程浩大的北京城市总体规划修编随后启动。2005 年 1 月，国务院批复了《北京城市总体规划（2004 年至 2020 年）》，明确了整体保护旧城、重点发展新城、调整城市结构的战略目标。

可是，推土机仍保持着强大的惯性，问题因此趋于复杂。千重万叠的矛盾被推演至 2011 年——北京成功申办奥运、中国加入世贸 10 周年。这一年，北京的常住人口突破 2000 万人，一季度地铁出行人数逾 4 亿人次，北总布胡同梁思成、林徽因 (1904 ~ 1955) 故居被野蛮拆毁，第三次全国文物普查显示，北京市共有 969 处不可移动文物消失……

2001 年梁思成诞辰 100 周年，2011 年梁思成诞辰 110 周年，清华大学举办了两次纪念活动，我有幸两次应邀出席，作了两次演讲。去年的那一讲讲完，不禁心生感慨：十年过去了，这是怎样的十年啊？

这十年里，北京制定了那么一个总体规划，终于回到了 1950 年梁思成与陈占祥 (1916 ~ 2001) 描绘首都建设蓝图未竟的理想——建设多中心、平衡发展的城市。这个规划关系那么多人的福祉，应该以怎样的方式实现？

我眼前，又浮现出那一幢幢被我最后触摸的老屋，和那一片片承载着如此动人的情感，又相继离我而去的胡同、老街……

我把这十年通过不同渠道发表的文稿归拾起来，略加编辑、修订，汇集成书。这一篇篇文章，见证了这个伟大的城市，在过去十年的奋斗历程，及其生死纠葛。

这本书的第一章"守望古都"，试图结合北京旧城改造的新近情况，提出较少被关注的北京唐辽金故城的保护问题，以及廓清北京早期城市史的紧迫问题，再由此出发，对北京在城市规划、建筑艺术等方面长期存在的矛盾进行梳理，交代相关背景，明确当下使命。

第二章"再绘蓝图"展示了北京在成功申办奥运会之后调整总体规划的情况，包括专家意见与学术争论、修编过程与决策背景、历史文化名城保护政策的演变历程。第三章"十字路口"则揭示了新修编的总体规划在实施中面临的突出问题。

以上三章，搭设了本书的叙事框架，第四章"重建契约"则试图通过对城市生命机制的探讨，使这个框架血肉丰满，涉及土地政策、拆迁政策、税收政策等，事关城市化转型的战略问题。

第五章"营城纪事"则通过对相关历史的叙述，将前章所列事项，置于一个更为深远的背景，在古今中外的尺度之下，丰富观察与思考当前问题的视野，并由此导入第六章"岁月留痕"的"遭遇战"与第七章"梁林故居"的激烈冲突。

第八章"此心安处"追忆了相关历史人物，以期将本书所牵扯的思绪与历史线索，和一个个具象的生命加以交织，领悟城市与心灵的关系。

收入本书的文章，我皆注明了书写时间，它们皆因当时的情境而成，前后或有因果关系，也可见证光阴的演进。一些事实被我一再提起，实是因为兹事体大，也希望读者能够设身彼时予以体谅。

我把这本书取名为《拾年》。拾年者，十年也，光阴重拾也；而城市，分明是光阴与心灵的造化。

　　它虽然是十分有限的记载，仍有加以呈现的必要，因为这一切，发生在这样一个十年。

王　军

2012 年 2 月 21 日

壹

守望古都

对宣南士乡的最后拆除

寻找失踪的北京城市史

中国传统与现代主义的决裂

守不住的天际线

保存最后的老北京

对宣南士乡的最后拆除

随着推土机将宣南夷为平地，拥有三千多年建城史、八百多年建都史的北京，将有很长一段历史无法说清。

2011 年 4 月 6 日，北京市西城区政府新闻办公室称，新会会馆将原址保留。喧闹的舆论一下子安静下来——戊戌变法时期梁启超（1873～1929）居住过的新会会馆，算是从正在被拆为废墟的"宣南士乡"死里逃生。

2005 年 1 月经国务院批复的《北京城市总体规划（2004 年至 2020 年）》（下称《总体规划》）规定："重点保护旧城，坚持对旧城的整体保护"，"停止大拆大建"。但这并不能阻止开发商对北京古代城市的发祥地——也是会馆建筑最为密集的宣南地区——进行最后的拆除。

新会会馆以西，金中都故城之内，以破旧立新之势盖出的"中信城"，自 2008 年底一期开盘以来，房价已从每平方米 16800 元跃升至 4 万元。

这片危改区北侧的菜市口，原是"戊戌六君子"就义的刑场，那里立起大幅广告牌，上书"人文北京，科技北京，绿色北京；新西城，新气象，新发展，新跨越"。

从保护区名单中消失

西城区新闻办公室试图澄清梁启超故居（新会会馆）将被拆迁的传闻，并针对媒体关于"粉房社区 30 余会馆未入文保范围"的报道作出解释：根据文物普查，该地区除新会会馆等少数会馆外，大部分不具备文物保护的价值。

新会会馆所在的大吉片地区，是宣南会馆云集之处。有清一代，编纂《四库全书》的文人墨客，以及曾国藩（1811～1872）、龚自珍（1792～1841）、林则徐（1785～1850）、黄遵宪（1848～1905）、康有为（1858～1927）、梁启超等著名人物，往来于大吉片的街巷胡同、会馆之间。那里是各地士人来京会考、述职、活动的场所，见证了公车上书、戊戌变法等中国近代史上的重大事件。

据北京市宣武区 ^❶ 建设管理委员会、北京市古代建筑研究所 1997 年编辑出版的《宣南鸿雪图志》记载，大吉片地区的会馆、寺庙、名人故居有 100 多处，其中会馆 80 多处。

2004 年 11 月，北京新修订的《总体规划》公示，大吉片被列入最新一批历史文化保护区。可在次年 1 月经国务院批复的《总体规划》最后文本中，它从保护区名单中消失了。

西城区新闻办公室 2011 年 4 月 6 日发布的信息显示，大吉片危改项目总体规划方案及专门编制的历史风貌保护方案于 2004 年通过专家论证并经北京市政府批准。

2005 年 7 月，大吉片危改一期启动。全国政协委员、清华大学美术学院教授李燕上书北京市有关部门，认为大吉片危改不符合《总体规划》的有关规定和国务院的批复精神，要求"迅速及时地保护拆剩下的可怜的北京老城历史文化遗迹"。

他附上一份署名"大吉片部分居民"的意见书，上称大吉片有大量的私人房产，"产权人具有占有、使用、收益、处分权，你给的钱再多，补偿再高，我可不可以不卖？市场经济不是反对'强买强卖'吗？"

2006 年 2 月，北京四中教师刘刚和朱岩、宋壮壮、陈冀然、李唐等 10 位高二学生，向北京市有关部门提交建议书，认为："宣南地区在历史演变过程中积淀了诸多独特的文化，不仅对宣武区是珍贵的历史文化遗产，而且在北京市各区县当中也是独具特色"，"其中更有众多在中国、在世界都有影响的瑰宝"。

他们建议，停止拆迁、整修现有院落；并表示，仅保留个别文物保护单位的做法，会是一个非常遗憾的结局，"我们相信也是多数北京人和外地人都不愿看到的，我们不赞成这个方案"。

但这并不能阻止开发商对这片古老的街区进行地毯式拆除。

"围攻"菜市口

从 1991 年至 2006 年，在大改造的背景下，北京旧城之内，文物部门仅在 1996 年公布了一处区级文物保护单位。宣南地区大多数会馆、寺庙和名人故居，未被列入任何一级文物保护名录。

大吉片危改启动之时，区域内仅有 1 处建筑被列为市级文物保护单位，8 处建筑被列为普查登记项目。

2007 年宣武区文化委员会表示，以上 9 处建筑物，4 处原址保护，包括康有为故居（保护范围扩大至整个南海会馆）、米市胡同 29 号楼房、梁启超故居（新会会馆内）、莆阳会馆（贾家

❶ 2010 年 7 月宣武区与西城区合并，称西城区。——笔者注

2011 年 4 月 7 日，北京菜市口大吉片危改区贾家胡同拆迁现场　王军摄

胡同新馆）；5 处异地迁建，包括陈独秀（1879～1942）和李大钊（1889～1927）等创办的《每周评论》旧址、潮州会馆、南横东街 131 号（《宣南鸿雪图志》载其为清朝接待朝鲜、琉球、安南、回部四处贡使的会同四译馆）、李万春（1911～1985）故居、关帝庙（潘祖荫祠）。

眼下，大吉片已被拆除逾半，《每周评论》旧址、潮州会馆、会同四译馆、潘祖荫（1830～1890）祠荡然无存。2007 年开始对这些建筑物进行的"异地迁建"招致社会舆论批评。这一年 11 月，对潮州会馆的"迁建"，是以农民工径自拆毁行事；此种方式在次年 3 月对会同四译馆、潘祖荫祠的"迁建"中重演，《新京报》报道称："会同四译馆和潘祖荫祠的北屋被工人以

普通房屋的拆毁方式全部拆除"，"有工人将一部分拆除下来的木质构架卖到附近的废品回收站，另一部分被拉走不知去向"。

未被列入任何一级文物保护名录的湘阴会馆、观音庵、张君秋（1920～1997）故居、奚啸伯（1910～1977）故居等，已被楼宇覆盖；关中会馆、湘潭会馆、地藏禅林、高庆奎（1890～1942）故居等，或已成废墟，或正被拆毁。

2007 年 9 月 26 日，宣武区建设委员会为北京天叶信恒房地产开发有限公司进行菜市口西片危改小区的土地一级开发，发出三个拆迁公告；10 月 10 日，又为北京中融物产有限责任公司实施棉花片危改（六期）工程，发出拆迁公告。一时间，在菜市口的东南、

拾年

守望古都

4

西南、东北部地带，大吉片、菜市口西片、棉花片三个危改项目齐头并进。

2009年6月，菜市口西北角的广安联合储备开发项目一期地块（下称广安片）启动拆迁。房地产开发项目对菜市口形成"围攻"之势，又涉及一批会馆、寺庙的存废。

尚未被扰动的是广安片以北、宣武门外大街以西的地区。但这一片的危改，已在2005年4月被北京市政府确定为组织论证后实施的项目。据《宣南鸿雪图志》记载，此区域内的会馆、寺庙、名人故居多达60余处。

"配合第三次全国文物普查在宣南一带发现了不少有价值的会馆。"中国文物学会会员刘征说，"现有四座比较重要，都不是文物保护单位，而临近或位于'危改'拆迁区，需要抢救。"

这四处建筑是菜市口西北的山左会馆、商州会馆，菜市口南侧与东侧的云南新馆、龙绵会馆。

"山左会馆堪称'京城第三孔庙'，这里过去的祭孔礼仪不同寻常，如同'孔氏家庙'，是一个非物质文化遗产突出，并与文物结合的典型例子，具备市级文物的价值。"刘征在实地调查后提出，"商州会馆是清末民初要

大吉片历史文化点分布图　岳升阳绘

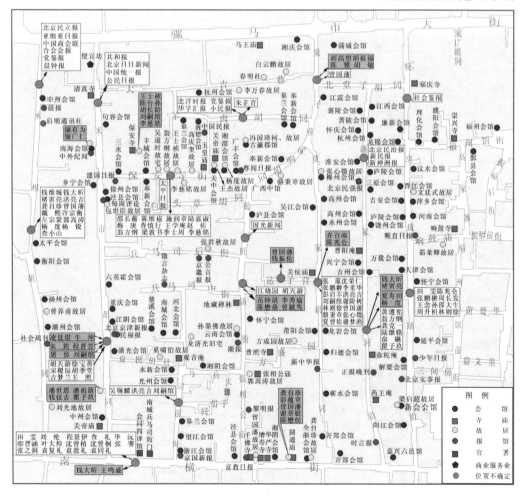

员晏安澜的故居、祠堂。变法维新期间，滇籍先进人士在康有为、梁启超等人影响下，在云南新馆发起成立滇学会。龙绵会馆则是'戊戌六君子'之一的杨锐、北洋大学督办李岷琛的活动场所。"

山左会馆位于校场头条 17 号，这处占地约 1000 平方米的山东唯一一座"省馆"，已沦为私搭乱建比比皆是的大杂院，高大的正房之前，有人在加盖二层房屋。

"这会馆是公家的房产，但公家不管，"该院一位老住户感叹，"有的人在外面有房了，仍在这儿占着，把公家的房子私自出租，甚至盖违章建筑出租。"

唐辽金故城之殇

宣南地区是北京古代城市的发祥地。西周的蓟城、唐代的幽州、辽代的南京、金代的中都，皆盘根于此。

新会会馆所在的粉房琉璃街，位处金中都关厢地带，有 17 处会馆、

此图显示了菜市口东南侧、西南侧、东北侧的大吉片危改项目、菜市口西片危改项目、棉花片危改项目在 2007 年的实施范围。2009 年，菜市口西北侧的广安联合储备开发项目一期地块（广安片）启动拆迁，房地产开发对菜市口形成"围攻"之势。上述四个项目均位于金中都故城之内，其中，广安片部分地段、菜市口西片位于唐幽州、辽南京故城之内

2007 年菜市口地区危改工程位置图 岳升阳标注

2011年4月7日，两个男孩在潘家胡同玩"网球式乒乓球"，他们身边的一处老宅已被拆毁。潘家胡同旧称潘家河沿，所沿之河，即金中都东护城河，这片区域已被划入大吉片危改项目拆迁范围　王军摄

寺庙见载于《宣南鸿雪图志》。其西侧的潘家胡同，旧称潘家河沿，为金中都东护城河流经之处，有15处会馆、寺庙见载于《宣南鸿雪图志》。

"这一带既有辽南京即唐幽州的旧街巷，又有金中都向外扩建后形成的新街巷。"北京地理学会秘书长王越说，"所谓大吉片这一带，是金中都东扩后形成的，这里的东西向主干道明显比西部密集，所以，在东西向主干道的两侧，还分布着南北向的次干道。具有千年历史的街巷居然要毁于一旦，这终将成为日后的遗憾。"

北京拥有三千多年建城史、八百多年建都史，但其古代城址状况，早于金代之前的，因无科学的考古报告，学术界众说不一。

2010年4月至7月，北京市文物研究所对丰台区丽泽商务区开发地段内的金中都西南隅遗址进行抢救性发掘，在国内首次发现金代铠甲，同时发现布局罕见的57排金代建筑遗址。

"再这么挖下去，发现更厉害的东西，就怕影响房地产开发了，"一位不愿透露姓名的文物界人士说，"那一片还没有弄清楚就让考古队撤离了。"

2010年7月7日，《北京晨报》报道："北京市文物局正积极与丽泽商务金融区管委会就文物保护相关事宜进行磋商，以确保B6—B7土地开发项目按期顺利实施。"

刘征描述了宣南的消逝过程："上世纪90年代椿树、牛街改造；2005年菜市口东拆迁；2009年广安片也拆了，仅剩最后一片——宣武门外大街以西地区，那里在辽金都城范围内，但至今都没有被列为历史文化保护区。"

"高昂的价格面前，仍然有数千人报名排号，希望在即将到来的三期开盘中幸运地选到一套房子。"中央人民广播电台"中国之声"2011年1月对"中信城"的销售作出报道，"就在人们焦急等待的时候，'中国之声'却调查发现，中信城有三百套左右的房子已经被提前内部团购了，而且价格大幅优惠。"

"部分房号已经被内部拿走，而且转卖叫价高达40万元。""中国之声"披露，"参与这次团购的不仅仅是中信集团的员工，还包括某区区政府的工作人员。"

2011年4月15日

寻找失踪的北京城市史

北京地下文物保护形势严峻，我们须付出最大努力扭转这一局面，除非我们甘愿让失踪的北京城市史在我们这代人手中彻底灭失，并永远承受子孙后代的谴责。

对于拥有三千多年建城史、八百多年建都史的北京来说，其古代城址的情况，早于金代之前的，因无科学的考古报告，学术界众说不一。这样的状况，与北京作为世界历史文化名城的地位极不相称，是必须尽快加以改变的。

近年来，在北京古城区内进行的大拆大建活动未能停止。考古工作如不能及时跟进，待众多建设项目掘地三尺之后，北京城市考古便无从谈起，北京城市史就将留下巨大空白。

地下文物保护问题获得了北京市政协文史和学习委员会的高度重视。2009 年 2 月 19 日，经主任扩大会议讨论，文史和学习委员会把"重点就地下文物保护问题开展专题调研"列入 2009 年工作要点。在这次讨论中，我作了一个发言，认为对于拥有悠久而灿烂历史的北京来说，其城市发展史迄今还有相当长的一段说不清楚，

是无论如何不能接受的。

我建议，北京市应该把地下文物保护作为一项重大的文化工程来对待，其核心任务是：以科学而系统的考古工作把失踪的城市史寻找回来。必须站在这个高度来认识地下文物保护的重要性和紧迫性，以此取得全市上下的共识，使地下文物保护得以主动而明确的实施。

何谓失踪的北京城市史

众所周知，蓟为北京建城之始。《礼记·乐记》载，孔子（公元前 551 年～公元前 479 年）授徒曰："武王克殷反商，未及下车而封黄帝之后于蓟。"《史记·燕召公世家》称："周武王（约前 1087 年～约前 1043 年）之灭纣，封召公于北燕。"这是北京主城区一带创建城市的重要记录。据北魏郦道元(466

金中都城址图　岳升阳绘

为显示金中都真实地存在于现有的城市之中，岳升阳应笔者之请，结合近年来的调查资料，在 1951 年的北京航拍图上绘成此图。航拍图由遥感考古联合实验室提供，显示了金中都故城的大部分范围

年或 472 年～ 527 年)《水经注》记载，蓟得名于蓟丘。蓟丘位于何处？学术界说法不一。目前的主流论断是，蓟城的中心位置在今宣武区广安门内外。这是根据《水经注》所记"今城内西北隅有蓟丘"，及同书所记蓟城之河湖水系的情况得出的，惜无相应的考古勘探为证。

春秋时期，燕并蓟，移治蓟城。

东汉起，蓟城为幽州治所，隋废幽州改置涿郡，唐改涿郡为幽州，称蓟城为幽州城。契丹 936 年占据幽州，938 年改国号为"大辽"，升幽州为陪都，号南京，又称燕京。学术界根据北京古代水系分布情况，以及悯忠寺（法源寺）、天宁寺在唐幽州、辽南京城内位置的历史记载，确认蓟、幽州、辽南京的核心位置在今宣武区一

带。而这些城市的城墙边界何在？城内如何部署？由于缺乏科学的考古调查，至今无人说得清楚。

1125年，金攻陷辽南京；1151年，金决定迁都南京；1153年，改南京为中都，这是北京建都之始。金中都以辽南京为基础，向东、南、西三面扩建而成，城内置六十二坊，皇城略居全城中心，前朝后市，街如棋盘。新中国成立后，考古部门对金中都的城垣遗迹作了调查，对历来有争议的中都城周长，通过实地勘测得出较准确的数据。而中都城十二门的具体位置，因只有历史文献考证，以及上世纪五六十年代的踏察，尚停留在"大体可以确定"的阶段。

1215年，蒙古攻陷中都；1267年，忽必烈（1215～1294）在中都东北郊大规模营建大都新城。对元大都城址的考古工作，中国科学院考古研究所、北京市文物管理处元大都考古队从1964年开始进行，至1974年基本结束，先后勘察了元大都的城垣、街道、河湖水系等遗迹，发掘了十余处不同类型的居住遗址和建筑遗迹，形成了《元大都的勘察和发掘》《北京后英房元代居住遗址》《北京西绦胡同和后桃园元代居住遗址》等报告，证实元大都南城墙在今东西长安街稍南，今建国门外南侧的古观象台即元大都城墙东南角墩台旧址，元大都的中轴线与明清北京的中轴线吻合，今天北京内城有许多街道和胡同仍保存着元大都街道布局的旧迹，等等。

此项工作，填补了元大都研究的空白，为城市考古积累了丰富经验。遗憾的是，这类科学而系统的考古工作未能朝着北京更为久远的历史延伸，以至于对元代之前，特别是金代之前北京城址的状况，至今多停留在文献和推测阶段。

不该被忽略的城市考古

1990年和2000年，北京市先后两次发起大规模的旧城改造，与蓟、幽州、辽南京关系密切的宣武区一带，改造活动剧烈。1990年在北京西厢道路工程中，北京市文物研究所沿宣武区滨河路两侧，探得金中都宫殿夯土13处，南北分布逾千米，并作局部发掘，确定了应天门、大安门和大安殿等遗址位置。但在此后的大规模旧城改造中，尽管在宣武区不时有一些地下古遗迹在施工中被发现，但它们都不是文物部门主动发掘的结果，它们往往得不到应有的重视，甚至被施工单位野蛮地破坏。

2000年至2002年，北京拆除的危旧房总计443万平方米，相当于前十年的总和。值此旧城改造的关键时期，北京市文物部门并没有把主要考古力量放在旧城区，旧城内除个别地点外，几乎都被放弃了。

2001年，在宣武区菜市口西南侧一处建筑工地，地下挖出百余口古井。据在现场调查的北京大学城市与环境学院副教授岳升阳辨认，这些古井从战国、西汉、东汉，到唐、辽、金、

1968年，经周恩来总理指示，北京古观象台在地铁施工中免遭
拆毁。这处明清两朝的天文观测中心，利用元大都城墙东南角
墩台建成，明称观星台，清称观象台　王军摄

元不同时期的都有，证明这里是古代
北京城市人口长期聚居的地方。可这
个极其重要的发现，未获文物部门重
视，仅宣武区档案馆派人收走一个完
整的陶井圈。

　　这处建筑工地的基坑吃掉了烂
缦胡同的北部，这条胡同一线，一直
被认为是辽南京和唐幽州的东城墙
位置所在。清人赵吉士（1628～1706）
在《寄园寄所寄》中写道："京师二
月淘沟，秽气触人，南城烂面胡同（烂
缦胡同旧称——笔者注）尤其。深广各二
丈，开时不通车马，此地在悯忠寺东。
唐碑称寺在燕城东南隅，疑为幽州节
度之故濠也。"岳升阳在工地的基坑
里找到了烂缦胡同的剖面，从赵吉士

生活的康熙时期的地层往下看，被扰
动的路土根本就没有到达唐代的地
层，它显然不是幽州的故濠。那么，
唐幽州和辽南京的东城墙到底在什
么位置？

　　岳升阳多次建议在北京开展城
市考古，他撰文指出："十五"期间，
金中都宫殿遗址和园囿遗址区域内出
现了大量工程，有的工程甚至就位于
大安殿遗址处，考古部门却没有进行
调查。烂缦胡同工程也在此时施工，
这是解决唐幽州城东城垣位置的绝好
时机，却也被错过了。国家大剧院工
地处于北京古代河渠水系的重要节点
之地，不同时期交错叠压的河道、池
塘、道路、堤岸、建筑、暗沟，以及

众多的木桩、遗物为人们展示出城市演变的历程，却没有得到考古调查。"十五"期间，北京没有城市考古成果出现在每年的全国十大考古发现中，而杭州在"十五"期间有四项考古成果入选当年的全国十大考古发现，有一年甚至同时入选两项。杭州曾是南宋都城临安，与之对应的正是北方的金中都，虽然金中都宫殿遗址上也有大量工程，却与考古工作者失之交臂。

岳升阳认为："这些年到处都在施工，文物部门只要盯住这些工地，把它当作一个事情，作为城市考古来对待，用不了多少年就可能把问题搞清楚。否则，等这些工地都挖完了，就再也没有机会了。"他的意见很值得倾听。

地下文物保护形势严峻

《中华人民共和国文物保护法》第二十九条规定："进行大型基本建设工程，建设单位应当事先报请省、自治区、直辖市人民政府文物行政部门组织从事考古发掘的单位在工程范围内有可能埋藏文物的地方进行考古调查、勘探。"

2004 年，《北京市实施〈中华人民共和国文物保护法〉办法》第十九条规定："在地下文物埋藏区进行建设工程的，建设单位应当在施工前报请市文物行政部门组织考古调查、勘

2010 年 7 月 7 日，北京丰台区丽泽商务区开发地段内，经抢救性发掘的金代建筑遗址。远处的高层建筑之前，为金中都西城墙位置处。这片金代建筑遗址位于金中都西南角，紧临南城墙与西城墙，东西长 448 米，南北长 465 米，面积 208320 平方米，共发现房址 57 排，布局罕见。据考古工作者初步推测，这可能是金朝晚期守城士兵的营房遗址，也是迄今发现的最大规模金代建筑遗址　王军摄

探。在旧城区进行建设用地一万平方米以上建设工程的，建设单位应当在施工前报请市文物行政部门组织在工程范围内有可能埋藏文物的地方进行考古调查、勘探。"

可是，以上规定并未得到严格执行。北京市政协委员、北京市文物研究所所长宋大川2007年1月在题为《关于将地下文物保护列为建设项目审批前置条件的建议》的提案中称，"旧城建设审批至今没有很好地落实，并没有严格执行'旧城范围一万平方米以上的建设工程施工前报请文物部门在工程范围内进行考古调查、勘探'的规定，国家法规形同虚设。旧城区的改造工程、市政规划工程，至今没有一处在建设前由文物部门做过地下文物的勘探与保护"。

2009年1月，北京市政协文史和学习委员会以党派团体提案形式，提出加强北京市地下文物保护工作，指出："工程建设中有法不依的现象时有发生；旧城区地下文物保护工作落实不力"，"旧城内的建设工程多是在施工中发现文物被群众举报后被动保护。据统计，2004年到2006年，施工前未进行勘探，经群众举报后文物部门才参与保护的项目，郊区有12项，旧城以里多达79项"。

以上情况表明，北京地下文物保护形势严峻，我们须付出最大努力扭转这一局面，除非我们甘愿让失踪的北京城市史在我们这代人手中彻底灭失，并永远承受子孙后代的谴责。

2009年5月24日

中国传统与现代主义的决裂

梁思成先生在建筑理论上的探索是真诚的，可是他的真诚，在 1955 年被一个"大屋顶"庸俗化、儿戏化、政治化了。

首先感谢清华大学给予了我这个普通的新闻记者一次机会，能够在今天这个神圣的讲台上谈一些我近年来对梁思成先生学术思想的研究体会。

我是在新华社负责北京建筑报道的一名记者，随着工作的深入，我越发强烈地感到，对于北京的建筑报道，甚至是中国建筑的报道，梁思成先生是如此巨大的一个存在，你是无法绕过去的。我还感到，对于梁思成的学术思想，直到今天，还是众说不一。比如，我今天准备演讲的题目，是关于 1955 年批判梁思成建筑理论的这件事，而对于这件事，过去都快半个世纪了，不同人还是得出不同的结论。

有人认为这件事基本是正确的，甚至是完全必要的；有的人认为这件事唯一的缺点就是火气大了些；有的人还把这件事跟 1990 年代中期出现的建筑民族风格问题相提并论，认为后者是"死灰复燃"；有的人则认为

这件事是彻底错误的，用政治批判对待学术问题是粗暴的，对此必须反省并且"拨乱反正"……

我很遗憾地看到，对这个问题，甚至包括拆除北京城墙的问题，以及"梁陈方案"的问题，这一系列因为梁思成先生而引发的，至今仍是牵动国内建筑界、文化界甚至是社会公众复杂情感的问题，尽管是在今天纪念梁思成先生已被提到一个空前高度的时候，掌握城市发展命脉的政府主管部门仍未作出明确而公允的结论。以至于我们这些记者，在对这些问题进行报道时，居然也会对这些陈年老事产生强烈的"敏感"，畏首畏尾，而很难成功。

我有时会想，正是因为建筑是如此密切地跟人们的生活发生联系，所以，提出"作出明确而公允的结论"的要求，是不过分的。没有对过去进行科学的反思，今天我们又怎会拥有

"我们·必须追上·掷事
——苏溶夫："暗光照
尼古拉·昼

合理的建设？今天，我们已能感受到，在北京这个城市生活起来不是那么的方便，这是为什么？难道我们还没有理由对我们走过的历史作一番总结吗？

在这个问题上，我非常赞成刘小

石先生的一个观点，那是 4 月 8 日在中国美术馆举行的梁思成建筑设计双年展上，刘小石先生说的一句话。他说，国内许多学科，已经对过去的各种错误的做法作出了反思与总结，统一了认识；可是建筑界一直没有这样

1954 年梁思成在《祖国的建筑》一书中发表的《想象中的建筑图》之"三十五层高楼"　林洙提供

是资产阶级唯心主义。那么,今天出现的这种严重混乱的建筑事实,又有谁去检讨它那惊人的浪费或什么主义的问题呢?

我今天演讲的题目是《1955年:中国传统与现代主义的决裂》。有人可能会问:梁思成不就是搞"大屋顶"的吗?这场批判怎会跟现代主义沾上边?

其实,这是一个巨大的误会。还是在4月8日的梁思成建筑设计双年展上,我看到一位方案设计者写道,梁思成建筑理论的精华是"大屋顶",更是强烈地感到这种误会恐怕快成"真理"了。

在给这次学术会议提交的论文中,我只是强调一个观点,就是梁思成先生对中国建筑传统的研究是从现代建筑理论出发的,正因为如此,他才发现了中国传统建筑中的"现代主义成分",他又发现这种可贵的"成分",正是他所理想的"中国新建筑"的生长点,他试图在这个基础上,实现中国传统与现代主义的嫁接。而他对"中国新建筑"的探索,又由于1950年代那样特殊的社会环境,出现了十分局促而匆忙的情况,以至于最高领导人出于个人建筑的偏好,发

做,这导致建筑思想的混乱,这种混乱到今天还在继续。

可怕的不仅仅是这种思想的混乱,而是因为这种混乱的思想,必将直接产生大量无法更改的混乱事实。当年批判梁思成先生,是说他搞浪费,

动了对梁思成建筑思想的"围剿"，其结果是，梁思成先生所理想的中国传统与现代主义的"嫁接"，变成了"决裂"，并导致了建筑思想的空前混乱。

梁思成先生所发现的中国传统建筑中的"现代主义成分"是什么？

在他的第一篇古建筑调查报告——1932年写著的《蓟县独乐寺观音阁山门考》，与1935年写著的《建筑设计参考图集序》、1944年写著的《为什么研究中国建筑》、1950年的"梁陈方案"、1951年的《敦煌壁画中所见的中国古代建筑》、1962年的《拙匠随笔（四）从"燕用"——不祥的谶语说起》、1964年的《中国古代建筑史绪论》中，都在强调这样一个观点，即中国传统建筑的特点是先立骨架，次加墙壁，"每个部分莫不是内部结构坦率的表现，正合乎今日建筑设计人所崇尚的途径"，因此，中国传统与现代主义的结合，是能够创造"中国的新建筑"的。

我注意到，上述一些文章是在他被批判后写的。这表明，梁思成先生的学术思想并未因政治批判而被打倒，他的学术观点是始终如一的。所以，在1955年遭到批判之后，他躺在病床上对陈占祥先生说："不会放弃自己的学术思想"；所以，在1971年年底病危之际，他还在向陈占祥先生倾诉："在学术思想上要有自己的信念。"

我还特别举出一个极具悲剧性的事实，即在"梁陈方案"被推倒之后，看到大量新建筑不可避免地要涌入建筑风格完全统一的旧城区，梁思成先生只好"退而求其次"了。他先是要控制这些建筑的高度，未获成功，被苏联专家认为不能"永久证明人民民主国家的成就"。于是，他接着又退了一步，力求使旧城内的新建筑保持"中国建筑的轮廓"，可谓用心良苦。他的建筑理论就是在如此痛苦而急迫的情况下，投入了实践。

梁思成先生的选择是不难理解的。既然他"不能忍受一座或一组壮丽的建筑物遭受到各种各式直接或间接的破坏，使它们委曲在不调和的周围里，受到不应有的宰割"，他有什么理由不选择这个"退而求其次"呢？

任何理论都不是一蹴而就的。当年在那样心虑焦灼的环境下，这种实践出现了某种偏差，而这种做法，又是享有"一边倒"特权的苏联人以及掌握决策大权的领导者要求的，所以，又不能简单地把这种偏差让梁思成先生一人承担。

事实上，梁思成先生以学者的无畏，把这种"偏差"一人揽了下来。但他还是在1959年的一次建筑艺术讨论会上说，任何探索都有一个过程，毛主席写白话文，有时还要借用古诗词，建筑又为何不可呢？

我有时会想，如果当时不是那么急促的话，梁思成先生的探索又会是怎样的呢？

我注意到这样一个事实——1949年9月苏联专家来到北京，头一次见到梁思成先生的时候，就"指示"他必须把新建筑设计成"西直门那样"，可是梁思成先生与陈占祥先生在 1950 年提出的"梁陈方案"中，还是以现代建筑形式设计了他们所理想的旧城以西的行政中心区。这表明，梁思成先生在中国传统与现代主义结合的问题上是谨慎的，在不成熟之前，他宁愿选择现代建筑的形式，而他对于旧城之外的建筑风格，思想上是开放的。

所以，在 1957 年，他才会对华揽洪先生设计的现代主义建筑——儿童医院赞不绝口，尽管他与华揽洪先生的建筑观很不相同，甚至有冲突，但他还是称赞这幢建筑在"这几年的新建筑"中，是"最好的"。他又同时强调："华揽洪抓住了中国建筑的基本特征，不论开间、窗台，都合乎中国建筑传统的比例。因此就表现出来中国建筑的民族风格。"可见，梁思成先生并不是像一些人想象的那样，只知一味地给建筑扣"大屋顶"。

由此，联想到北京今天的建筑艺术问题。

如果说，"东方广场"因为没有被扣上一个"大屋顶"就成功了，我想在座的都不会同意。可是，这样恶劣的建筑，竟被称为首都的标志性建筑，它密密麻麻挤成一团，却敢说自己是"人性的设计"。我去年写了一篇文章，我说如果一堆酒店、公寓、写字楼，就成了首都的标志，是不是首都改行了？

我还想到另一幢建筑——和平宾馆。我的单位就在离它不远的地方。老和平宾馆是杨廷宝（1901～1982）大师设计的，是一个纯粹的现代建筑，但是它 8 层的高度当年却遭到梁思成先生的反对，尽管杨廷宝是梁思成尊重的老大哥。

可是，今天，在老和平宾馆之侧，69 米高的新和平宾馆起来了，杨廷宝先生的"杰作"几乎被它踩在脚下。梁思成先生如果今天还在，不知作何感想？

杨廷宝先生的这个作品，曾在 1952 年被苏联专家批判为资产阶级的"结构主义"，现在又被我们授予了建筑设计大奖。我也不知道，如果梁思成先生今天还在，又作何感想？

梁思成先生说过这样的话："建筑物在一个城市之中是不能'独善其身'的，它必须与环境配合调和。"可是，今天看来，在周围高楼大厦的环境下，杨廷宝先生的作品已是很能够与旧城"配合调和"的了。在这个问题上，我们今天似乎已很难摆脱"五十步笑百步"的尴尬。

但这并不是我们今天不需要真正的评论与思考的理由。

难道我们今天的新建筑，就必须与传统"决裂"地发展吗？

我时常感叹，如果当年，历史不逼着梁思成先生退那么一步，该是多么美好。但这并不是纠缠于过去，发"无病之呻吟"。因为，北京城市建设在否定梁思成之后，以单中心模式、拆除与改造旧城为方向进行发展，今天已能看到，在所谓现代化的旗帜下，这种发展又恰恰阻碍了一个现代城市基本功能的实现。这种发展模式如果不能得到"有机的疏散"，我们只会感到生活越来越不方便，同时，建筑艺术的探索空间，也越来越有限。

　　梁思成先生在建筑理论上的探索是真诚的，可是他的真诚，在1955年被一个"大屋顶"庸俗化、儿戏化、政治化了。这是梁先生的悲剧，也是整个社会的悲剧。

　　但愿我们今天，还能拥有梁先生那样的真诚。

2001年4月28日在清华大学"纪念梁思成先生百年诞辰学术会议"上的发言

拾年

守望古都

守不住的天际线

"这是一件令人悲伤的事情：一个有着最伟大城市设计遗产的国家，竟如此有系统地否定自己的过去。"

"多么壮丽的天际线啊！"

1980 年 5 月 30 日，贝聿铭在纽约为清华大学访美代表团作演讲，以动情的口气说："故宫！金碧辉煌的屋顶上面是湛蓝的天空。但是如果掉以轻心，不加以慎重考虑，要不了五年十年，在故宫的屋顶上面看到的将是一些高楼大厦。但是现在看到的是多么壮丽的天际线啊！这是无论如何都要保留下去的。怎样进行新的开发同时又保护好文化遗产，避免造成永久的遗憾，这正是北京城市规划的一个重要课题。"

这之前的 1978 年，阔别祖国三十多年后，贝聿铭重返故土。他第一次来到北京，登上景山，但见整个古城为一片"绿海"覆盖——高密度的四合院铺满了每一寸土地，青砖灰瓦，绿枝出墙；妙应寺白塔、北海白塔、德胜门箭楼等高大建筑充满韵律

地错落其间；中轴线上，正阳门、鼓楼、钟楼一字排开，金红二色的紫禁城宫殿群蔚为大观，在灿烂的阳光下，呈现出纵横一气、万物谐和的辉煌与安详。

那时，北京的城墙几无踪影可寻，经历上世纪五六十年代的大规模改造，以及"文化大革命"的"摧枯拉朽"，古都之美已经残缺，仍给贝聿铭强烈的震撼。

已是美国公民的他，缱绻在故国的思念中。1947 年，在纽约出任联合国大厦设计顾问的梁思成，动员贝聿铭回国投身建筑事业，那时正在哈佛大学执教的他，思乡之情甚笃，惜未能成行。

后来，他在美国的事业如日中天，设计了肯尼迪纪念馆、国家艺术馆东馆等里程碑式建筑，当之无愧地成为世界级现代主义建筑大师。可乡愁不减，他给三个儿子分别取名为贝定中、

贝建中、贝礼中，皆有中国之"中"。

"我是一个中国人。"在景山上，贝聿铭转过身来，向美国建筑师代表团的同行们自豪地表白。

谷牧（1914～2009）副总理邀请他到人民大会堂见面，说能不能在长安街上设计一个高层旅馆，贝聿铭婉言相拒。"我说不行，不敢做。做了以后，将来人要骂我，人家不骂我，子孙也要骂我。"1999 年，贝聿铭在北京向我忆起此事，仍作出强调，"进了故宫看见高楼都围住你，故宫就破坏了。"

此刻，与二十年前相比，他的心境如同这个城市的天际线，有了很大的改变。

站在故宫太和殿的平台上向四周眺望，林立的高楼和施工塔吊刺入眼帘，紫禁城的轮廓线正在被一处处"混凝土屏障"阻断。

贝聿铭向我苦笑了一下，"我是美国人，回祖国一年一次，所以我的话说出来没什么力量"。

都市计划的无比杰作

"人类在地球表面上最伟大的个体工程也许就是北京了。"美国著名城市规划学家埃德蒙·培根（Edmund N. Bacon, 1910～2005）在《城市设计》一书中发出这样的礼赞，"这个中国的城市，被设计为帝王之家，并试图成为宇宙中心的标志。这个城市深深地沉浸在礼仪规范和宗教意识之中，这些现在与我们无关了。然而，它在设计上如此杰出，为我们今天的城市提供了丰富的思想宝藏。"

北京现存的古城，其大部分街巷体系及空间格局肇始于意大利旅行家马可·波罗（Marco Polo, 1254～1324）叹为观止的元大都，其平面布局思想源自中国古代城市规划经典著作《周礼·考工记》："匠人营国，方九里，旁三门。国中九经九纬，经涂九轨。左祖右社，前朝后市。市朝一夫。"

1368 年，明大将军徐达（1332～1385）攻陷元大都，将北城墙南移五里；1405 年，明永乐帝朱棣（1360～1424）修筑紫禁城；1417 年，开始大规模兴建皇城；1420 年，将大都城的南城墙向南推移二里余，从现长安街一线移至现前三门一线；1553 年，明世宗朱厚熜（1507～1567）为加强城防，增筑外城。至此，形成了中轴对称，以紫禁城、皇城、内城、外城四重城墙环绕，总平面呈凸字形的城市格局。如此完整的城市面貌，基本保持至 20 世纪 50 年代初期。

1951 年 4 月，梁思成在《北京——都市计划的无比杰作》一文中，描述了北京的城市格局给予人们的审美冲击：

我们可以从外城最南的永定门说起，从这南端正门北行，在中轴线左右是天坛和先农坛两个约略对称的建筑群；经过长长一条市楼对列的大街，到达珠市口的十字街口之后，才面向着内城第一个重点——雄伟的正阳门楼。在门前百余公尺的地方，拦路一座大牌楼，一座大石桥，为这第一个重点做了前卫。但这还只是一个序幕。过了此点，从正阳门楼到中华门，由中华门到天安门，一起一伏、一伏而又起，这中间千步廊（民国初年已拆除）御路的长度，和天安门面前的宽度，是最大胆的空间的处理，衬托着建筑重点的安排。这个当时曾经为封建帝王据为己有的禁地，今天是多么恰当的回到人民手里，成为人民自己的广场！由天安门起，是一系列轻重不一的宫门和广庭，金色照耀的琉璃瓦顶，一层又一层的起伏峋峙，一直引导到太和殿顶，便到达中线前半的极点，然后向北，重点逐渐退削，以神武门为尾声。再往北，又"奇峰突起"的立着景山做了宫城背后的衬托。景山中峰上的亭子正在南北的中心点上。由此向北是一波又一波的远距离重点的呼应。由地安门，到鼓楼、钟楼，高大的建筑物都继续在中轴线上。但到了钟楼，中轴线便有计划地，也恰到好处地结束了。中线不再向北到达墙根，而将重点平稳地分配给左右分立的两个北面城楼——安定门和德胜门。有这样气魄的建筑总布局，以这样规模来处理空间，世界上就没有第二个！

"表面要北平化，内部要现代化"

目前已知近代以来北京最早制定的建筑高度控制规定，出现在 20 世纪 30 年代中期。

据王亚男所著《1900 ～ 1949 年北京的城市规划与建设研究》记载，1935 年 11 月之后，宋哲元（1885 ～ 1940）主持北平政务时期，为保护古都风貌，出台多项建筑物管理措施，包括《饬北平市政府着知市内商民建设楼层应遵守有关规定令》，提出"不独建筑线设定范围，即高度亦应限制"。

宋哲元还颁行了《建筑房屋暂行规则》，对建筑物间距、日照、通风、控制污染排放等作出详细的规定。宋哲元认为："北平市本属故都，原系行政区域，与完全商埠不同，旧日习惯，均系平房，居住极为适宜。若于房舍鳞比之处，突建高楼于其间，则邻居之光线空气，均受影响，殊于公共利益有碍。"具体规定包括：居住稠密区，概不准建筑高楼，有碍邻居之光线空气；建筑楼房，须于地方空阔之处，楼址周围须有三丈宽之空院，其最高度以二层为限，但须在十公尺以下，等等。

以上规定，不但使城市传统天际线得以维持，还使胡同院落体系的留存成为可能。

1947 年 5 月 29 日，北平市都市计划委员会成立，着手城市规划编制工作。市长何思源（1896 ～ 1982）提出"表面要北平化，内部要现代化"的规划原则。北平市工务局提出：把北平建设成为现代化都市，注重保存、保护历史文物与名胜古迹；发展

1972年兴建的北京饭店东楼对紫禁城形成压迫之势　王军摄

旅游区，重视文化教育；继续完成西郊新市区的建设，同时以郊区村镇为中心建设卫星镇。

这意味着，旧城以保护为主，新的建设将重点安排在西郊五棵松一带日伪时期遗留的新市区。1949年1月北平和平解放之后，这个想法一度为新政府坚持，但最终还是被放弃了。

对故宫"形成压打之势"

1949年5月8日，北平市建设局召开都市计划座谈会，梁思成、华南圭（1877～1961）、林是镇（1892～1962）、朱兆雪（1899～1965）、钟森（1901～1983）等专家与会。

这次会议上，梁思成提出将五棵松新市区建设为行政中心区，认为那里应该是"联合政府所在地或最少是市政府所在地"。

北平市建设局局长曹言行（1909～1984）向与会者通报："梁先生提出新市区的用途，现在我可以报告一下，将来新市区预备中共中央在那里，市行政区还是放在城内。"

与会的北平市市长叶剑英（1897～1986）表示："今天集中讨论一下西郊建设问题，免得老在北平城里挤。"

5月22日，北平市都市计划委员会成立。会议决定由建设局负责实地测量西郊新市区，同时授权梁思成带领清华大学营建系全体师生设计西郊新市区草图。

这项工作在1949年底遭遇挫折，应邀抵达北京指导城市建设工作的苏联专家，提出将中央行政区设于旧城内长安街沿线的规划方案，并在聂荣臻（1899～1992）市长主持的一次会议上，与梁思成、陈占祥发生激烈争论。

1950年2月，梁、陈二位提出《关

正阳门城楼

京师华商电灯有限公司烟囱

美军值房

大理院

中华门

景山

约翰·泽布朗 (John Zumbrun, 1875~1949) 拍摄的北京正阳门内中轴线景观 来源：
Thomas H. Hahn Docu-Images

照片拍摄时间稍早于 1915 年正阳门瓮城及千步廊拆除之前，可见中华门内千步廊的
建筑情形。彼时，天安门 "T" 形广场两侧，已被西洋式建筑合围，其东为东交民巷使馆区，
其西为北洋政府最高审判机构——大理院，后者为西洋式穹顶建筑，主穹顶正在搭架施工。
照片下方可见美国国旗，其所在院落为美国兵营。照片左下方可见庚子事变后美军在正阳
门东城墙上设立的值房。美国兵营之北为法国医院，其东为使馆区操场，后者是庚子事变后，
列强在使馆区周边拆出的缓冲地带。正阳门城楼后方，可见一根烟囱耸立，此为京师华商
电灯有限公司所设。成立于 1904 年的这家公司，利用井水发电，装机容量 300 千瓦，使
北京城内的主要街道能够装上电灯。

约翰·泽布朗在热气球上对北京城进行了 360 度的拍摄，共完成拼贴照片 5 张，此为
其一，照片左部可见牵引热气球的绳子。这位美国摄影师 1906 年来到中国，1929 年离开，
他说得一口流利的汉语，对中国的城市、地理、人文以及政界活动进行了广泛拍摄，还使
用电影胶片记录，涉及不同社会阶层。从中国回到美国加利福尼亚的家中，约翰·泽布朗
把带回来的底片、相片、书籍锁入一个大箱子，不再从事摄影职业，转而开办了一个大型
养禽场。直至 2009 年，那个箱子才被打开，沉睡了整整 80 年的中国影像重见天日。

东交民巷
使馆区操场

千步廊　　　　　　　　　　　　　　　　　　　　　　天安门

美国兵营　　　　　　法国医院

于中央人民政府行政中心区位置的建议》，认为中央行政区的最佳位置在西部近郊的月坛与公主坟之间。他们的建议未获官方采纳，苏联专家的方案得以实施，大规模的新建设开始在旧城之内发生。

建筑高度之争随之而来。在前述聂荣臻市长主持的会议上，梁思成表示旧城内的建筑高度应控制在二至三层，意在保持平缓开阔的空间格局。

"为什么城市一定要是平面的，谁说这样很美丽？"与会的苏联市政专家组组长阿布拉莫夫不以为然，"我相信人民中国的新的技术能建筑很高的房屋，这些房屋的建筑将永久证明人民民主国家的成就。"

提高建筑的高度，成为北京城市建设部门努力的方向。1953年7月，有关市政建设局及中共北京市各区委对城市规划提出意见："将党中央及

中央人民政府扩展至天安门南，把故宫丢在后面，并在其四周建筑高楼，形成压打之势。"

新建筑在故宫周围越盖越高，梁思成退而求其次，以都市计划委员会副主任的身份，把住审图关，要求新建筑须加上民族形式的大屋顶，以使旧城保持中国传统建筑的轮廓线，这招来了1955年对"以梁思成为首的复古主义建筑理论"的批判。

此后，梁思成被迫封笔，除接受写作任务，并按交代下来的精神交卷外，不再独立撰写任何有关建筑问题的文章。

高度控制失守

1972年1月9日，梁思成在"文革"风暴中逝世。一个月后，美国总统尼克松（Richard Milhous Nixon, 1913～1994）访华。1978年，中美两国发表建立外交

2008年11月13日，站在紫禁城平台上，可见其天际线被高层建筑刺破　王军摄

2009 年 6 月 21 日,从景山南望中轴线,可见远处的一幢高层建筑让中轴线发生"转折" 王军摄

2009 年 6 月 21 日,从景山北望中轴线,可见无序发展的高层建筑对中轴线及城市景观的影响 王军摄

2005 年 6 月 14 日,从鼓楼南望中轴线,可见平缓开阔的城市空间被一些高层建筑破坏 王军摄

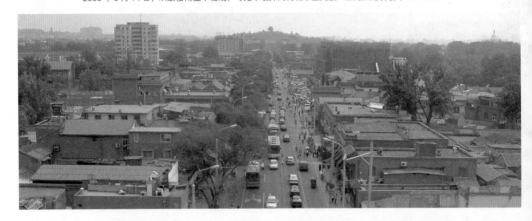

关系的联合公报。同年，贝聿铭踏上故国的土地。

在景山上，贝聿铭的眼睛被故宫东南侧的北京饭店东楼刺痛了。"它太高了，而且我认为它的形式也不恰当。"1997年，在接受哈佛《亚太评论》杂志专访时，贝聿铭对北京饭店东楼仍耿耿于怀。

1972年兴建的北京饭店东楼，最初设计高度逾百米，施工中发现其构成对中南海的窥视，建筑高度遂被减至87.6米。国务院总理周恩来（1898～1976）就此提出，北京应有一个控制建筑高度的规定，譬如城里45米，城外60米，研究后要把它确定下来。

北京饭店东楼是毛泽东（1893～1976）时代在旧城内建设的最高建筑，也是当时旧城内少有的高层建筑。20世纪50年代初期以来，北京市致力于彻底改变旧城面貌，但高层建筑的建设和运营成本较高，各单位又畏惧拆迁，不愿进城建设，使得旧城内的建筑高度不能全面提升；再加上政府财力不济，政治运动不断，改造旧城的计划连续受阻，旧城内甚至不能形成一条完整改建的街道。这样的情况持续到"文化大革命"结束之后。

20世纪80年代中后期，高层建筑开始在旧城内蔓延。在学术界呼吁下，1985年北京市出台《北京市区建筑高度控制方案》，提出以故宫为中心，分层次由内向外控制建筑高度。《北京城市总体规划（1991年至2010年）》也把建筑高度的控制作为保护历史文化名城的一项重点内容："长安街、前三门大街两侧和二环路内侧以及部分干道的沿街地段，允许建部分高层建筑，建筑高度一般控制在30米以下，个别地区控制在45米以下。"

贝聿铭认为自己为北京建筑高度控制方案的出台作出了贡献。"1978年我在清华大学做了学术报告，我对听众们说，你们要更考虑周到些。"贝聿铭对《亚太评论》说，"他们应该考虑一下总体的影响，考虑一下像紫禁城这样的因素。对一个建筑师来说，周围的环境是至关重要的。我想我的话是起了作用，对此我一直十分自豪，那以后，在紫禁城附近的区域再也不允许建造高层建筑了。"

高层建筑还是在故宫周围建了起来。20世纪90年代以来，北京旧城改造全面提速，建筑高度控制规定形同虚设。恒基中心高达110米，是规划限高的两倍多；故宫东南侧的东方广场大厦，东西绵延480米，高度接近70米……与故宫周边不断耸立的庞然大物相比，北京饭店东楼已是小巫见大巫了。

"二手货的城市"

1979年，清华大学教授吴良镛在北京市科协作题为《北京市规划刍议》的演讲："试想如果照有的报上所宣传的北京'现代化'城市的'远景'所设想的那样：'将来北京到处都是现代化的高层建筑，故宫犹如其中的峡谷'，那还得了！"

北京内城明城墙东南角楼附近的"建筑将军" 王军摄

1997年,他颇为无奈地写道:"为周恩来总理生前所关心的,由八十年代规划工作者在总结经验基础上拟定的旧城内建筑高度控制的规定,当前几乎已被全线突破。旧城原有的以故宫——皇城为中心的平缓开阔的城市空间、中轴线的建筑精华地区面临威胁,过高的容积率堵塞了宜人的生活与观赏空间,带来了城市交通日益窘迫和环境恶化。高楼和高架桥好像是增添了城市的现代文明,但事实上是中国城市文明瑰宝的蜕变,使北京沦为'二手货的城市'(the second-hand city)。"

2005年,美国规划协会秘书长苏解放(Jeffrey L. Soule)以一篇《北京当代城市形态的"休克效应"》,成为中国互联网上的热门人物。写作此文前,他从故宫附近出发,沿东长安街步行至五环路的城市边缘,一路所见让他难以释怀。

"每座城市都需要几个当代的偶像或'签名'式建筑。北京的问题在于把每个建筑都弄成这样的偶像。"苏解放写道,"人性化的城市应该以绝大多数建筑作背景,由此界定城市的公共属性,就如同一支军队需要成千上万名优秀士兵排成整齐威严的队列,却只有几个将军一样。北京却几乎被改变为一个充满了'建筑将军'的城市,每个将军统领着只有一个士兵的军队。一处处'震撼效应'叠加起来,结果就是城市的自我'休克',毫无个性可言。"

他颇为不解地说:"这是一件令人悲伤的事情:一个有着最伟大城市设计遗产的国家,竟如此有系统地否定自己的过去","在我去过的中国城市中,只有那些按照自身特点建设的,并能从北京的错误中吸取教训的,才会在未来成为最健康和最有吸引力的城市。北京不需要借助洋建筑师来认定自己的身份。其悠久的建筑历史应足以激发起它对自己身份的信心"。

他的言语虽然尖刻,却得到无数中国网民的热捧。

2009年7月24日

保存最后的老北京

哪怕根本就没有一个老北京存在，我们是在空地上造这么一个城，什么样的结构才是合理的？何况，我们分明拥有一个伟大的老北京啊。

很荣幸今天能够站在这个神圣的讲台，为纪念梁思成先生诞辰 110 周年谈谈自己的感受。非常感谢清华大学建筑学院的邀请，接到邀请后，我一直在想应该说些什么。我想，梁先生在天之灵，最放心不下的，一定是我们的北京城了。所以，今天就讲讲北京城，我写了这样一个标题——《保存最后的老北京》。

理解梁思成先生的痛苦

我要讲的第一部分内容是：理解梁思成先生的痛苦。

让我们回顾一下梁思成先生的话语——

"在这些问题上，我是先进的，你是落后的"，"五十年后，历史将证明你是错误的，我是对的"。这是梁思成先生在 1950 年代初对彭真

(1902～1997) 说的话。

他在 1957 年说："在北京城市改建过程中对于文物建筑的那样粗暴无情，使我无比痛苦；拆掉一座城楼像挖去我一块肉；剥去了外城的城砖像剥去我一层皮。"

他在 1960 年代作出这样的预言："城市是一门科学，它像人体一样有经络、脉搏、肌理，如果你不科学地对待它，它会生病的。北京城作为一个现代化的首都，它还没有长大，所以它还不会得心脏病、动脉硬化、高血压等病。它现在只会得些孩子得的伤风感冒。可是世界上很多城市都长大了，我们不应该走别人走错的路，现在没有人相信城市是一门科学，但是一些发达国家的经验是有案可查的。早晚有一天你们会看到北京的交通、工业污染、人口等等会有很大的问题。我至今不认为我当初对北京规划的方案是错的。"

他确实是非常强硬，尽管1955年他遭到了批判，在那场批判中，林徽因撒手人寰。

逝世前，他在病榻上对陈占祥先生说："不管人生途中有多大的坎坷，对祖国一定要忠诚，要为祖国服务，但在学术思想上要有自己的信念。"

梁思成先生的痛苦，来自他与陈占祥先生1950年拟定的《关于中央人民政府行政中心区位置的建议》不能被理解与接受，以及此后北京城的悲剧性命运。

"梁陈方案"的内容我就不在这里陈述了，我只想谈谈个人体会。

我是1991年到新华社工作的，从那时起，如何解决北京的交通拥堵问题，一直是我关注的课题。北京修

了那么多条环路，那么多立交桥、放射路，城市的交通却是越来越堵，这是为什么？

有一天，我读到了"梁陈方案"，心中豁然开朗，开始理解这个方案不仅仅是为了保存作为伟大遗产的北京古城，它更是一个推动城市可持续发展的计划。它告诉我们，必须平衡地发展城市，也就是要在全市范围内促进各个区域居住与就业的平衡，不能搞得市中心全是上班的地方，郊区全是睡觉的地方。只有平衡地发展城市，才能最大限度地减少跨区域交通的发生，使北京成为便利而艺术的首都。

我开始理解，今天的北京，正是落入一个单中心的城市结构，才

1950年梁思成与陈占祥提出的《关于中央人民政府行政中心区位置的建议》之《新行政中心与旧城的关系图》（来源：《建国以来的北京城市建设》，1986年）

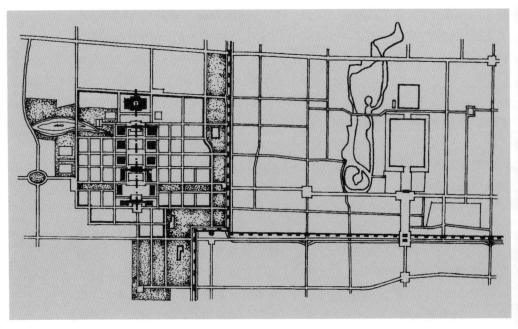

使得那么多市民必须进城上班、出城睡觉，试问，多大规模的基础设施才能满足这样的需求？以这样的结构来布局一个巨型城市，它能不堵吗？这种因为战略选择不当而导致的拥堵，光靠架桥修路这种技术手段来解决，能成功吗？

新中国成立之初，北京城内人口密集，在市中心建设中央行政区，必导致大规模拆迁。"梁陈方案"认为：此项决策关系北京百万人民的工作、居住和交通；北京为故都及历史名城，大量的文物及城市的体形、秩序不容伤毁；这样迁徙拆除，劳民伤财，必产生交通上的难题，且没有发展的余地。

它指出："行政区设在城中，政府干部住宅所需面积甚大，势必不能在城内解决，所以必在郊外。因此住宿区同办公地点的距离便大到不合实际。更可怕的是每早每晚可以多到七八万至十五万人在政府办公地点与郊外住宿区间的往返奔驰，产生大量用交通工具运输他们的问题。且城内已繁荣的商业地区，如东单、王府井大街等又将更加繁荣，造成不平衡的发展，街上经常的人口车辆都要过度拥挤，且发生大量停车困难。到了北京主要干道不足用时，唯一补救办法就要想到地道车一类的工程。——重复近来欧美大城已发现的痛苦，而需要不断耗费地用近代技术去纠正。这不是经济，而是耗费的计划。"

"梁陈方案"希望将中央行政区放在旧城以西的近郊地带建设，并在

行政区以南，建设一个商务区，其用意在于形成一个多中心的有限制的市区，既保护旧城，又促进各自区域内的职住平衡，降低长距离的交通量。

梁思成、陈占祥强调，他们提出这个方案，是根据大北京市区全面计划原则着手的，他们将依此进一步草拟大北京市的总计划。可是，连"梁陈方案"都不被接受，大北京计划更是无从谈起了。

"梁陈方案"所代表的平衡发展城市的理念未获接受，其后果，我们已能痛切感受。

可是，直到今天，有人一提起"梁陈方案"，就认为它在经济上是不可行的，说新中国成立之初，百废待兴，还要抗美援朝，哪儿有钱建新都啊？

难道，那个时候，就有钱去拆旧城吗？要知道，"梁陈方案"对抗的是拆旧城建新都的方案啊！后来，摆在旧城内的长安街行政中心区，到现在也没建完啊。"梁陈方案"是百年大计，也是可以分阶段实施的啊。

事实上，把中央行政区放在旧城内建设，当年就遇到了巨大困难。

1954年，北京市调查发现，全市新建的房屋，约三分之二建在了城外。为什么？就是怕拆迁，这个太花钱。

1956年，彭真在中共北京市委常委会上说："一直说建筑要集中一些，但结果还是那么分散，这里面有它一定的原因，有一定的困难。城内要盖房子，就得拆迁，盖在城外，这方面的困难会少一些。"

苏联专家跟梁思成争论时说，旧城内的基础设施是现成的，把行政区放在旧城内建设，就可以省掉基础设施的投资，因此是经济的。

可是，你要在城内搞建设，城内又住满了老百姓，你就得把老百姓搬出去，搬出去后，你还是得给老百姓搞基础设施啊。

"梁陈方案"写道："我们若迁移二十余万人或数十余万人到城外，则政府绝对的有为他们修筑道路和敷设这一切公用设备的责任，同样的也就是发展郊区。既然如此，也就是必不可免的费用。"

然而，这个费用，当年在不少迁居区，被缩减了。以至于1956年，甘家口居民区（北京市在城外开辟的15个外迁居民安置点之一）41位居民联名写信给毛泽东，反映"甘家口新居住区没有一条正式的道路；没有一个诊疗所；没有一个公用电话；也没有自来水，要求增设居民必需的公共设施"，惹出一场风波。

说到底，就是因为拆建旧城投资甚巨，经济上代价太高，建设单位才去"克扣"迁居区的基础设施，甚至降低安置房的建设标准。

郑天翔在规划局关于甘家口居民区等迁居区的情况报告上批示："城市居民迁出城外，会生活无着。"

了解以上史实，我们还会说"梁陈方案"在经济上不可行，在政治上不得人心吗？我们得不出这个结论。

我演示的这张图，是1949年11月苏联专家巴兰尼克夫做的长安街行政中心方案。这是梁思成、陈占祥极力反对的方案。但它锁定了北京城的发展方向。

1958年，在苏联专家的指导下，北京市拟定了总体规划，确定了"单中心＋环线"的发展模式。这个总体规划甚至提出"故宫要着手改建"。尽管周恩来1960年提出"故宫保留，保留一点封建的东西给后人看

苏联专家巴兰尼克夫1949年11月提出的长安街行政中心方案图（来源：董光器，《北京规划战略思考》，1998年）

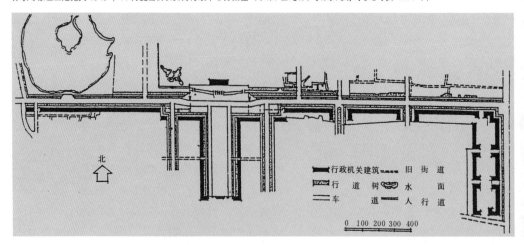

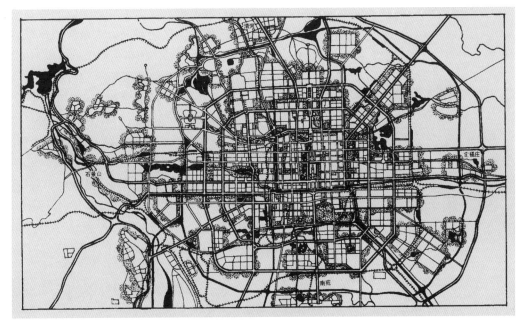

1958年由苏联专家指导完成的北京市总体规划方案（来源：《建国以来的北京城市建设》，1986年）

也好"，1963年，故宫改建还是进入了论证阶段，甚至有人做出了完全拆除的方案。

梁思成真正的对手是这个啊。连故宫都要改建，还有什么不能改建？"梁陈方案"不被接受，哪里是经济上可不可行的问题？难道今天还有人要论证，拆故宫在经济上是可行的？

几十年下来，城墙拆了，大规模的建设在旧城内发生了，高楼逼压故宫，长安街120米宽，经常被堵成停车场，单中心城市结构的毛病全出来了——首都乎？首堵乎？

2006年，在中国首个文化遗产日到来前夕，国家文物局局长单霁翔在接受我的采访时说："当年梁思成先生曾说，50年后历史将证明他是正确的。现在50年已经过去了，我们已能给出肯定的回答。"

这真是一位有良心的官员说出来的话。

来之不易的2005年

1958年北京的总体规划，希望以"单中心＋环线"的结构来建设一个已确定要发展为1000万人口的巨型城市。这确实是个大问题。如何认识其中的弊端并加以调整，成为接下来的故事。

我们看到，1979年，吴良镛先生在《北京市规划刍议》中提出多中心方案。在改革开放之初，城市大发展之初，北京又面临一次选择。

可是，1983年版总体规划依然维

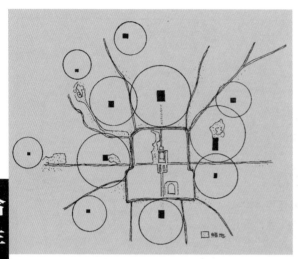

1979 年吴良镛提出的北京市总体布局设想示意图（来源：
吴良镛，《北京市规划刍议》，1979 年）

持了单中心城市结构；1993 年版总体规划也未能改变这样的情况。

吴良镛先生没有放弃努力。2001年，他带队完成《京津冀北 (大北京地区) 城乡空间发展规划研究》，提出面向更大的区域，有机疏散北京的城市功能。

2002 年 3 月，新华社针对北京市在申办奥运会过程中在交通、环境等方面遇到的巨大挑战，完成《北京城市发展模式调研》，引起高层关注。

这项调研指出：疏解中心区的人口压力，一直是北京市城市建设的一个主导方向。1993 年经国务院批复的城市总体规划提出的一项重要任务就是改变人口过于集中在市区的状况，大力向新区和卫星城疏散人口。可是，这项规划提出的目标与执行的结果，出现不尽如人意的反差，由于城市的就业功能一直集中在中心区，人口疏散很难取得成

效。相反，由于规划是以改造与发展中心区为导向，大量房地产项目涌入旧城，使市中心区的建筑密度、人口密度越来越高。

千呼万唤之后，北京市认识到单中心城市结构存在的弊病，于2004 年启动了总体规划修编工作。2005 年 1 月，国务院批复了《北京城市总体规划 (2004 年至 2020 年)》。这一版总体规划的立意，终于回到了当年梁思成先生的立场——整体保护旧城、重点发展新城，多中心、平衡地发展城市。

时光整整过去了 50 年，历史给出了答案。

2005 年版总体规划针对过去半个多世纪北京在老城上面建新城积累的问题，提出调整城市结构的战略目标，要求“逐步改变目前单中心的空间格局，加强外围新城建设，中心城与新城相协调，构筑分工明确的多层次空间结构”。

它对历史文化名城保护作出规定：“重点保护旧城，坚持对旧城的整体保护”，“保护北京特有的‘胡同—四合院’传统的建筑形态”，“停止大拆大建”。

它首次对保护机制作出规定：“推动房屋产权制度改革，明确房屋产权，鼓励居民按保护规划实施自我改造更新，成为房屋修缮保护的主体”，“遵循公开、公正、透明的原则，建立制度化的专家论证和公众参与机制”。

在这一轮总体规划修编过程中，再次出现中央行政区建设之争。代表

北京城市总体规划（2004年-2020年）

图03 城市空间结构规划图

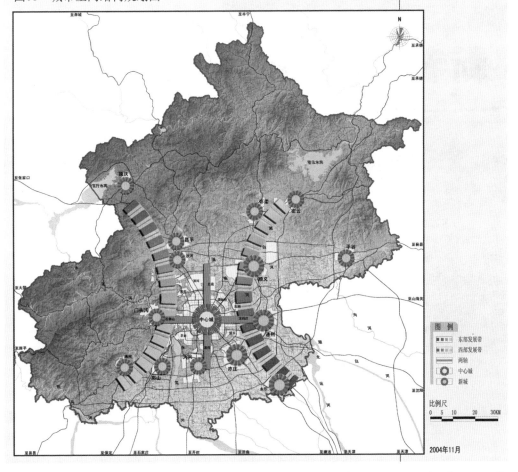

2005年1月国务院批复的《北京城市总体规划（2004年至2020年）》提出"两轴、两带、多中心"的城市空间发展目标，旨在改变北京既有的单中心城市结构

人物是赵燕菁先生，他提出将新的中央行政区设于通州，以此带动城市结构的调整。

2004年，我在《瞭望》新闻周刊对此事件进行了公开报道，引发社会讨论。

北京工业大学的调查显示，当时在北京，仅中央机关马上需要的用地，加起来就有近4平方公里之多。4平方公里，相当于5个半故宫的占地面积。

北京中心城区的规划空间容量已趋于饱和，中央企事业单位及其附属功能的占地高达170多平方公里，多集中在四环以内。在这一范围，减去道路、基础设施、公园、学校等用地后，其余用地一半以上都和中央职能有关，而北京市政府相关的占地只有中央的十分之一左右。

据此，赵燕菁认为，只有中央行

拾年

守望古都

2004 年 7 月 12 日，《瞭望》新闻周刊推出封面报道《新老北京之战》

政区的调整，才能带动北京城市结构的调整。

但是，这个问题在总体规划修编过程中，未获得充分讨论，也未形成决策成果。

《新老北京之战》——这是 2004 年我在《瞭望》新闻周刊作的一期封面报道。新老北京如此惨烈的较量，何时能够结束？

最后的老北京

即使有了 2005 年版总体规划，对老北京的拆除仍保持着强大的惯性。

北京市规划委员会 2010 年 3 月向北京市政协文史委员会所作的《北京市历史文化名城保护工作情况汇报》介绍，旧城的"整体环境持续恶化的局面还没有根本扭转。如对于旧城棋盘式道路网骨架和街巷、胡同格局的保护落实不够，据有关课题研究介绍，旧城胡同 1949 年有 3250 条，1990 年有 2257 条，2003 年，只剩下 1571 条，而且还在不断减少。33 片平房保护区内仅有 600 多条胡同，其他胡同尚未列入重点保护范围内"。

据对相关材料的分析，2003 年至 2005 年之间，旧城之内的胡同数量已从 1571 条减至 1353 条，两年内共减少 218 条，年均减少 109 条。

截至 2005 年，旧城区还有相当一批拟建和在建项目，涉及 419 条胡同，处理原则是：保护区内必须保留，协调区内和其他区域保留较好的胡同。《北京旧城胡同实录》课题组据此作出胡同数量再度减至 1191 条的预测，即还有 162 条胡同在 2005 年版总体规划施行之后仍将被继续拆除。

2005 年 1 月 25 日，北京市政协文史委员会向政协北京市第十届委员会第三次会议提交党派团体提案，建议按照新修编的总体规划要求，立即停止在旧城区内大拆大建。

2005 年 2 月，郑孝燮、吴良镛、谢辰生、罗哲文、傅熹年、李准、徐苹芳、周干峙联名提交意见书，建议采取果断措施，立即制止在旧城内正在或即将进行的成片拆除四合院的一切建设活动。

意见书提出：对过去已经批准的危改项目或其他建设项目目前尚未实施的，一律暂停实施。要按照总体规划要求，重新经过专家论证，进行调整和安排。凡不宜再在旧城区内建设的项目，建议政府可采取用地连动、异地赔偿的办法解决，向新城区安排，以避免造成原投资者的经济损失。

2005 年 4 月 19 日，北京市政府对旧城内 131 片危改项目作出调整，决定 35 片撤销立项，66 片直接组织实施，30 片组织论证后实施。

2010 年 7 月，北京旧城四区合为二区，有关部门表示："区划调整后可以集中力量加快老城区改造，加大历史文化名城保护力度。"这两句话，前面那一句不支持后面那一句啊，难道"集中力量加快老城区改造"，就可以"加大历史文化名城保护力度"？

宣南地区，是北京最早建城与建都的地方，文化积淀极其深厚，拥有大量城市早期的街巷，以及最为密集的会馆建筑，那里是中国古代士人最后的家，却在过去五年遭到大规模拆除，只是为了让开发商搞房地产。

皇城地区的保护，也是一大问题，一些机构仍在其中扩建。

虽然北京市在旧城内划出了 33 片保护区，但它们只占旧城面积的 29%，而且，以大拆建的方式，以房地产开发的方式——违反总体规划的方式——来施行"保护"，保护区也

2007 年 11 月 20 日，在北京菜市口大吉片房地产开发中，潮州会馆东厢房被拆除　王军摄

难保不失。

北京旧城只占 1085 平方公里中心城面积的 5.76%，现在已剩得不多了。再这样拆建下去，单中心的城市结构就无力回天了。

今年一季度北京地铁出行人数超 4 亿人次！如此惊人的出行规模，有多少是被城市结构逼出来的？

大家去地铁里体验一下吧。"人进去，相片出来；饼干进去，面粉出来"，这是网民们的感叹。

梁思成先生之痛苦，实为今日我们之痛苦。这种痛苦，每一个北京人都不难感受。

虽然我们不能再回过头去实施"梁陈方案"了，但这个方案的内在精神——平衡发展城市——是值得我们去理解与继承的，它仍有强大的现实意义。

我宁愿说，哪怕"梁陈方案"不涉及遗产问题，不涉及情感问题，它只是一个数学问题——一个在 1950 年代就确定要发展为 1000 万人口的城市，一个今天已是 2000 万人口的城市，我们是把它建成单中心好，还是多中心好？哪怕根本就没有一个老北京存在，我们是在空地上造这么一个城，什么样的结构才是合理的？

何况，我们分明拥有一个伟大的老北京啊，她是我们应该为子孙后代永续保存的宝贵遗产啊。

当年，"梁陈方案"用八个"为着"表达对北京城市发展的关切之情——

为着解决北京市的问题，使它能平衡地发展来适应全面性的需要；

为着使政府机关各单位间得到合理的，且能增进工作效率的布置；

为着工作人员住处与工作地区的便于来往的短距离；

为着避免一时期中大量迁移居民；

为着适宜地保存旧城以内的文物；

为着减低城内人口过高的密度；

为着长期保持街道的正常交通量；

为着建立便利而艺术的新首都。

今天，这八个"为着"，依然是我们要去奋斗的方向。

我们没有任何理由，不把胡同里的推土机停下来了。

2011 年 4 月 20 日在清华大学建筑学院"梁思成先生学术思想研讨会"上的发言

贰

再绘蓝图

北京名城保护的法律政策环境

启动对四合院等历史建筑的产权制度改革，建立公正的房屋交易秩序，重修城市总体规划，实现老北京与新北京的分开发展，不但是保护的需要，也是发展的需要。

伴随着对北京历史文化名城认识的不断深入，北京历史文化名城保护的法律政策环境已初步形成三个层次：文物保护单位的保护、历史文化保护区的保护、历史文化名城整体格局的保护。但是，历史文化名城保护的被动局面仍未根本扭转，大规模的拆除活动仍在古城区内蔓延，暴露出现有保护理论及其实践、房地产开发政策、旧城保护与改造综合评价体系等方面的缺失。

本文以20世纪50年代以来北京城市规划演变的历程为线索，在描述与揭示现状的同时，提出历史文化名城保护亟须解决的两大问题：

一、在技术层面上启动对四合院等历史建筑的产权制度改革，建立公正的房屋交易秩序，改变由政府包办或由开发商主导的危改模式，明确历史建筑的修缮标准，使之在市场流通中依靠大众的力量得到自然的康复；

二、在战略层面上重修城市总体规划，实现老北京与新北京的分开发展。这不但是保护的需要，也是发展的需要。只有将这些问题从战略上根本解决，历史文化名城的保护才可能获得一个可操作的空间。

对北京历史文化名城的基本认识

北京现存之明清古城，肇始于1264年开始大规模建造的元大都，这个城市在15世纪上半叶及16世纪中叶经历了两次大规模的改建与扩建，并在1949年成为中华人民共和国的首都。此后，大规模的城市改建活动在古城范围内大力推行，近年来随着改建速度的加快，保护古城的呼声日涨，政府及立法部门的保护举措相继出台，并初步形成了历史文化名城保护的法律政策体系。这个体系的产生过程，伴随着对北京历史文化名城认识的不断提升。

北京是 20 万至 50 万年前北京人的聚居地，北京古城是中国古代都城营造的"最后结晶"。中国古代都城形制的形成可以追溯至西汉，可是，长安、洛阳、开封等都城的遗物多已湮没于地下，而北京古城，地面之上的历史遗存仍历历在目，并仍是一个为上百万人口使用着的有生命的城市。

1264 年开始大规模建设的元大都，遵循了中国古代城市营造经典《周礼·考工记》提出的原则。元大都的规划大胆地将成片天然湖泊（现什刹海）引入市区，以中轴线与其相切，确定了整个城市的布局，在儒家思想的基础上，又体现了"人法地，地法天，天法道，道法自然"的道家思想，将儒、道兼融于中国的都城营造之中。

据吴良镛考证，自 800 年至 1800 年间，中国都城人口众多，如长安、开封等，一直为世界大城市中之佼佼者，其中尤以北京最为突出。自 1450 年到 1800 年间，除君士坦丁堡（今伊斯坦布尔）在 1650 年至 1700 年间一度领先外，北京一直是"世界之最"，为世界上同时代城市规模最大，延续时间最长，布局最完整，建设最集中的古代都城。直到 1800 年后，伦敦的发展才超过了北京。

北京城市规划史研究的突破性进展是在 1957 年取得的。这一年，清华大学建筑系教授赵正之（1906~1962）首次提出北京内城东西长安街以北的街道基本上是元大都的旧街。由于种种原因，赵正之的论文直到他逝世 17 年后的 1979 年才发表。而在此前的 1960 年代，由徐苹芳（1930~2011）主持的元大都考古，证实了赵正之的观点。

2000 年 2 月 27 日，中国考古学会理事长徐苹芳与中国工程院院士傅熹年提出《抢救保护北京城内元大都街道规划遗迹的意见》："元大都是元

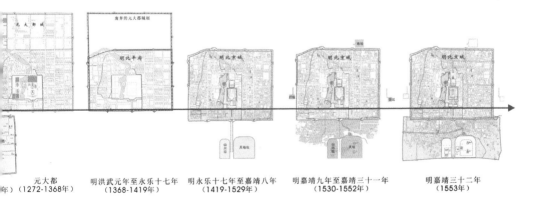

北京城址变迁图　岳升阳绘

元大都
年）（1272-1368年）

明洪武元年至永乐十七年
（1368-1419年）

明永乐十七年至嘉靖八年
（1419-1529年）

明嘉靖九年至嘉靖三十一年
（1530-1552年）

明嘉靖三十二年
（1553年）

朝统一全国后规划设计的新都，它废弃了隋唐都市封闭式里坊制的规划，采用了北宋汴梁出现的新的规划体制，是我国历史上唯一一座平地创建的开放式街巷制都城"，"明清两代主要是改建宫城和皇城，对全城的街道系统未作改变，故元代规划的街道得以保存"，"完成于13世纪中叶的元大都是中国古代都城规划的最后的经典之作，又是当时世界上最著名的大都会之一汗八里，这样一座具有世界意义的历史名都，能有七百年前的街道遗迹保存在现在城市之中心，在世界上也是罕见的，是值得我们珍视和骄傲的"。

这个《意见》首次将学术界关注的对北京明清古城的保护，提升到对元大都古城的保护。2002年6月，徐苹芳发表《论北京旧城的街道规划及其保护》，再次提出："北京旧城不但是亚洲（中国）城市模式典型的实例，也是尚保存于现代城市中继续使用大面积古代城市街道规划的孤例，它在世界文化遗产上的价值，没有第二座城市可以与它相比。"

北京古城长久为世人称颂。13世纪意大利旅行家马可·波罗在其游记中称赞："世人布置之良，诚无逾于此者。"中国建筑学家梁思成誉之为"世界现存中古时代都市之最伟大者"、"都市计划的无比杰作"。丹麦学者罗斯缪森（Steen E. Rasmussen）认为："北京城乃是世界的奇观之一，它的布局匀称而明朗，是一个卓越的纪念物，一个伟大文明的顶峰。"美国规

划学家丘吉尔（Henry S. Churchill）以现代城市规划观点揭示了这座古代名都在今天的实用价值："大街坊为交通干道所围合，使得住房成为不受交通干扰的独立天地，方格网框架内具有无限的变化。"

历史文化名城保护走过的曲折历程

1912年中华民国建立，北京成为北洋政府所在地。在城市改建中，拆除了皇城的东城墙、北城墙以及西城墙的很大一部分，辟和平门门洞，拆除正阳门、朝阳门、东直门、安定门、德胜门、宣武门这六座城门的瓮城，打通南北池子、南北长街、东西长安街、景山前街、新华街等道路。

1937年北平为日寇占据，日伪政府于1938年编制完成城市规划方案，提出在西郊五棵松一带建设新市区以容日益增多的日本人，以避免与中国人混居。1946年，北平市政府完成《北平都市计划大纲》，提出：计划北平将来为中国的首都；保存故都风貌，并整顿为独有的观光城市；政府机关及其职员住宅及商店等，均设于西郊新市区，并使新旧市区间交通联系便利，发挥一个完整都市的功能；工业以日用必需品、精巧制品、美术品等中小工业为主，在东郊设一工业新区；颐和园、西山、温泉一带计划为市民厚生用地。

1949年底，苏联市政专家巴兰

尼克夫提出改建北京城市方案，建议发展大工业，以提高工人阶级所占人口的比重，以天安门广场为中心，建设首都行政中心——第一批行政房屋，建在东长安街南边；第二批行政房屋，建在天安门广场外右边；第三批行政房屋，建在天安门广场外左边，并经西长安街延长到府右街。

1950年2月，清华大学营建系主任、北京市都市计划委员会副主任梁思成，与北京市都市计划委员会企划处处长陈占祥提出《关于中央人民政府行政中心区位置的建议》，认为应展拓旧城外西郊公主坟以东，月坛以西的适中地点，有计划地建设中央人民政府行政中心区；在行政中心区建设新中轴线，行政中心区南部建设商务区；各分区配套住宅，以减少交通的发生；整体保护北京古城，对古城区的建筑以整治、修缮、利用为主，突出其文化、历史价值。

1950年4月20日，北京市建设局工程师朱兆雪、建筑师赵冬日提出《对首都建设计划的意见》，认为行政区宜设在全城中心，总面积6平方公里，可容工作人口15万人。中央及政务院拟暂设于中南海周围，将来迁至天安门广场及广场右侧；于和平门外设市行政区；创城市东西建筑轴线，与原有的南北中轴线并美。

1954年9月，中共北京市委规划小组修改完成《改建与扩建北京市规划草案的要点》，认为："北京旧城重要建筑物是皇宫和寺庙，而以皇宫为中心，外边加上一层层的城墙，这充分表现了封建帝王唯我独尊和维护封建统治、防御农民'造反'的思想"，"行政中心区设在旧城中心区，将天安门广场扩大，在其周围修建高大楼房作为行政中心"，"要打破旧的格局所给予的限制和束缚，改造和拆除那些妨碍城市发展的和不适于人民需要的部分；对于古代遗留下来的建筑物，必须加以区别对待。对它们采取一概否定的态度显然是不对的；同时对古建筑采取一概保留，甚至使古建筑来束缚发展的观点和做法也是极其错误的。目前的主要倾向是后者"。

1958年6月，中共北京市委关于城市建设总体规划初步方案向中央的报告提出："北京不只是我国的政治中心和文化教育中心，而且还应该迅速地把它建设成一个现代化的工业基地和科学技术的中心"，"10年左右完成对北京旧城的拆除改建，即每年拆100万平方米左右的旧房，新建200万平方米左右的新房，10年左右完成城区的改建"，"行政中心区设在旧城，将天安门广场扩建至二三十公顷。中央领导机关将要设在天安门广场的附近，或者沿着市中心区的几条主要街道修建"。

1958年9月，《北京市总体规划说明（草稿）》提出："故宫要着手改建。把天安门广场、故宫、中山公园、文化宫、景山、北海、什刹海、积水潭、前三门、护城河等地组织起来，拆除部分房屋，扩大绿地面积。城墙、坛墙一律拆掉。"

20世纪50年代，社会各界曾对

北京明城墙的存废产生过激烈的争论，最终经过约二十年的城市改建，北京内外城城墙被拆除殆尽。

历史文化名城保护形成三个层次

1978 年中国改革开放之后，北京历史文化名城保护逐步得到重视。1982 年，北京被列入国务院公布的首批历史文化名城目录。1983 年，中共中央、国务院发出《关于对北京城市建设总体规划方案的批复》，指出："北京的规划和建设要反映出中华民族的历史文化、革命传统和社会主义国家首都的独特风貌，对珍贵的革命史迹、历史文物古建筑和具有重要意义的古建筑遗迹要妥善保护。"

1993 年，国务院批复的《北京城市总体规划(1991 年至 2010 年)》将"历史文化名城的保护与发展"作为单独一章论述，提出："北京历史文化名城的保护，是以保护北京地区珍贵的文物古迹、革命纪念建筑物、历史地段、风景名胜及其环境为重点，达到保持和发展古城的格局和风貌特色，继承和发扬优秀历史文化传统的目的。"并提出历史文化名城保护的三个层次：一、各级文物保护单位是历史文化名城保护的重要内容；二、历史文化保护区是具有某一历史时期的传统风貌、民族地方特色的街区、建筑群、小镇、村寨等，是历史文化名城的重要组成部分；三、要从整体上

考虑历史文化名城的保护，尤其要从城市格局和宏观环境上保护历史文化名城。

再经过十年发展，北京历史文化名城保护的法律政策环境逐步优化，及至 2002 年 9 月《北京历史文化名城保护规划》出台，上述三个层次的保护体系初步形成：

一、文物保护单位的保护。此项工作主要包括三方面内容，一是分批确定并公布新的文物保护单位名单；二是扩大并确定文物保护单位的保护范围；三是加强对文物保护单位的修缮工作。

《北京城市建设总体规划方案》(1982 年)提出："要抓紧制订历史文化名城的保护规划和重点文物保护规划。对重点文物保护单位，不但要保护其本身，还要适当保护其周围环境风貌。"1987 年，北京市出台《北京市文物保护管理条例》，提出在本市行政区域内，受国家保护的具有历史、艺术、科学价值的文物包括：（一）具有历史、艺术、科学价值的古文化遗址、古墓葬、古建筑、石窟寺和石刻；（二）与重大历史事件、革命运动和著名人物有关的，具有重要纪念意义、教育意义和史料价值的建筑物、遗址、纪念物；（三）历史上各时代珍贵的艺术品、工艺美术品；（四）重要的革命文献资料以及具有历史、艺术、科学价值的手稿、古旧图书资料等；(五)反映历史上各时代、各民族社会制度、社会生产、社会生活的代表性实物。具有科学价值的古

脊椎动物化石、古人类化石和具有历史价值、纪念意义的古树名木同文物一样受国家保护。

同年，《北京市文物保护单位保护范围及建设控制地带管理规定》出台，提出凡已核定的文物保护单位，均应根据保护文物古迹的格局、安全、环境和景观的需要，划出保护范围和建设控制地带。《管理规定》将文物保护单位周围的建设控制地带分为五类：一类地带为非建设地带；二类地带为可保留平房地带；三类地带为允许建筑高度9米以下的地带；四类地带为允许建筑高度18米以下的地带；五类地带为特殊控制地带。

《北京城市总体规划 (1991年至2010年)》要求对公布的文物保护单位，必须加强科学保护，合理利用。进一步加强对地面和地下文物古迹的调查、发掘与鉴定，公布新的保护单位；继续划定文物保护单位的保护范围及周围的建设控制地带，总结经验，不断完善。对地下埋藏区内的建设，坚持先勘探发掘、后进行施工的原则。

中华人民共和国成立以来，北京市先后开展了三次全市范围的文物普查工作。陆续公布了六批市级文物保护单位。国家、市、区县三级文物保护体系已经形成。目前北京拥有世界文化遗产6处：故宫、长城、周口店北京猿人遗址、颐和园、天坛、明十三陵；国家级重点文物保护单位60处；市级文物保护单位234处；区、县级文物保护单位501处；区、县级文物暂保单位237处；普查登记在册文物2521处；共计3553处。

从2000年5月起，北京市政府分三年拨款3.3亿元抢修文物建筑；在危旧房改造中加大了文物保护工作的力度，如全市旧城区162片危改中的文物保护单位及文物普查登记项目已全部标示出来，要求有关部门必须在危旧房改造中保护好文物。

二、历史文化保护区的保护。此项工作主要包括两方面内容，一是分批公布市级历史文化保护区的保护名单并划定保护范围；二是对历史文化保护区的重点保护区和建设控制区提出不同的保护原则。

《北京城市建设总体规划方案》(1982年) 提出"划定旧皇城范围内为文物古迹重点保护区"；《北京城市总体规划 (1991年至2010年)》首次写入北京市第一批市级历史文化保护区保护名单，包括国子监街、南锣鼓巷、西四北、什刹海、陟山门街、牛街、琉璃厂、大栅栏、景山前街、景山后街、景山东街、南北长街、南北池子、东交民巷等。《总体规划》要求，具体确定各保护区的保护和整治目标；保护区内新建筑的形式和色彩，要与该区原有风貌协调一致，与之不协调的建筑物和其他设施要加以改造；要继续在旧城区和广大郊区增划各级历史文化保护区。

2002年2月1日，北京市政府批准《北京旧城历史文化保护区保护和控制范围规划》，确定的第一批25片历史文化保护区包括：1.南长街；2.北长街；3.西华门大街；4.南池子；

图11、旧城文物保护单位及历史文化保护区规划图

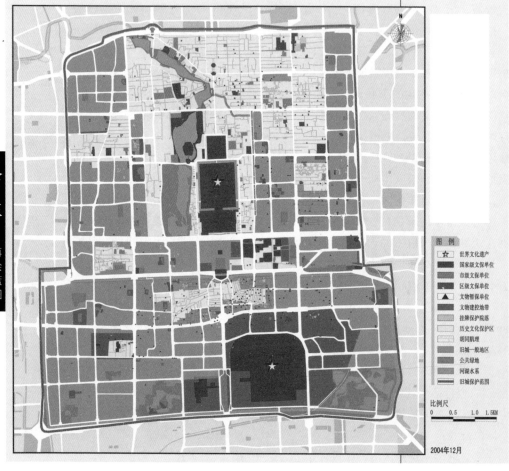

《北京城市总体规划（2004年至2020年）》之《旧城文物保护单位及历史文化保护区规划图》。根据此次总体规划，北京旧城内的历史文化保护区增至33片，占旧城面积的29%

拾年

再绘蓝图

5. 北池子；6. 东华门大街；7. 文津街；8. 景山前街；9. 景山东街；10. 景山西街；11. 陟山门街；12. 景山后街；13. 地安门大街；14. 五四大街；15. 什刹海地区；16. 南锣鼓巷；17. 国子监地区；18. 阜成门内大街；19. 西四北一条至八条；20. 东四北三条至八条；21. 东交民巷；22. 大栅栏地区；23. 东琉璃厂；24. 西琉璃厂；25. 鲜鱼口地区。

25片历史文化保护区总用地面积为1038公顷，约占旧城总面积的17%。其中重点保护区用地面积649公顷，建设控制区用地面积389公顷。加上已由北京市政府批准的旧城内200多项各级文物保护单位的保护范围及其建设控制地带，保护与控制地区总用地面积达2383公顷，约占旧城总用地面积的38%。

2002年9月，北京市公布第二

批共 15 片历史文化保护区名单。旧城内新增的 5 片历史文化保护区包括：皇城、北锣鼓巷、张自忠路北、张自忠路南、法源寺；旧城外确定的 10 片历史文化保护区包括：海淀区西郊清代皇家园林、丰台区卢沟桥宛平城、石景山区模式口、门头沟区三家店、川底下村、延庆县岔道城、榆林堡、密云县古北口老城、遥桥峪和小口城堡、顺义区焦庄户。

北京第一批、第二批历史文化保护区合计 40 片。其中，旧城内 30 片，总占地面积约 1278 公顷，占旧城总面积的 21%；加上文物保护单位保护范围及其建设控制地带，总面积为 2617 公顷，约占旧城总面积的 42%。

根据《北京旧城历史文化保护区保护和控制范围规划》，重点保护区的保护规划原则包括：（一）根据其性质与特点，保护该街区的整体风貌；（二）保护街区的历史真实性，保存历史遗存和原貌。历史遗存包括文物建筑、传统四合院和其他有价值的历史建筑及建筑构件；（三）采取"微循环式"的改造模式，循序渐进、逐步改善；（四）积极改善环境质量及基础设施条件，提高居民生活质量；（五）保护工作要积极鼓励公众参与。

建设控制区的整治与控制原则包括：（一）新建或改建的建筑，要与重点保护区的整体风貌相协调，或不对重点保护区的环境及视觉景观产生不利影响；（二）进行新的建设时，要严格控制各地块的用地性质、建筑高度、体量、建筑形式和色彩、容积率、绿地率等；（三）进行新的建设时，要避免简单生硬地大拆大建，注意历史文脉的延续性；（四）要注意保存和保护有价值的历史建筑、传统的街巷、胡同肌理和古树名木；（五）什刹海、大栅栏、鲜鱼口地区的建设控制区应参照重点保护区的原则。

根据《北京历史文化名城保护规划》（2002 年 9 月），旧城内的危改项目，位于历史文化保护区内的，应严格按历史文化保护区保护规划实施，采取渐进的保护与更新的方式，以"院落"为单位逐步更新危房，维持原有街区的传统风貌；位于历史文化保护区以外的，要加强对文物及有价值的历史建筑的保护，强调古树、大树、胡同等历史遗存的保护。市规划、文物、园林、房地等相关部门要建立相应的工作程序和制度，切实把好审批关，做好危旧房改造中的保护工作。

三、历史文化名城整体格局的保护。此项工作主要包括三方面内容，一是出台市区建筑高度控制方案；二是提出整体保护历史文化名城的各项原则；三是将四合院民居列入保护对象。

《北京城市建设总体规划方案》（1982 年）对皇城文物古迹重点保护区及城市中轴线的保护工作，提出建筑高度控制要求；在旧城整体格局的保护方面，提出"结合文物古迹保护，整治河湖水系，扩大园林绿地面积，保持旧城的传统风格"。

1985 年 8 月，《北京市区建筑高度控制方案》出台，提出："北京旧城的原有风格是格局严整，建筑平缓，空间开朗。新建筑应与原有风格相协调"，"市区建筑的控制高度，大体是从故宫周围起，由内向外逐渐升高，形成内低外高的控制高度分区的情况。在各个控制高度的分区当中，又出现重要文物古迹和风景区等周围的较低的地带"。

《北京城市总体规划（1991年至2010年）》明确了从整体上保护历史文化名城的十条原则：一、保护和发展传统城市中轴线；二、注意保持明、清北京城"凸"字形城廓平面；三、保护与北京城市沿革密切相关的河湖水系，如长河、护城河、六海等；四、旧城改造要基本保持原有的棋盘式道路网骨架和街巷、胡同格局；五、注意吸取传统民居和城市色彩的特点，保持皇城内青灰色民居烘托红墙、黄瓦的宫殿建筑群的传统色调；六、以故宫、皇城为中心，分层次控制建筑高度；七、保护城市重要景观线；八、保护街道对景；九、增辟城市广场；十、保护古树名木、增加绿地，发扬古城以绿树衬托建筑和城市的传统特色。

2002年9月，《北京历史文化名城保护规划》出台。据北京市规划委员会负责人介绍，《保护规划》的重点包括：一、从整体上保护北京旧城；二、在已批准的旧城第一批25片历史文化保护区的基础上，在旧城和市域范围内新增了第二批历史文化保护区，尽快编制第二批历史文化保护区的保护规划，报市政府批准后颁布实

施；三、划定皇城历史文化保护区，编制保护规划并准备申报世界文化遗产；四、加强文物保护单位的升级和普查工作，制定文物保护单位的保护规划；五、旧城内的危改项目，位于历史文化保护区内的，应严格按历史文化保护区保护规划实施，位于历史文化保护区以外的，要加强对文物及有价值的历史建筑的保护，强调古树、大树、胡同等历史遗存的保护；六、历史文化名城的内涵既包括物质形态的城市格局、文物古迹、有特色的建筑等传统城市风貌，也包括文化传统的继承与发扬，加强对继承和发扬名城传统风貌和文化特色的研究；七、疏解旧城区人口和功能，为保护历史文化名城创造良好条件；八、加强《保护规划》的实施保障工作。

在推动历史文化名城整体格局的保护方面，决策部门逐步把四合院民居纳入保护对象。《北京市区建筑高度控制方案》（1985年）提出"南锣鼓巷附近和西四北一条至八条胡同地区，为保留原四合院平房地区"。《北京城市总体规划（1991年至2010年）》提出"对于历史文化保护区以外的分散的好四合院，在进行城市改建时也要尽量保留，合理利用"。

2002年8月29日，北京市发布《关于加强危改中的"四合院"保护工作的若干意见》，提出："旧城区基本格局和独具特色的传统四合院建筑是古都风貌唯一的、不可替代的载体"，"旧皇城及历史文化保护区范围内的有保护价值的四合院，应视同于

文物保护单位，应原址保存、修缮"，"对于危改区内重新调查登记的四合院，在市政府核准之前应视同文物暂保单位原址保护"，"危改区内未经现场踏勘、调查的四合院，在鉴定和选定之前，不得拆除，应暂做原址保护"，"紧邻文物保护区其控制地带内有保护价值的四合院，应原址保护，不得任意改建、添建。对于格局不够完整已构成危房的，应创造条件按四合院形成恢复传统形式、格局"，"紧邻文物保护区其控制地带区域之外，危改片区内有保护价值的四合院，应结合危改规划方案，予以原址保留。对于有保护价值并已无条件原址保护的，可考虑迁建"。

2001 年，北京市文物局对全市旧城内的文物普查项目进行了调查，其中，调查四合院院落 3000 多处，从中选出应重点保护的院落 539 处。2003 年 4 月，中共北京市委、市政府决定：对较为完整、有保护价值的四合院要予以甄别、公布，不得拆除；对符合历史风貌的要进行修缮，对不符合历史风貌的要进行改建。

2003 年 7 月 16 日，北京市第一个旧城区危改片四合院保护院落挂牌。出席此仪式的中共中央政治局委员、北京市委书记刘淇强调：对四合院要成片保护，要加强规划，旧城内不允许成片"推平头、盖楼房"，对此，态度要坚决，措施要果断。保护好文物、保护好四合院、保护好古都风貌是市委、市政府的历史责任，到 2008 年奥运会时，"新北京"，不仅

是指我们建成了中央商务区、金融街开发区等，更意味着我们有效保护了历史名城，再现出古都风貌。

历史文化名城保护的实践及其效果分析

一、保护理论的提出及其争鸣。从北京历史文化名城保护三个层次的形成过程可以看出，对历史文化名城保护的内涵及外延呈扩大趋势，这与国际历史文化名城保护思潮的演进是合拍的。1964 年，《威尼斯宪章》提出不但要保护文物的个体，而且还要保护文物的环境，因为"一座文物建筑不可以从它所见证的历史和它所产生的环境中分离出来"；1976 年，联合国教科文组织在内罗毕召开大会，通过了《关于历史地区的保护及其当代作用的建议》，指出："历史和建筑地区，应包括史前遗址、历史城镇、古城区、古村镇等，保护历史地区，使它们与现代生活相结合，是城市规划和土地开发依据的重要原则"；1977 年，《马丘比丘宪章》提出不仅要保存和维护好城市的历史遗产和古迹，还要继承一般的文化传统，保护、恢复和重新使用现有历史遗址和古建筑，必须同城市建设过程结合起来，以保证这些文物具有经济意义并继续具有生命力；1987 年，《华盛顿宪章》提出要加强"历史地段"的保护，因为这些具有历史意义、保存着历史风貌的地区"不仅可以作为历史的见证，

而且体现了城镇传统文化的价值"。

1986年，国务院批转建设部、文化部关于请公布第二批国家历史文化名城名单报告的通知中指出："对一些文物古迹比较集中，或能较完整地体现某一历史时期的传统风貌和民族地方特色的街区、建筑群、小镇、村寨等，要作为历史文化区加以保护。"此后，历史文化保护区 (历史地段) 的概念被逐步引入中国，并在北京形成了目前共计40片历史文化保护区的现状。在这一过程中，西方城市保护的概念是否适应包括北京在内的中国城市保护的需要，成为学术界争鸣的话题。

1999年6月，吴良镛、贝聿铭、周干峙、张开济、华揽洪、郑孝燮、罗哲文、阮仪三提出《在急速发展中更要审慎地保护北京历史文化名城》的建议，认为："北京旧城最杰出之处就在于它是一个完整的有计划的整体，因此，对北京旧城的保护也要着眼于整体"，在旧城内仅把一些地区划作历史文化保护区，是"将历史文化保护简单化了"，"目前的保护区规划仅仅是孤立地、简单地划出各个保护区的边界"，"没有从旧城的整体保护出发进行通盘的考虑"，"是一种消极保护，实际上也难以持久"。

2002年6月，徐苹芳在《论北京旧城的街道规划及其保护》一文中提出，中国古代城市与欧洲的古代城市有着本质的不同。欧洲古代城市的街道是自由发展出来的不规则形态，这便很自然地形成了不同历史时期的

街区。中国古代城市从公元3世纪开始，其建设就严格地控制在统治者手中，不但规划了城市的宫苑区，也规划了居住在城中的臣民住区 (里坊)，对地方城市也同样规划了地方行政长官的衙署 (子城) 和居民区，"可以断言，在世界城市规划史上有两个不同的城市规划类型，一个是欧洲 (西方) 的模式，另一个则是以中国为代表的亚洲 (东方) 模式"，"历史街区的保护概念，完全是照搬欧洲古城保护的方式，是符合欧洲城市发展的历史的，但却完全不适合整体城市规划的中国古代城市的保护方式，致使我国历史文化名城的保护把最富有中国特色的文化传统弃之不顾，只见树木，不见森林，捡了芝麻，丢了西瓜，造成了不可挽回的损失"。

2000年，北京市提出第一批25片历史文化保护区的保护及控制范围规划，同时出台5年内完成北京市危旧房改造计划，目标为：成片拆除164片，涉及居住房屋面积934万平方米。以加速度进行的这项危改计划，已使保护区之外的大片胡同、四合院地区被夷为平地，取而代之的是新式楼房群落。从2000年至2002年，北京拆除的危旧房总计443万平方米，相当于前十年的总和。从1990年至2002年，北京市已在旧城范围内完成占地25平方公里的改建工作，改建面积占旧城总面积的40%。这意味着北京历史文化名城在未来极有可能形成仅留下占旧城面积21%的历史文化保护区及其范围之外分散着的

文物保护单位，以及一些被确定保留的四合院的局面。

二、历史文化保护区修缮改建的实践及其争鸣。2002年5月，北京第一个历史文化保护区修缮改建试点项目在南池子启动，历经一年多，工程告竣，北京市有关部门2003年8月组织大规模宣传活动，诸多媒体称其为"成功的试点"，"宝贵经验，后世之师"，"将改善群众居住条件与古都风貌保护成功地结合在一起，交出了一份双赢的答卷"。而另一些媒体则对南池子试点提出质疑。英文《中国日报》称："南池子被称作北京旧城内其余29片历史文化保护区修缮和改建的样板，可是，参观完这个改建项目之后，人们可能会对最后的结果感到失望，也许他们会担心当自己带着儿孙到这里参观时将怎样向后生们解释：这里到底是一个历史遗产地还是一个房地产项目？""人们感到失望是因为那些古老的四合院和那些丑陋的棚屋被一块消灭了。"

南池子历史文化保护区紧邻故宫，位于北京明清皇城东部，此次修缮与改建的范围北起东华门大街，南至灯笼库胡同，西起南池子大街，东至磁器库南、北巷以西，占地5.4公顷。这一地区以清代著名寺庙普度寺为核心，周围是大片胡同、四合院，其中灯笼库、磁器库、缎库、捷报处等，是与皇家政治与后勤活动密切相关的重要历史地段。

被划入修缮与改建范围的，共有240个院落，初步方案计划保留9处院落，其余通过土地重组的方式进行改建，加宽原有的胡同街巷，在保护区中心地带建设2.9万平方米的二层单元式四合楼，主要用于居民回迁，周边建设约1万平方米的四合院商品房。

这个方案遭到全国政协委员梁从诫（1932~2010）、李燕的批评，他们认为："施行大规模拆除重建的这项工程，将严重破坏历史文化保护区的真实性，并起到极其不良的反面示范作用。"此后，工程一度停止，方案进行修改，被保留的院落增加到31个，其余仍是拆除重建。

在2003年北京市有关部门组织的南池子试点宣传报道中，一些媒体披露了一些专家的肯定性意见，包括"南池子很好，这个思路我们认为比过去进步得多，这是世界上现代城市的做法"，"应该把南池子模式向南进行保护（原文如此——笔者注），与紫禁城、皇史宬连成整体的风貌"，"它等于一举三得，保护了文物、改善了老百姓的居住环境，又创造了一个新的文化生活的景点，这部分做得非常成功"，等等。北京市还组织城八区区委书记、区长在南池子召开现场办公会，推广其经验。有媒体称："南池子将会成为一种影响力，继续推动北京的旧城改造"，三眼井保护区的改造也将会"像南池子那样"。

时隔不久，一些见诸报端的文章及专家学者的建议，使人们看到了学术界人士的另一种态度。由数位院士、文物保护专家起草的建议书提出：作为历史文化保护区，南池子应该保持其历史的真实性和完整性。以这个标准来衡量，南池子的做法，不仅不是成功的经验，而且是一大败笔。如果将南池子的做法推广到整个古城区，就是拆掉了一个真实的老古城，新建了一个模拟的仿古城，后果是严重的。建议不要把南池子模式作为推广的典型。

作家舒乙在《我看南池子工程的得与失》一文中说，大面积"拆旧建新"的做法是值得商榷的，"它的弊端是过多地拆除了旧有的胡同、四合院。这样的旧城改造固然是发展了、现代化了，但失去了城市的历史延续性，不利于保持其固有的历史文化风貌，留给后人的是二十一世纪初彻底改造过的新北京，而不是建都850年的原汁原味的老北京"。

北京市政府顾问刘小石在《保护四合院住宅街区是保护北京历史文化名城的当务之急》一文中写道：南池子工程把原有的传统住宅的大部分都拆除了，这样实施"历史文化保护区规划"的试点，实际上变成了对历史文化保护区的破坏。因此，这项作为实施《北京二十五片历史文化保护规划》的试点不应该予以肯定。

刘小石指出：经市政府2001年批准的规划，对南池子历史文化保护区作了保留大部分原有传统建筑的规定，在试点中理应加以实施，为什么却背道而驰变成大部分拆除呢？如果肯定这个试点的经验，按理说，市政府应该首先撤销此前作出的具有重大

意义的决定，以免自相矛盾。这样北京就像一个普通的城市一样，就只有保护登记在册的历史文物的责任。那历史文化名城保护的任务和责任就名存实亡了。合乎逻辑的结论应该是市政府坚持自己的决定，对这项"试点"不予推广。

对历史文化保护区内房屋的修缮和改建，北京市政府曾于2001年11月19日出台试行办法，提出，"要充分动员房屋产权人和承租人参与修缮和改建"，"修缮、改建的原则是保护为主"，"按院落确定修缮、改建或拆除方案"，"居民应按规划要求拆除院落内的违章建筑，对住房进行修缮或改建"，"在改建房屋时，应优先保证没有厨房、卫生间的住户建设厨房、卫生间"。《北京旧城历史文化保护区保护和控制范围规划》（2002年2月）提出要采取"微循环式"的改造模式，循序渐进、逐步改善等原则。《北京历史文化名城保护规划》（2002年9月）提出要采取渐进的保护与更新的方式，以院落为单位逐步更新危房，维持原有街区的传统风貌等。

按照上述政策法规的要求，对历史文化保护区的保护就应该是以居民为主体，以院落单位为基础，拆除那些私搭乱建的违章建筑，按四合院故有的面貌予以修缮，内部设施可以现代化。这就从根本上排斥了那种大拆大建的房地产开发方式。显然，南池子的做法与此相去甚远。更为学术界关注的是，类似南池子的做法已经在其他历史文化保护区出现，作为北京

拾年

再绘蓝图

市第一批历史文化保护区的南长街，其大部分已在南池子工程告竣的同时被夷为平地。

三、旧城区内的房地产活动及其政策缺失。启动于1990年的北京旧城区内的危改项目，最初的规模控制在菊儿胡同、小后仓等小型项目上。而在1992年北京房地产开发对外开放之后，大量超高超大的房地产项目开始在旧城区内的商业黄金地段以危改之名进行建设，王府井地区迅速被这类商业性开发项目占据，建筑高度等纷纷突破《北京城市总体规划(1991年至2010年)》的要求，在故宫东侧形成一堵混凝土屏障，使故宫景观及古城风貌遭遇严峻挑战。近十年来，大规模的房地产活动持续进入旧城区，大量历史街区被成片拆除。房地产开发已使旧城区内越来越多的胡同、四合院街区被简单地当作地皮来处理，并引发城市拆迁中的一系列矛盾，使历史文化名城保护陷入复杂的境地。

从历史文化名城保护的角度看，近十年来的房地产法规及政策的执行所导致的不利情况主要表现在：

（一）"先划拨、后出让"政策扩大了划拨用地范围，使各项保护举措缺乏宏观调控手段的支撑，危改总体目标不得不让位于局部商业利益。按照北京市最初制定的目标，危旧房改造将与古都风貌保护、住房制度改革、新区开发、房地产开发相结合，而实际执行的结果——上述"四个结合"成为了"一个结合"，即与房地产开发的结合。

1992年北京市计委、市危改办权力下放，各区危改办开始有权对本区危改小区可行性研究进行审批，形成了危改立项由开发单位选一块地，然后由房管部门鉴定危房率，即确定为危改区，并随之立项的状况。1993年9月，北京市对危改用地实行"先划拨、后出让"政策，规定"对于危旧房改建区和大面积开发的建设用地，拟全部采取划拨方式，一次拨给开发建设单位，待拆迁完毕后，在有偿出让的地块开工前，经评估后再办理土地出让手续"。

在上述政策的支持下，市、区两级政府都获得了成片划拨土地的权力，使全市土地供应呈现分散化的趋势，各单位分头招商、相互杀价难以避免，政府主管部门失去了实施城市规划的宏观调控手段，并使危改项目中的保护性目标不得不屈从于局部经济利益的平衡。

国际经验表明，政府垄断经营土地开发权是最大限度地获取土地批租收益、调控城市发展秩序的重要保障。香港地区、新加坡通过成立专门的土地开发部门经营土地一级市场，做到一个池子蓄水，一个池子放水，有计划、有限量、集中地供应土地，不但提高了单幅土地的批租价格，挤掉了炒卖土地的利润空间，还使政府在平衡全市发展方面获得更大的灵活性与主动权。这样的政策如能在北京的房地产开发中加以借鉴，则能够做到政府部门通过垄断的一级市场的引导，将大规模的房地产开发活动引向旧城之外，在限量供应的土地的批租中获取高额收益，并将其补贴旧城危房修缮、人口疏散，以实现整体收支的平衡或盈余。

而现实情况是，由于土地供应是自下而上分散进行的，应作为宏观调控手段的土地批租仅成为划拨供应土地之后需补办的一项手续，旧城区内的危改项目不得不在"单打独斗"中就地平衡资金，而纷纷提高建筑高度与容积率；规划审批时对这些项目又缺乏经济测算，以致节节退让。虽然北京市近年来建立了土地储备制度，试图实现有计划、有限量地供应土地，但旧有的土地分散供应体制仍未终结，使得新的土地储备制度举步维艰，市级政府仍无法在宏观上把握历史文化名城保护工作的主动权，即使在南池子这样一个特定的历史文化保护区，也不得不采取提高建筑容积率、就地平衡资金的做法，使得旧城区内房地产项目的破坏性越发突出。

（二）危房改造过度依赖房地产开发，忽视居民自助的力量，衍生大量拆迁问题，并使房地产开发与历史文化名城保护成为一对"天然"的矛盾。

从1992年下半年至1994年底，北京市共批租土地280余幅，总面积约14至15平方公里。这一数字相当于香港地区同期批租土地的26倍，新加坡24年批租土地总量的7倍。如此巨大的土地供应量很快使市场"消化不良"。从1995年起，连续数年，北京市的房地产市场出现低迷，危旧房改造几乎是按兵不动，这不但是市场大势所迫，还在于旧城区的黄金地段早被占尽，剩下的全是"硬骨头"。

面对这样的情况，2000年3月，《北京市加快城市危旧房改造实施办法》试行，一年后试点范围扩大，并规定了危改区内的居民和单位在规定期限内未搬出的，按照"先腾地、后处置"的原则以及《拆迁办法》的有关规定处理。这项政策的特点是，以政府、居民分担投资的方式，加快危改步伐。居民可选择回迁、外迁，回迁则须买房，房价由房改成本价与经济适用房价组成，享受住房贷款，外迁则可获得货币补偿。

这样，拆迁过程中，政府的强制力大大提高，投资方的资金压力大为减少。但与此同时，各种矛盾也出现加剧趋势。据测算，在执行这一政策的地区，回购住房，居民平均每户出资15万至18万元。生活在危房区的多是低收入者，有的还是下岗职工，如果回购住房，他们承担房款有许多困难，如果选择外迁，所获补偿可能又买不起房。

另一方面，为给房地产开发创造便利条件，在被划入成片危改的范围内，居民的户口及住房产权被冻结，使得民间的市场化房屋买卖及修缮行为被迫停止，历史文化名城保护政策中提出的鼓励居民自主修缮房屋的目标难以实现。不断涌入旧城的房地产开发活动使保护与发展的矛盾激化，并引发社会稳定方面的诸多问题。

（三）历史文化名城保护亟须在住房产权制度改革上突破。2003 年 4 月，中共北京市委、市政府作出大力保护四合院建筑的决定，措施包括：对较为完整、有保护价值的四合院要予以甄别、公布，不得拆除；对符合历史风貌的要进行修缮，对不符合历史风貌的进行改建；皇城内不得进行成片拆迁改建；对旧城内皇城以外的项目，要从严控制，凡旧城内的改造项目必须经市长办公会讨论决定；历史文化名城的保护要坚持降低人口密度、拆除违法建筑、保护和修缮为主的方针。

北京市政府还提出，建立外迁专项资金，制定鼓励疏解人口政策，组织建设定向安置用房，筹集经济适用住房、二手房和廉租房，安置外迁人口；依据《北京二十五片历史文化保护区保护规划》《北京历史文化名城保护规划》和《北京皇城保护规划》，编制房屋修缮、改建修建性规划方案及实施方案，拆除违法建设，完善市政基础设施。

在组织形式上，北京市政府明确了"政府为主导、多样化运作"的原则，突出区政府在保护与修缮工作中的主导作用；实行成熟一片、规划一片、推进一片，小规模、渐进式、多样化；加大外迁力度，调动居民主动参与的积极性；改变过去片面依靠提高容积率进行资金平衡的方法，建立政府补贴、居民出资、市场融资等多渠道资金筹措机制。

市政府还要求，进一步加强历史文化名城保护的法规体系建设，抓紧完善相关配套政策；借鉴国内外经验和做法，尽快制定有关规划、保护、投资、使用、管理等方面的法规、规章，使旧城保护有法可依。

2003 年 11 月，北京市政府作出决定，撤销北京明清皇城范围内的危改立项，以及与其他历史文化保护区重合或部分重合的危改项目。这些地区被要求按照《北京历史文化名城保护规划》所制定的原则，按照保护区模式组织实施房屋保护和修缮工程。

上述措施表明，在旧城之内，大规模的房地产开发活动将受到限制，保护规划的施行有望获得保障。而从政府方面看，如何处理好保护四合院建筑与改善居民生活质量的矛盾，并在这一过程中，不使财政不堪重负，仍是亟待破解的难题。

新中国成立后，经过 1958 年对城市私有出租房屋进行的"社会主义改造"，以及后来的"文化大革命"，四合院被挤入大量人口。"文革"初期，北京市接管了 8 万多户房主的私人房产，建筑面积相当于新中国成立之初北京城市全部房屋的三分之一以上。后来在落实私房政策时，虽将产权发还房主（不含 1958 年的经租房），但要求房主与挤住其房屋的人员或单位订立租赁契约，租金由政府规定，这又遗留了大量历史问题。许多私房主长期到政府部门上访，要求清还自己的房产。由于四合院内的矛盾错综复杂，有效的房屋修缮就很难由私房主推行。

而在公房的管理方面，政府部门长期以来实行包下来的政策，从现实情况来看，这样的做法不但没有消除反而是增加了危房，并使公房的维修成为政府的财政负担。事实表明，对住宅的修缮是政府部门难以完全包死的，只要房屋的产权能够落实到个人，私有房屋的权利能够得到尊重，公平公正的房屋交易秩序能够得到建立，危房必然能够得到产权人的修缮，并在市场中得到自然的康复。

（四）历史文化名城保护亟须从城市空间发展战略上"突围"。尽管《北京历史文化名城保护规划》(2002年9月)提出"疏解旧城区人口和功能，为保护历史文化名城创造良好条件"，但由于新中国成立以来，北京的历次城市总体规划均以旧城为单一的中心，以改造旧城为主导方向，使得旧城内的人口及功能越聚越多。这一状况如得不到改变，历史文化名城保护的各项原则势必落空，不但于保护工作本身不利，还将给城市的整体功能带来灾难性影响。

作为全市单一的中心，北京旧城长期承担着商业、办公、旅游等功能，大型公共建筑不断涌入，相伴而生的是严重的交通拥堵、中心区环境质量的恶化、住宅的郊区化无序蔓延，为了就业，居民们必须早晚拥挤在往返于城郊之间的交通之中。以旧城为单一中心并加以改造的城市发展战略，不但使历史文化名城的保护陷入被动，还给全市的整体利益造成伤害。

因此，如何重修城市总体规划，实现新北京与老北京的分开发展，有机疏散密集于旧城之内的城市功能，由此推动全市的平衡发展，已是建设新北京的需要。而只有将这个问题从战略上根本解决，历史文化名城的保护才能获得一个可操作的空间。

（五）旧城保护与改造的综合评价体系尚待健全。目前，决策部门对旧城保护与改造的评价偏重于改善居民住宅条件和拉动经济增长的单一层面，缺乏对居民生活质量的综合分析以及对经济社会协调发展的全面认识，导致大规模的改造长期处于支配地位，并出现从2000年开始，每年向旧城各区下达限期成片拆除危旧房数量的情况。

从1991年至2003年，北京市共拆迁50多万户居民，政府部门对此的评价是"不同程度地改善了居住条件和居住环境"。这个评价未能充分考虑构成居民生活的综合性因素。清华大学博士谭英1998年在《停止对北京旧城中心区的大规模拆迁重建》一文中指出："在大部分改造地区，70%至80%的居民不得不外迁。许多居民要迁到位于北京郊区的四环、五环甚至更远的集中外迁区。尽管搬迁以后，居住条件得到不同程度的改善，但是位置远、交通不便这一条，就严重地，甚至灾难性地影响了大部分居民的上班、就业、就医、上学等活动，无形中剥夺了居民娱乐、进修、与亲友团聚的基本生活需要。越来越多的北京市民在拥挤的公共汽车上耗

北京旧城城市肌理卫星影像分析图（2003年12月）。红色部分为尚存的老城肌理（来源：李路珂、王南、胡介中、李菁编著，《北京古建筑地图》
上册，2009年）

费着他们的生命，还给城市公共交通造成更大的负担"，"改造地区的居民90%以上都极不愿意外迁，其中有不少人希望根据自己的经济能力，出资就地改善"。

此外，对旧城改造所引发的拆迁活动，决策部门更看重其对房地产市场的拉动作用。2003年11月，北京市政府在对房屋拆迁工作进行回顾时提出："居民拆迁拉动了全市房地产发展，按经验数字拆1平方米旧房建3.55平方米新房推算，1991年以来仅拆除旧住宅房屋就拉动商品房开发建设约6060万平方米，加上20%配套住房，可达7200万平方米。"统计数据显示，近年来拆迁居民对商品住房的需求量已大约占北京市场全年住宅销售总面积的三分之一，已成为市场中"重要而且比较稳定的有效需求量"。

可是，这种"有效需求量"是怎样形成和实现的呢？根据北京市现行危改拆迁政策，采取房改带危改方式改造的外迁居民每户拆迁补偿款在10万至15万元之间，主要需求的户型在60～70平方米/套，需求的商品住宅的价位在3000元/平方米左右。采取其他方式改造的外迁居民每户拆迁补偿款在20万元左右，主要需求的户型为70～90平方米/套，需求的商品住宅的价位在4000元/平方米左右。而北京市的房价一直居高不下，近年来虽有回落，2003年上半年商品住宅的平均售价仍高达4339元/平方米，这显然超出了被拆迁居民的平均承受能力。为得到一套住所，许多被拆迁居民只能远离市区生活，或者长期负债生活，而他们又多是低收入者。可见，由拆迁而产生的对商品住宅的刚性需求，虽然对房地产市场乃至全市经济发展产生了拉动作用，其背后却是社会贫富差距的拉大，累积着大量值得警惕的社会问题。

另外，对这种经济增长的评价又是不能忽略其在历史文化方面所造成的损失的。如果计入全社会为此支出的成本，其成效就更值得商榷了。两院院士、清华大学教授吴良镛认为："无视北京历史文化名城的文化价值，仅仅将其当做'地皮'来处理，已无异于将传世字画当做'纸浆'，将商周铜器当做'废铜'来使用。"近年来，在北京旧城内新开辟的四合院宾馆，已创造了标准间收费175美元/天的纪录，这是许多五星级饭店所不及的。可是，这种对文化资源高回报、可持续的利用，尚未得到普及。

（六）其他法律政策因素的影响。旧城行政区划及其干部考核机制亟待完善。北京古城方圆62.5平方公里，仅占规划市区面积的6%。❶在这一范围内，历史文化遗产的保护应为矛盾的主要方面。可是，目前在对区级政府的业绩考核中，经济指标是一把尺子，旧城四区也不能例外。于是，所

❶ 2005年1月，经国务院批复的《北京城市总体规划(2004年至2020年)》将中心城面积由1040平方公里扩大至1085平方公里，与之相应，旧城占中心城面积的比例由6%变为5.76%。——笔者注

有城区都急于为经济增长开拓空间，即使是在文化含量巨大的旧城四区内，急功近利的破坏性开发行为也难以杜绝。目前，旧城四区均在大建各自的商业及商务中心，房地产结构雷同，重复建设严重，已出现恶性竞争的苗头。从行政区划来看，将旧城分为四区管辖已显现弊端，如能合为一区，统一管理，指标单列考核，则有助于保护政策的实施。

全社会法治环境的提升是历史文化名城保护的根本。北京市人民政府在2002年10月16日颁发的《关于实施〈北京历史文化名城保护规划〉的决定》中提出："鼓励公众参与，加强社会监督。保护历史文化名城既是政府的责任，也是全社会的共同责任。要增强责任意识、法律意识，积极鼓励和支持人民群众为保护历史文化名城工作出谋划策。对通过公众参与、社会监督发现的破坏和影响历史文化名城保护的建设行为，规划、文物等有关行政主管部门要及时坚决查处。"如何把上述号召落实到具体的法治程序之中，仍是需要健全的方面。目前，对历史文化名城保护的公众知情权、舆论监督权，尚无法治保障，正常的新闻监督也常遭到行政干预的影响，这从一个侧面反映出社会总体法治环境的制约作用。

2003年12月25日

主要参考资料

1. 北京市政协：《关于北京住房市场有关问题的调研报告》，2003年。

2.《北京房地产》杂志社编：《北京市城市房屋拆迁法规汇编》，2002年12月。

3. 北京市城市规划设计研究院编印：《北京城市总体规划（1991年至2010年）》。

4. 北京市房地产管理局法制处编：《北京市房地产管理法规规章选编》，1989年8月。

5.《北京旧城二十五片历史文化保护区保护规划》，北京燕山出版社，2003年10月第1版。

6. 北京建设史书编辑委员会编辑部编：《建国以来的北京城市建设资料》（第一卷 城市规划），1995年11月第2版。

7. 刘小石：《保护四合院住宅街区是保护北京历史文化名城的当务之急》，2003年10月。

8. 李其荣编著：《城市规划与历史文化保护》，东南大学出版社，2003年1月第1版。

9. 方可：《探索北京旧城居住区有机更新的适宜途径》，清华大学工学博士学位论文，1999年12月。

10. 首都规划建设委员会办公室、

北京市城乡规划委员会编:《首都规划建设文件汇编》,1992年。

11.谭英:《停止对北京旧城中心区的大规模拆迁重建》,1998年3月。

12.吴良镛:《吴良镛学术文化随笔》,中国青年出版社,2002年2月第1版。

13.吴良镛等著:《京津冀地区城乡空间发展规划研究》,清华大学出版社,2002年10月第1版。

14.王东:《北京卫星城的规划与建设》,载于《"面向2049年北京的城市发展"科技交流及研讨会文集》,北京城市规划学会编,2000年9月至10月。

15.徐苹芳、傅熹年:《抢救保护北京城内元大都街道规划遗迹的意见》,2000年2月27日。

16.徐苹芳:《论北京旧城的街道规划及其保护》,2002年6月。

17.朱嘉广:《旧城保护与危改方法》,载于《北京规划建设》杂志,2003年第4期。

18. Ke Fang and Yan Zhang, *Plan and market mismatch: Urban redevelopment in Beijing during a period of transition,* in *Asia Pacific Viewpoint,* Vol.44, No.2, August 2003.

19. Yan Zhang and Ke Fang, *Politics of housing redevelopment in China: The rise and fall of the Ju'er Hutong project in inner-city Beijing,* in *Journal of Housing and the Built Environment,* 2003.

20. Jasper Goldman, *From Hutong to Hi-rise: Explaining the Transformation of Old Beijing, 1990-2002,* MIT, September 2003.

改变"单中心"发展模式

"现在是必须认真考虑大北京规划战略的时候了，我们绝不能让举办奥运会与加入世贸所带来的动力，使北京加速发展成为一个'死疙瘩'。"

随着申奥成功与中国加入世贸组织，一个巨大的发展机遇摆在了北京的面前。一些城市建设专家最近指出，面对这些机遇，如果没有相应的、较完善的战略规划，反过来会影响北京对这种优势的把握。

为举办奥运会，北京将投入2800亿元，其中有1800亿元用于基础设施建设，713亿元用于环境保护及治理污染，170亿元用于场馆建设，113亿元用于运营费用。据国家统计局估算，这些资金如果都按计划投入，北京近十年GDP的年增长率平均为10%，申奥成功可在此基础上每年再增加2至4个百分点；加入世贸组织也将使北京市的投资需求与供给明显增长。据北京市有关方面初步估算，在入世后的前三年，北京市固定资产投资将有2至3个百分点的增幅，将拉动GDP增长1.5至2.5个百分点。

但是，专家们认为，北京市在快速发展过程中已显现弊端的城市发展模式，在许多方面已不能适应这种大发展的要求。

"单中心+环线"问题

北京长期以来以旧城为单一中心、以改造旧城为主导方向发展城市，形成了新区包围旧城、同心同轴向外蔓延的"单中心＋环线"生长模式，这被建筑学界形象地称为"摊大饼"。面对这块"大饼"越摊越大、越摊越沉，并可能在未来城市大发展时期急剧膨胀的状况，专家学者提出了警告。

中国城市规划设计研究院高级顾问郑孝燮认为，北京目前的"大城市病"已值得高度重视，它集中表现在城市容量超饱和、超负荷，以交通、环境问题最为突出。北京的机动车比国外许多大城市少，但交通已十分拥

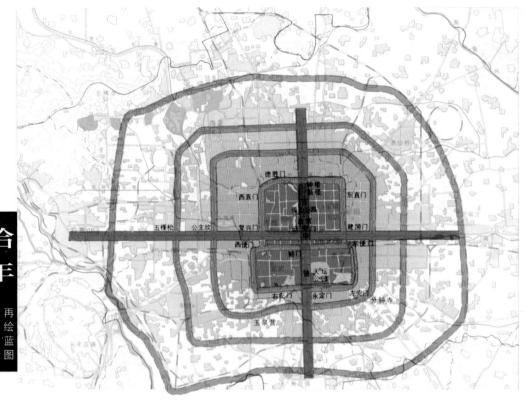

北京城市布局扩张图，显示了"单中心＋环线"发展模式（来源:《北京地图集》，1994年）

挤；二环以内的中心区，建筑密度太高，登景山往下看，20世纪五六十年代还是一片绿海，可现在是绿少楼多，离想象的田园城市差得太远。

北京市区以分散集团式布局，即由一个以旧城为核心的中央大团，与北苑、南苑、石景山、定福庄等十个边缘集团组成市区，各集团之间，由绿化带相隔，形成了以旧城为单中心、向外建设环线扩展的城市发展模式。新中国成立以来，在这种规划布局下，北京市区建成区扩大了4.9倍，市区人口增加了近4倍。

作为全市单一的中心，北京旧城长期承担着商业、办公、旅游等功能，大型公共建筑不断涌入，在20世纪80年代，北京市中心区出现了严重的交通拥堵，北京市即着手建设城市环路，提出"打通两厢，缓解中央"，期望通过快速环路的建设，吸引中心区的交通，缓解其压力。现在，北京已建成了二环、三环、四环城市快速路，五环、六环路的建设也已开始进行，但中心区的紧张状况并未得到有效缓解。

据北京市公安交通管理局统计，现在北京城区400多个主干道路口，严重拥堵的有99个。由于道路拥堵，按计划，332路公共汽车每小时应通过19个车次的中关村路，交通高峰时间经常只能通过9个车次；行驶在三环路的300路公共汽车，正常行驶一圈应是 110 ~ 120 分钟，而现在经常要花 160 分钟。在宽街、北新桥、新街口等通往中心区的路段，由于拥堵严重，经常出现走路比乘车速度快的怪现象。

与交通拥堵相伴而生的是中心区环境质量的恶化。中国环境科学研究院学术顾问李康说，大气污染是北京市目前首要的污染问题。"七五"期间，北京市三环路以内的汽车尾气对大气污染的贡献率为 30% 多，现在翻了一倍。其比重的增加，虽与锅炉等其他污染源减少有关，但汽车尾气污染的增长趋势是明显的。这表明，北京市中心区的交通已相当繁重。作为一个单中心的城市，北京的中心区一直高强度开发，高层建筑不断增多，阻碍大气流通，导致局部大气恶化，污染物浓度增高，危害健康。

中心区缘何越"疏"越密

北京市中心区现已集中了全市 50% 以上的商业与交通，而目前市中心各区均在加快商业性改造的步伐。东城区大规模发展王府井商业区，并提出建设北京"中央商业区"、"现代化中心城区"的口号；西城区则在加速建设金融街，同时还要把西单商业区发展到 150 万平方米的建筑规模；崇文区❶大力推进崇文门外商业街的

---

❶ 2010 年 7 月崇文区与东城区合并，称东城区。——笔者注

建设；宣武区也在加快建设以菜市口为中心的商业区。大量的胡同、四合院，正在被大体量的建筑物取代，中心区的"聚焦"作用越来越强，其承受的人口、就业、交通等方面的负担也越来越重。

疏解中心区的人口压力，一直是北京市城市建设的一个主导方向。1993 年经国务院批复的城市总体规划提出的一项重要任务就是改变人口过于集中在市区的状况，大力向新区和卫星城疏散人口。可是，这项规划提出的目标与执行的结果，出现不如人意的反差，由于城市的就业功能一直集中在中心区，人口疏散很难取得成效。相反，由于规划是以改造与发展中心区为导向，大量房地产项目涌入旧城，使市中心区的建筑密度、人口密度越来越高。

两院院士、清华大学建筑学院教授吴良镛认为，导致上述问题的根本原因在于"单中心 + 环线"的城市发展模式。这种模式，在城市不大时是适用的，但是城市越大，这种模式就会使中心区聚焦作用越来越强，负担越来越重，从而出现交通、环境恶化等一系列问题。北京与 12 个同等规模的世界首都比较，用地是最密集的，人均用地是最少的，城市化地区人口密度高达每平方公里 14694 人，远远高于纽约的 8811 人、伦敦的 4554 人、巴黎的 8071 人。北京的这种过度拥挤的状况，已不适应未来发展要求。

目前北京的这种单中心的城市发

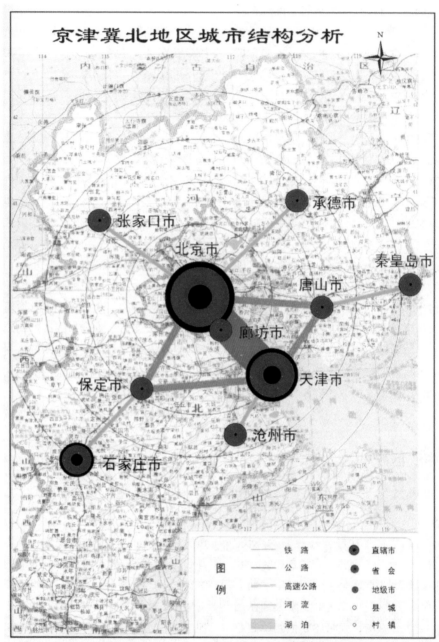

京津冀北地区城市结构分析

2001 年吴良镛领导的《京津冀北地区城乡空间发展规划研究》课题组完成的《京津冀北地区城市结构分析图》。这项研究提出了面向京津冀北地区，以京、津"双核"为主轴，以唐山、保定为两翼，疏解大城市功能的区域发展战略设想（来源：《京津冀北（大北京地区）城乡空间发展规划研究》，2001 年）

展模式，是 20 世纪 50 年代由苏联专家以莫斯科规划为蓝本帮助确定的，苏联专家在指导北京进行城市规划的时候，莫斯科以克里姆林宫为中心，向四周辐射发展的城市总体规划已显现弊端。莫斯科在 20 世纪 60 年代制定新规划，把原有的单中心结构改成多中心结构，并将连接市郊森林的楔形绿带渗入城市中心。可是，直到今天，北京的城市建设还在沿着苏联专家帮助确定的单中心模式发展。

住宅郊区化蔓延

与市中心不断"聚焦"相对应的是住宅的郊区化无序蔓延。

北京市区的"中央大团"集中了行政、商务、商业、文教等一系列重要的城市就业功能，"边缘集团"则以居住为主要功能；在离城市更远的郊区，又规划有良乡、大兴、昌平等一大批由中心区向外辐射的卫星城镇，它们现已开始为市中心区分担居住功能。

目前，北京市在近郊区建设的望京居住区，规划人口将达 25 万～30 万；在远郊区建设的回龙观居住区，规划人口将达 30 万。它们的人口规模已相当于一个城市，但它们的功能只以居住为主。为了就业，居民们必须早晚拥挤在往返于城郊之间的交通之中。

对城区交通流量的观察显示，每

天上班，进城的交通量要远远大于出城的交通量；下班时则相反。在如此钟摆式的流动中，许多市民都要花很长时间往返于家庭与单位之间，生活与就业成本难以降低，并使道路、公交等设施超负荷运转。

这样的住宅郊区化发展模式，又对市中心区的人口疏散产生消极影响。因为缺乏就业功能的郊区很难吸引市区的居民，从而导致中心区建设与郊区发展相互牵制的"两难"。

北京市城市规划设计研究院总工程师王东认为，从环境容量着眼，北京市区"摊大饼"式的蔓延发展已不能继续。北京规划市区 1040 平方公里，在其范围内，比较合理的分配是：建设用地 614 平方公里，其余 426 平方公里是保证市区有良好生态环境的绿色空间。经专家论证，北京市区人口规模以 645 万人为宜，人口过量增长会加剧资源的紧张。

首先是水资源紧张。北京是严重缺水的城市，人均水资源量仅 342 立方米，大大低于全国人均 2517 立方米的水平。北京可用水资源为年均 42 亿至 47 亿立方米，其中地表水 22 亿立方米，地下水 20 亿至 25 亿立方米，在市区周围约 1000 平方公里的地区，因常年超量开采地下水，已形成地下水漏斗区，水资源的供需缺口很大。

其次是土地资源紧张。全市耕地减少，农业人口人均耕地已从 1952 年的 0.23 公顷下降到 0.10 公顷，市区的有限土地资源也将制约市区发展的规模。

此外，生态环境、交通设施、能源等都对城市发展规模产生制约的作用。

北京经过 50 年的建设，到 1999 年，市区建成区面积已达到 490.1 平方公里，市区人口达到 611.2 万人，其中人口规模已接近市区的环境容量。这表明，北京市区已不能再无限制地膨胀下去了。

费而不惠的旧城改造

北京旧城是享誉世界的历史文化名城，是我国古代建筑艺术与城市规划的集大成者，汇集了大量珍贵的文化遗产。为保护古都风貌，北京市制定了市区建筑高度控制方案，并在城市总体规划中提出整体保护旧城的原则，但执行情况不甚理想。一批突破规划限高的新建筑已形成对故宫的压迫之势，大量历史街区仅被当作房地产开发的地皮处理，已使北京的历史文化名城保护面对严峻形势，引起海内外舆论的关注。

城市建设专家们指出，北京旧城方圆 62 平方公里，仅占规划市区 1040 平方公里的 5.9%，是完全有条件保护好的。问题的关键在于，北京市长期以来执行的是改造旧城的方针，许多新建设进入旧城区，导致新旧城市的重叠，加剧了保护与发展的两难。

城市发展以改造与重建为主导方向，还使经济与社会成本难以降低。清华大学建筑学院的专家指出，大规模改造已成为北京城市建设的一大显著特征。目前，北京市的一些重点项目均安排在建成区内进行，这在一定程度上有利于城市功能的调整与完善，但从长远着眼，一些深层次矛盾已值得关注。北京市的商务中心区选择在紧邻市中心的大北窑地区建设，虽然促进了工厂的外迁，但可能使这一地区及市中心区本已不堪重负的交通与人口压力更为严重，并引发大量拆迁，抬高建设成本；中关村西区与科学城的建设也存在类似的问题，大量房地产项目挤入原已较为完善的文教区内建设，加剧了这一地区的城市压力，并引发中关村人口的大迁移。

"剃光头"式的大拆大建，其经济成本居高不下，并使原有社会结构解体，容易引发一系列社会矛盾。随着北京旧城改造步伐的加快，城市拆迁矛盾趋于严重，一些城区屡次发生集团诉讼及上访事件。这表明，大规模改造模式亟待重新审视。

专家们认为，面对举办奥运会及加入世贸所带来的巨大发展机遇，决策部门应及时对上述问题进行省思并提出对策，因为这关系到北京市能否以最有效的方式实现为举办奥运会而在交通、环境、文化保护等方面作出的国际承诺，关系到北京市的大发展能否解决而不是增加已有的城市问题，关系到北京市能否充分把握来之不易的发展良机。

立足"大北京"调整规划战略

吴良镛提出,面对成功申办奥运会及加入世贸所带来的空前发展良机,面对北京城市发展存在的各种矛盾,我们已不能不对已不能全然适应发展要求的城市总体规划进行一定的、必要的修改,再也不能以不变应万变了。

他认为,目前北京城市发展的矛盾焦点主要集中在对空间的需求上,应该更科学地探讨时空发展模式,以更合理的空间布局来应对这些国际活动的需要。重新修订《北京城市总体规划》,必须立足于大北京,即京津冀北地区,从更大的范围把这一地区的发展战略搞清楚,然后再回到北京的问题上。

大北京地区主要由北京、天津、唐山、保定、廊坊等城市所辖的京津唐和京津保两个三角地区组成,面积近7万平方公里,云集华北许多大中城市,其中京、津两地为全国知识资源最密集地区。

由于长期缺乏整体区域性规划,各个城市条块分割、各自为政,使这一地区的发展出现许多矛盾,突出表现在:

一、京津经济同构,相互掣肘。近50年来,北京一度大力发展重工业,致力于建设"经济中心和强大的工业基地",与邻近的传统工业城市天津同构发展,并导致天津的衰退。全国统一划分的工业部门有130个,北京就占120个。北京的重工业产值一度高达63.7%,仅次于重工业城市沈阳。

二、核心城市与周边地区联系薄弱。改革开放以后,香港80%以上的制造业转移到珠江三角洲,长江三角洲也靠上海等城市的带动实现了区域繁荣。相比之下,北京与周边地区的联系较为薄弱,未能对周围地区起到足够的带动作用,使得北京在东北亚地区的经济地位落后于汉城❶和东京。

三、区域环境问题严峻。以城市为中心的环境污染呈恶化趋势,大气污染严重,地表水污染普遍,土地荒漠化加剧,水资源短缺,地下水位下降,形成了一个总面积超过4万平方公里的"大漏斗"。

四、缺乏合理的协作与分工。大北京地区范围内,存在行政地位或经济实力相当的城市之间畸形竞争,存在有行政隶属关系的城市之间利益冲突,无行政隶属关系、经济实力不相当的城市之间不规范竞争。一方面恶化了北京与周边城市的经济关系,另一方面也扭曲了北京的城市职能,加剧了首都的资源供给紧张和环境负荷加重的局面。

五、区域交通体系聚焦核心城市,城际交通有待加强。京津冀北区域网总体布局存在缺陷,铁路与公路网络都以核心城市为中心向外放射,以致

---

❶ 2005年1月韩国政府将首都的中文名称由"汉城"改为"首尔"。——笔者注

关外的东北、内蒙古地区与关内的黄河、长江流域以及东南沿海的客货交流，都必须通过北京枢纽或天津枢纽，为两市带来大量的过境运输，干扰核心城市交通。同时，京、津两大交通枢纽的分工与协作不善，忙闲不均。另外，城际交通不能达到迅速、便利、安全、经济的需求。

针对上述问题，在吴良镛的主持下，国内多学科100多位学者历时两年完成了《京津冀北地区城乡空间发展规划研究》，并于2001年10月由建设部主持审定。

研究报告明确提出建设"世界城市"的战略目标，认为发展世界城市是全球化时代一个国家或地区获取更大发展空间的战略选择，大北京地区应该借助它作为大国首都的影响，发展成为21世纪世界城市地区之一，为参与世界政治活动、文化生活、国际交往以及获取国家竞争优势等方面奠定最必要的基础。

与"国际城市"概念不同的是，"世界城市"在强调开放性的同时，更注重地区整体竞争力与可持续发展。一些主要的世界城市，特别是重要国家的首都，如伦敦、巴黎、东京等，在全球经济发展、文化交流、管理等活动中的组织与协调功能越来越突出。在这一进程中，首都地区的综合发展对提高一国的国际竞争力的作用也越来越受到重视。

研究报告综合考虑大北京地区城市发展的空间问题，提出随着经济发展，城市用地将进一步呈现不可避免的扩张趋势，可是，北京在空间上不能适应发展世界城市的需要。一方面，核心地区功能布置过密，空间爆炸，城市设施与环境标准达不到世界城市水平；另一方面，城市发展局限在行政界限范围内，国际、国内的综合竞争力有限。大北京地区在发展中的缺陷，只有通过区域合作，京津冀联手才能克服。

报告建议，对北京市规划布局的调整应从更大的空间考虑，适应多样活动的需要和多种发展可能性。在目前新的形势下，北京市如果继续在原有的框框内，以城市行政辖区的观点确定人口、土地等指标，处理发展问题，就不能适应需要。事实上，在港口、跨区域交通、旅游等方面，北京已经突破了市域范围，但缺乏整体的、较为自觉的战略与行动。

专家们认为，在当前社会经济急剧发展的过程中，大北京地区需要制定一个良好的战略发展规划和多种可能的发展模式，以满足建设世界城市的迫切需要。其主导思想是：核心城市"有机疏散"与区域范围内的"重新集中"相结合，实施"双核心／多中心"都市圈战略：

一、对核心城市无序的过度集中进行"有机疏散"，缓解空间压力；与此相配合，在区域范围内实行"重新集中"，努力使区域发展由单中心向多中心形态转变，形成完善的城镇网络，在展拓城市发展空间的同时，促进区域整体均衡发展。

二、区域的空间结构从"星形结

拾年

再绘蓝图

构"，即只从一个中心城市向四周放射的模式，向"双核心／多中心"转变，在发展中谋求多方面动态的相对平衡。

三、以京、津"双核"为主轴，以唐山、保定为两翼，根据需要与可能，疏解大城市功能，调整产业布局，发展中等城市，增加城市密度，构建大北京地区组合城市，优势互补，共同发展。

报告提出，改变"单中心＋环线"模式，采取"交通轴＋葡萄串＋生态绿地"的发展模式，塑造区域人居环境的新形态。沿交通轴，在合适的发展地带，布置"葡萄串"式的城镇走廊。根据需要，确定"葡萄珠"的大小和内容，并为未来的发展留有余地。在适当的地点，布置科技产业园区等新的城市功能区。将交通轴、"葡萄串"式的城镇走廊融入区域生态环境中，城镇走廊之间要有充足的绿地、阳光和新鲜空气，从城市美化走向区域美化。

报告指出，解决大北京地区空间发展问题的关键是建立起行之有效的区域协调与合作机制。国内外大城市地区发展的成功经验和趋势就是积极推动区域统筹管理，兼顾多方利益。特提出具体建议：

一、研究成立由首都规划建设委员会、国家计划发展委员会、建设部和国土资源部等组成的有力的、务实的区域协调机构。

二、北京与天津先动起来，带头组成大北京地区城市共同体，根据影响区域发展的重大问题，如交通、生态、环境、水资源、产业结构等，建立专题研究委员会，寻找两市一省间的共同利益。

三、在区域整体协调原则指导下，京、津、冀对原城市总体规划进行战略性调整，在此基础上，结合现实需要，选择有限的问题，制定行动计划，并付诸实施。如根据申奥成功的新形势，研究道路交通、机场建设、区域产业结构调整等。这样，整个地区的规划发展，根据轻重缓急，滚动进行，避免内容繁琐、机械平衡、旷日持久、贻误战机的做法。

有机疏散

吴良镛说，《京津冀北地区城乡空间发展规划研究》的一个重要指导思想就是"有机疏散"城市规划理论，这个理论是由芬兰著名规划师伊利尔·沙里宁（Eliel Saarinen，1873～1950）提出的，并对世界城市发展产生重要影响。国外不少城市在发展中借鉴这一理论，均取得显著成效。可是，"有机疏散"在我国的实践，却走过了一段艰难的历程。

1917年沙里宁着手赫尔辛基规划方案时，发现单中心城市存在中心区拥挤问题。当时赫尔辛基已开始在城市郊区建造的卫星城镇，因为仅仅承担居住功能，导致生活与就业不平衡，使卫星城与市中心区之间发生大量交通，并引发一系列社会问题。

沙里宁主张在赫尔辛基附近建设一些可以解决一部分居民就业的"半独立"城镇，以缓解城市中心区的紧张。在他的规划思想中，城市是一步一步逐渐离散的，新城不是"跳离"母城，而是"有机"地进行着分离运动，即不能把城市的所有功能都集中在市中心区，应实现城市功能的"有机疏散"，多中心地发展；郊区的卫星城，应该创造居住与就业的平衡，这样不但可减轻交通的负担，更会降低市民的生活成本。

"二战"之后，西方许多大城市纷纷以沙里宁的"有机疏散"理论为指导，调整城市发展战略，形成了健康、有序的发展模式。其中，最著名的是大伦敦规划。1945年完成的大

伊利尔·沙里宁1918年完成的芬兰大赫尔辛基有机疏散规划方案。在有机疏散理论里，城市应该多中心平衡发展，每个区域既相互分离又有机联系，如同人体之细胞，每个"细胞"皆要有"细胞核"——匹配相应的就业功能，这可促进各个区域就业与居住的平衡，避免引发大规模跨区域交通等一系列城市问题（来源：*The City: Its Growth, Its Decay, Its future*, 1943）

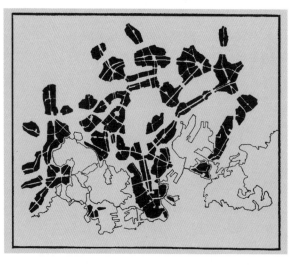

伦敦规划对以伦敦为核心的大都市圈作了通盘的空间秩序安排，以疏散为目标，在大伦敦都市圈内计划了10多个新镇以接受伦敦市区外溢人口，减少市区压力以利战后重建。而人口得以疏散，关键在于这些新镇分解了伦敦市区的功能，提供了就业机会。后来，伦敦政府换了许多届，但这个规划没有变，建成了一系列的新城。现在，伦敦市区的人口已从当年的1200万下降到700多万。通过伦敦的夜间影像图可以看到，20世纪90年代与60年代相比，伦敦的市区没有扩展，扩展的只是伦敦外部城市网络上的新镇。

早在1950年，我国著名建筑学家梁思成与规划学者陈占祥就提出以"有机疏散"理论为指导，规划北京市区，并在此基础上通盘考虑京津冀空间秩序，完成大北京规划。可是他们的建议未被采纳。这导致长期以来，我国区域规划的理论与实践裹足不前，城市发展各自为政，缺乏城乡观念，并出现"摊大饼"等一系列问题。

在城市发展战略方面，东京成为前车之鉴。东京与北京人口相当，城市形态也是"单中心＋环线"模式，建设了7条城市环路。为解决因中心区"聚焦"而导致的交通拥堵，东京政府投入了巨资。现在，东京四通八达的地铁与地面铁路不仅覆盖整个东京，而且与首都圈内其他城市相连，快捷的铁道客运系统已成为东京居民出行的首选交通工具。在东京

23 个区，公共交通承担着 70% 的出行，为世界之最。其中，在市中心区，90.6% 的客运量由有轨交通承担，车站间距不超过 500 米，公共交通十分发达。

可就在这样的情况下，东京的大气污染、噪声等交通污染仍十分严重，东京政府当局已认识到通过扩充道路来解决交通问题，以及通过技术手段来争取空间的政策走到极限，为给城市的发展寻求空间，不得不酝酿迁都，即"行政中心转移"的计划。

专家们呼吁，北京不能重蹈东京走过的这条不考虑城市发展战略，而企图以交通技术来解决城市发展问题的道路。应该看到，技术手段可以解决一些问题，但是只能解决某个技术环节的问题，无法应对城市可持续发展的需求。

吴良镛说，现在是必须认真考虑大北京规划战略的时候了，我们绝不能让举办奥运会与加入世贸所带来的动力，使北京加速发展成为一个"死疙瘩"。

建设两个辉煌的北京

建筑与城市规划学家们认为，在大北京规划原则已经确定的情况下，应立足于京、津、冀北地区，制定一个疏解性计划，以取得北京与周边城市发展的双赢；而对于北京市区，则必须打破单中心格局，摆脱新旧城市重叠状况，建设新、旧分开的两个辉

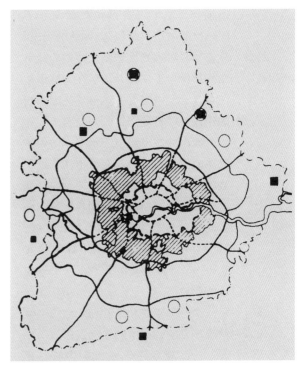

大伦敦规划示意图。此项规划致力于通过转移市区功能，带动人口疏散，发展郊区新城，而不是大规模改造市区，迫使工作人口外迁居住，又进城上班（来源：《中国大百科全书·建筑、园林、城市规划卷》，1988 年）

煌的北京。

吴良镛说，北京明清旧城，你就是把它拆光了，又能获得多大的发展空间呢？拆北京旧城以取得其土地的使用权，就像把故宫的铜鼎熔化掉用它的铜，拿古代的字画作纸浆来造纸。长此以往，"人文奥运"势必落空。更为严重的是，这样的改造方式，已阻碍了城市现代化功能的实现。北京目前所面临的问题，已不只是历史文化名城能否有一个良好的体形环境，而是整个北京能不能有一个良好的生活环境。

新加坡国家艺术理事会主席刘太

格提出，欧洲许多城市都保留了不同时代的城市"断层"，如法国里昂，从古罗马时代到文艺复兴时期的城市面貌都保存下来，并与现在的城市和谐共存。而中国许多城市往往因为新的建设就轻易地把过去的老房子毁掉了。北京的城市建设应承担一份中华民族的责任，应该改变城市功能过于集中在明清旧城的状况，通过在旧城之外集中发展新区，控制并转移旧城区的建设量，使新旧城市分开发展，从而在旧城内外建设两个辉煌的北京——一个是历史的北京、一个是现代的北京。

结合国际成功经验与北京的实际情况，专家们提出具体建议：

一、规划建设城市副中心，重新考虑商务中心区选址。刘太格认为，应该在旧城之外合理的范围内，集中建设一个新的城市副中心，承担商务、办公等职能。吴良镛提出，北京市最近加快在旧城之外的大北窑地区实施商务中心区计划，把新的城市功能从旧城里面拿出去，这个思路是正确的，但是，商务中心区仍然临近市中心，其所在地目前的交通已经饱和，应该慎重考虑。北京市公安交通管理局原副局长、博士生导师段里仁认为，如果把商务中心区从市中心区拿出去发展，就更有利于减轻中心区的交通压力。

二、大力发展功能配套的卫星城镇。王东提出，应该跳出市区，在市区周围建设一批卫星城镇，分散中心城市的部分功能，合理分布大城市的人口、产业。他强调，这些卫星城镇不能建成功能单一的只供居住的"卧城"，或只供工作的"工作城"，而应建设为相对独立、设施配套完善、具有生活和工作功能的城镇。否则，就无法吸引中心区人口。段里仁提出，韩国汉城把部分政府机关迁至郊区集中建设，成效显著，既缓解了市区的紧张状况，又带动了郊区发展。北京是有条件这样做的，关键是能否下这个决心。

2002年3月，与刘江合作

附：北京城市规划方案览略（1949 ~ 1992）

名称	时间	编制者	概要
关于北京市将来发展计划的问题的报告	1949年11月	巴兰尼克夫	发展大工业，以提高工人阶级所占人口的比重。以天安门广场为中心，建设首都行政中心。第一批行政房屋，建在东长安街南边；第二批行政房屋，建在天安门广场外右边；第三批行政房屋，建在天安门广场外左边，并经西长安街延长到府右街。
关于中央人民政府行政中心区位置的建议	1950年2月	梁思成、陈占祥	平衡发展城市。展拓旧城外西郊公主坟以东，月坛以西的适中地点，有计划地建设中央人民政府行政中心区。在行政中心区建设新中轴线，行政中心区南部建设商务区。各分区配套住宅，以减少交通的发生。整体保护北京古城，对古城区的建筑以整治、修缮、利用为主，突出其文化、历史价值。
对首都建设计划的意见	1950年4月	朱兆雪、赵冬日	行政区设在全城中心，总面积6平方公里，可容工作人口15万人；中央及政务院拟暂设于中南海周围，将来迁至天安门广场及广场右侧；于和平门外设市行政区；创城市东西建筑轴线，与原有的南北中轴线并美。
改建与扩建北京市规划草案的要点	1954年9月	中共北京市委规划小组	北京旧城重要建筑物是皇宫和寺庙，而以皇宫为中心，外边加上一层层的城墙，这充分表现了封建帝王唯我独尊和维护封建统治、防御农民"造反"的思想；行政中心区设在旧城中心区，将天安门广场扩大，在其周围修建高大楼房作为行政中心；将中南海往西扩大到西黄城根一线，作为中央主要领导机关所在地；把北京建设成为全国的政治、经济和文化的中心，特别要把它建设成为强大的工业基地和技术科学的中心；要打破旧的格局所给予的限制和束缚，改造和拆除那些妨碍城市发展的和不适于人民需要的部分；对于古代遗留下来的建筑物，必须加以区别对待。对它们采取一概否定的态度显然是不对的；同时对古建筑采取一概保留，甚至使古建筑来束缚发展的观点和做法也是极其错误的，目前的主要倾向是后者。

北京市委关于北京城市建设总体规划初步方案向中央的报告	1958年6月	中共北京市委	北京不只是我国的政治中心和文化教育中心，而且还应该迅速地把它建设成一个现代化的工业基地和科学技术的中心；10年左右完成对北京旧城的拆除改建，即每年拆100万平方米左右的旧房，新建200万平方米左右的新房，10年左右完成城区的改建；行政中心区设在旧城，将天安门广场扩建至二三十公顷；中央领导机关将要设在天安门广场的附近，或者沿着市中心区的几条主要街道修建。
北京市总体规划说明（草稿）	1958年9月	北京市都市规划委员会	把北京建设成为全国的政治中心和文化教育中心，还要把它迅速地建设成为一个现代化的工业基地和科学技术中心。城市建设着重为工农业生产服务，特别为加速首都工业化、公社工业化、农业工厂化服务，要为工、农、商、学、兵的结合，为逐步消灭工农之间、城乡之间、脑力劳动与体力劳动之间的严重差别提供条件；对北京旧城进行根本性的改造，坚决打破旧城市的限制和束缚，故宫要着手改建，城墙、坛墙一律拆掉，拆掉城墙后，滨河修筑第二环路；天安门广场是首都中心广场，将改建扩大为44公顷，两侧修建全国人民代表大会的大厦和革命历史博物馆；中南海及其附近地区，作为中央首脑机关所在地。中央其他部门和有全国意义的重大建筑如博物馆、国家大剧院等，将沿长安街等重要干道布置。
北京城市建设总体规划方案	1982年12月	北京市城市规划委员会	北京城市性质为"全国的政治中心和文化中心"，不再提"经济中心"和"现代化工业基地"；以旧城为中心，向四周扩建；在近郊，发展起十几个相对独立的新建地区，与旧城区共同组成北京市区；旧城区和各新建区之间，以及各新建区之间，保留绿化带或成片的好菜地和高产农田，使市区形成"分散集团式"的布局；逐步改建旧城，划定旧皇城范围内为文物古迹重点保护区，距故宫、景山的围墙二百五十米以内的地区，一般只准建二、三层（高度在九米以下）楼房；在二百五十米以外的旧皇城范围地区，一般也只能建五、六层（高度在十八米以下）楼房；整个旧城的建筑高度，以四、五、六层为主。
《北京城市总体规划（1991年至2010年）》	1992年12月	北京市城市规划设计研究院	城市建设的重点要从市区向远郊区转移，市区建设要从外延扩展向调整改造转移；20年内完成旧城及关厢地区的危旧房改造，改变落后面貌，大力向新区和卫星城疏散人口；要从整体上考虑历史文化名城的保护，尤其要从城市格局和宏观环境上保护历史文化名城。

贝聿铭呼吁"向巴黎学习"

保护古城最好的办法是，里面不动，只进行改良，高楼建在古城的外面，像巴黎那样，形成新的、有序的面貌。

84 岁高龄的世界著名建筑设计大师贝聿铭，前不久从美国飞抵北京庆祝他设计的中国银行总部大厦建成使用。在接受采访时，他一再强调，北京必须高度重视明清古城的保护，在这方面，应该向巴黎学习。

贝聿铭介绍说，他曾多次就此问题向中央提出建议。1978 年，他在北京设计香山饭店的时候，就向当时的国务院副总理谷牧提出必须控制北京的建筑高度，以保持其平缓开阔的空间格局；两年前，他也通过各种渠道呼吁在急速发展中审慎保护北京历史文化名城。在这方面，北京做了大量工作，但总的来看，仍存在不少问题。北京古城举世闻名，但它的很多美丽现在看不到了，它们被大量丑陋的新建筑遮挡和破坏了。

贝聿铭和吴良镛等专家在一封呼吁书中指出，北京古城是世界城市史上历史最长、规模最大的杰作，是中国历代都城建设的结晶。目前，古城虽已遭到一些破坏，但仍基本保持着原来的空间格局，并且还保留有大片的胡同和四合院映衬着宫殿庙宇。一些国际人士建议北京市政府妥善保护古城，并且争取以皇城为核心申请"世界历史文化遗产"。可见，古城虽已遭到一定破坏，但仍应得到积极的保护。北京古城最杰出之处就在于它是一个完整的有计划的整体，因此，对北京古城的保护要着眼于整体。

贝聿铭提出，在整体保护古城方面，巴黎是一个范例。其突出特点在于，将新与旧分开发展，相得益彰，并使城市现代化功能得以完善。

1965 年，巴黎制定了著名的"大巴黎地区规划和整顿指导方案"。这个规划并未只盯着面积不大的古城区做文章，而是放眼更大范围的大巴黎地区，寻求新的发展空间，以防止工业和人口继续向巴黎集中；规划改变

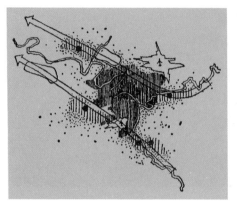

巴黎区域规划。5个新城沿着两条与母城相切的平行轴线呈带状发展,以疏散密集于市区的城市功能（来源:《北京城市规划研究论文集》,1996年）

了原有聚焦式向心发展的城市平面结构,在市区南北两边20公里范围内建设一批新城,沿塞纳河两岸组成两条轴线;改变原来以古城为单中心的城市格局,在近郊发展德方斯、克雷泰、凡尔赛等9个副中心。每个副中心布置有各种类型的公共建筑和住宅,以减轻原市中心负担。

在实施这一规划中,巴黎也在古城区进行了一些新的建设,但是这些新的高层建筑遭到了市民的反对,被认为破坏了巴黎古城的历史风貌。在这样的情况下,巴黎政府从1970年代起,开始在香榭丽舍主轴延长线上、古城之外,重点建设新的城市副中心——德方斯,并将新建筑集中在这里建设。德方斯新区在1980年代初基本建成,每幢建筑的体形、高度和色彩都不相同。有高190米的摩天办公楼,有跨度218米的拱形建筑,还有各种外墙装饰,景观丰富多彩。

将古与今分开发展,实现新旧两利,使巴黎获得了更大的发展机遇。现在,德方斯已建设成为欧洲最大的商务中心区,被整体保护的巴黎古城仍然以其深厚的文化底蕴保持着旺盛活力。

贝聿铭说,相比之下,在新中国成立之初,北京就失去了一次良好的机遇。政府放弃了梁思成等学者提出的新旧分开的发展模式,而是简单地以改造古城为发展方向。在这个过程

蒙巴那斯高塔刺破巴黎老城的天际线,成为城市改造的败笔 王军摄

从德方斯大门至凯旋门的轴线。可见新建筑在巴黎老城之外集中发展，并形成"新旧两利"的城市格局　王军摄

中，拆除城墙修建环路，使城市的发展失去了控制与连续性，这是错误的。如果城墙还在，北京就不会像今天这样。

20多年前，贝聿铭曾在清华大学作了一次演讲，呼吁保护北京壮丽的天际线。他说，故宫金碧辉煌的屋顶上面是湛蓝的天空。但是如果掉以轻心，不加以慎重考虑，要不了五年十年，在故宫的屋顶上面看到的将是一些高楼大厦。但是现在看到的是多么壮丽的天际线啊！这是无论如何都要保留下去的。怎样进行新的开发同时又保护好文化遗产，避免造成永久的遗憾，这正是北京城市规划的一个重要课题。

贝聿铭指出，北京现在的天际线已遭到相当程度的破坏，故宫周围是不应该建设高楼的。所以，在位处北京西单的中国银行总部大厦的设计中，他就坚决控制了建筑高度。北京应以故宫为中心，由内向外分层次控制建筑高度。中心区的建筑高度要低，越往外，从二环路到三环路，可以越来越高。保护古城最好的办法是，里面不动，只进行改良，高楼建在古城的外面，像巴黎那样，形成新的、有序的面貌。

2001年8月24日

期待二〇〇八

现在是必须冷静思考的时候了。然而，在这次总体规划修编的同时，危改步伐又被再次加快了。

2008 年的北京将呈现怎样的面貌，无疑是个巨大的悬念。

悬念的产生，是奥运会将历史性地在北京举办，为迎接盛会，近些年北京市每年都有 2000 亿元的建设资金投入，如此大的建设规模为当今世界城市罕见，这意味着到 2008 年，这个城市可能形成其难以逆转的形象，一代人将向后人交出一份难以被重写的答卷。

悬念的产生，是北京这个曾经拥有辉煌建筑成就的城市，仍处在保护与改造的夹缝之中，旧城内普遍存在着的房屋危破状况与旧城巨大的文化价值共存，对这一矛盾的化解，各方认识依然千差万别，理论与实践的准备尚不充分，而推土机却时不我待了。

悬念的产生，是北京城又被历史性地放在了一个转折关口上。《北京城市总体规划》的修编已经启动，它将努力为奥运经济所诱发的巨大城市能量寻找一个合适的释放空间，但总体规划目前已初步明确的各项原则要在怎样的政策环境下，才能够一一落到实处？不重复以往的教训？从目前的情况来看，尚有可忧之处。

北京面临的城市问题，随着这次总体规划的修编，特别是在这次修编的基础性工作——2003 年完成的空间发展战略研究中，已在决策层、学术界及社会各界形成广泛共识。人们已经看到，要解决北京交通拥堵、环境恶化、市区容量超饱和、历史文化名城保护不力等问题，已不能停留在既有的城市框架之内，而必须立足于区域，寻求出路。

实践证明，持续数十年之久的在老城上面建新城的发展模式，已使北京市的中心区不堪重负。北京市统计局的数据表明，在偏重于发展市中心区的战略指导下，北京的房屋建筑过度集中于东城、西城、崇文、宣武四个城区，目前城区内每百平方米土地面积中的房屋面积为108.69平方米，远远超过近郊区的18.48平方米和远郊区的0.93平方米。

目前北京城市化地区人口密度已是纽约的1.7倍，高达每平方公里14694人，而伦敦只有4554人，巴黎为8071人。北京是严重缺水的城市，在市区周围约1000平方公里的地区，因常年超量开采地下水，已形成地下水漏斗区，并引发相当严重的环境问题。以土壤汞含量为例，由于工业及地下水污染，北京三环路之内土壤的汞含量已是正常标准的2.8倍，市区有的地方土壤汞含量已接近正常标准的7倍。

这些情况都表明，在北京旧城范围内必须实现建筑与人口密度的零增长了，各项建设已不能再集中在以旧城区为中心的一个点上了。如果城市发展仍是"拆"字当头，继续将旧城区内的四合院平房变成楼房——且不谈尚存不多的胡同、四合院已是北京历史文化名城日益稀缺的宝贵遗产——那就无法避免在毁掉老北京的同时，将新北京也毁掉了。

正是出于这样的省思，才有了本文开头提出的几个悬念。应该说，已经启动的立足于实现新旧城市分开发展的总体规划修编工作，已使上述问题的解决出现转机，这完全可能是一次历史性的重大转折。

可是，城市问题的解决，又不是仅仅依靠一个方案就能万事大吉、一蹴而就的。要避免铸成历史大错，我们还须重温历史。回顾北京历次总体规划，我们仍能看到其中包含着的理性因素。比如，1958年提出的分散集团式原则，在边缘集团的建设中已有产业发展及就业方面的考虑；再如1993年的总体规划，已确定东南方向为城市的主要发展轴，疏散旧城人口，望京新城的建设也有商贸与就业方面的考虑。

遗憾的是，这些原则均未得到很好的实现，十多年发展下来，城市并未在东南方向得到充分拓展（尽管已建成了亦庄新城），相反，在城市的西北及北部，以中关村、回龙观、天通苑为代表的各项建设如火如荼，这些建设已使其所在地区的交通及环境面对极大压力；疏散旧城人口的计划也不如人意，实际情况是越疏越密；把望京建成一个商贸性新城的设想也未得到实现，实际建成的是一个可容30万人口的卧城，致使巨量人口每天进出城上下班，道路设施不堪重负，同样的问题也不同程度地出现在其他边缘集团上。

可见，不把上述问题搞清楚，即使这次总体规划的修编取得成功，也难免"纸上画画，墙上挂挂"的局面。

问题的产生，与决策机制的缺失有关，即缺乏对总体规划施行的纠错机制，决策的随意性、长官意志难以从制度上消除。

问题的产生，还在于总体规划的实施缺乏一个良好的"施工手段"。1992年北京市对外开放房地产市场、建立土地批租制度以来，土地供应一

北京市区总体规划图

拾年

再绘蓝图

图例

工业用地 ｜ 市政设施
仓储用地 ｜ 铁路用地
公共设施 ｜ 河湖水面
居住用地 ｜ 道路用地
商业金融 ｜ 机场用地
体育设施 ｜ 果园林地
城市绿化 ｜ 农业用地
山区绿化 ｜ 市区界

北京市区总体规划图（1991年至2010年）。此版总体规划提出城市建设的重点要从市区向远郊区转移，市区建设要从外延扩展向调整改造转移，却因此后以旧城为核心的市区被过度改造，而无法将城市建设的重点移往郊区，致使"单中心"城市问题越发凸显

直处于分散进行的状态，各个城区、各个占有土地的单位都敞开口子招商建设，相互杀价导致土地收益流失，"村村点火、户户冒烟"使得建设规模失控，各个招商单位纷纷把生米煮成熟饭再报批规划，形成强大的冲击，使得规划管理失控。就拿望京来说吧，在全市商业性土地供应不受限制的情况下，又有哪个投资商愿意到那里去建设商贸设施呢？市场经济一旦缺乏

宏观调控的指导即显露出盲目性，投资商只会认为把楼盘建到故宫边儿上才踏实。

相比之下，国外一些发达城市在实施规划时总是与土地供应的宏观调控手段互为配合的，其特点是，土地是有限量有计划地供应，这样不但能够吸引资金流向城市规划所指定的方向，还能够形成土地的卖方市场，使土地拍卖成为可能，政府能够彻底挤

掉土地炒卖空间，最大限度地获取土地收益，充实财力。借鉴这类成功的经验，已为学术界呼吁多年，现在该是决策层认真审度的时候了。

最后，也是最核心的一个问题，就是对待旧城的态度。1993年总体规划确定的疏散人口的计划为何没有取得理想的效果？原因并不复杂。十多年来对旧城一直执行着拆除改造的政策，成片推倒四合院平房区建设高层建筑的大规模房地产开发模式延续至今，"以拆促迁"迁走的是旧城内的贫困人口，这些人被迁到郊区后在生活与就业方面又面临巨大压力，伴随着房地产售卖而新涌入旧城的人口数量，又随着旧城内建筑密度的增高而持续攀升，不但使社会动迁矛盾日益尖锐，还直接恶化了城市功能，使

中心区的"铁饼"越来越沉。

可见，疏散旧城人口不是一个"拆"字就能奏效的，目前的情形是旧城区内的房子越拆越密，社会矛盾越拆越多，旧城内现存的古老街区已经不多，历史文化保护区的试点工作尚不成熟，学术界仍存在极大争议，在这样的情况下，能不能停下来作一番考量，探寻一种更加安全和有效的途径呢？哪怕是对那些已被划入危改范围的胡同、四合院"判处死刑，缓期执行"呢？

毫无疑问，住在危房内的人们是强烈要求改善居住条件的，可目前的拆迁政策又使他们存在种种顾虑。生活在危房区里的多是低收入者，按政策需承担的购房款使他面对许多压力。北京市的房价一直居高不下，近

北京自1990年代建设的望京新城，可容30万人口，已是一个中等城市规模，但无充足的就业机会供应，它只是一个睡觉的地方。在此居住的人多得进城上班，导致每日早晚通勤时间进出城巨大的交通流量。此类"睡城"在北京郊区大量建设，使城市交通不堪重负　王军摄

年来虽有回落，仍明显超出居民的购买能力。

看来，现在是必须冷静思考的时候了。然而，在这次总体规划修编的同时，危改步伐又被再次加快了，市政府在今年列出的 56 件实事中包括"进一步加大非文保区危旧房改造力度，全市动迁居民 2 万户，拆迁危房 25 万平方米"。改善居民生活条件的初衷当然是好的，但可以肯定的是，如果危改工作仍是沿用旧有的房地产开发模式而不是依靠居民自助的力量，其造成的后果势必又与总体规划修编所追求的目标大相牴牾。

千重万叠的矛盾仍在交织，推土机已经开动。2008 年的北京留给我们的巨大悬念仍在期待之中。

2004 年 4 月 23 日

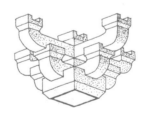

首都规划修编的台前幕后

《北京城市总体规划（2004年至2020年）》试图将北京已持续半个多世纪的"单中心"城市结构转变为"多中心"，京津冀及环渤海地区的协调发展被纳入视野。

2005年1月12日，国务院第77次常务会议由温家宝总理主持召开，会议讨论并原则通过了两项议题，一是《国务院关于鼓励支持和引导非公有制经济发展的若干意见》，二是《北京城市总体规划（2004年至2020年）》。

《北京城市总体规划》修编工作至此画上句号。1月19日，北京市规划委员会向新闻界介绍此次规划修编的成果，在发放的材料中重点提示："本次总体规划修编过程成为北京市努力落实科学发展观的一次具体的规划实践活动"，"城市发展目标明确为国家首都、国际城市、文化名城、宜居城市"。

此时，奔忙于规划修编的两院院士吴良镛因过度疲劳入院治疗。早些时候，他作出这样的表示，参加这项工作他有两大心愿，一是希望北京能够立足于区域规划，改变大量建设集中于超负荷的市中心区的状况，通过

兴建新城，调整单中心城市结构，走出以环线扩张的"同心圆"，实现城市的均衡发展；二是再回到"圆心"，整治、保护好北京旧城，实现历史名城的复兴，使之成为姿态焕发的"新京华"。

"北京的新城建好了，形成首都新景，是首都的光荣。但这不能完全形成大器，只有把'圆心'整好了，'新京华'建设好了，首都建设的决策者、建设者和全体人民，才算向历史交了一份完美的答卷。"吴良镛说。

即将付诸实施的总体规划成果，可望对这位城市规划学家的期待作出回应。

人均建设用地采取国家标准的最低限

在国务院常务会议讨论并原则通

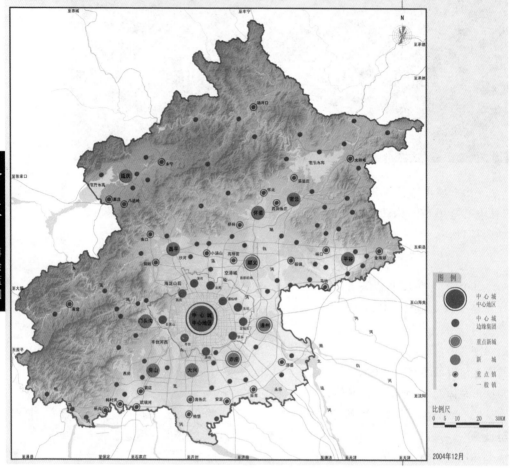

《北京城市总体规划（2004年至2020年）》之《市域城镇体系规划图》

过《北京城市总体规划（2004年至2020年）》之前，2004年12月，温家宝总理在全国深化改革严格土地管理工作电视电话会议上，对一些地方在推进工业化、城镇化过程中滥用耕地、浪费土地的行为予以批评。集约利用土地成为中央高层关注的重点问题。

人均建设用地采取国家标准中人均建设用地的最低限105平方米，是《北京城市总体规划》修编的一项准则。修编工作从生态环境承载能力、资源条件、劳动就业等七个方面展开综合研究，确定2020年北京市总人口规模控制在1800万人左右，全市建设用地规模控制在1650平方公里。同时，建立城市发展的动态监控机制并制定多种应对预案等调控手段，以保障严格控制城镇建设用地规模、积极促进区域协调发展目标的实现。这些原则得到了中央高层认可。

近一段时间，国内各大城市纷纷修编总体规划，2004 年 12 月下旬，中央领导要求严格审批制度，合理限制发展规模，防止滥占土地、掀起新的圈地热。温家宝总理、曾培炎副总理分别听取了《北京城市总体规划》修编工作的专题汇报，明确了北京在重要转折点和战略机遇期内城市发展的指导方针，在城市性质、人口规模的控制、城市布局、资源的节约、生态环境的保护、古都保护与发展、社会协调发展以及规划实施等方面指出了方向。中共北京市委、市政府又据此对总体规划方案进行了调整。

国务院常务会议在听取北京市和建设部关于《北京城市总体规划》修编工作及审查情况的汇报后指出，这次规划修编采取"政府组织、依法办事、专家领衔、部门合作、公众参与、科学决策"的方式，突出了首都发展的战略性、前瞻性，抓住了若干重大问题，形成的总体规划比较成熟，符合北京市的实际情况和发展要求。

会议认为，北京是首都，是全国的政治中心、文化中心，是世界著名古都和现代国际城市；北京城市发展建设，要贯彻落实科学发展观，按照经济、社会、人口、资源和环境相协调的可持续发展战略，体现为中央党、政、军领导机关的工作服务，为国家的国际交往服务，为科技和教育发展服务，为改善人民群众生活服务的要求。

会议强调，总体规划是北京城市发展、建设和管理的基本依据，必须认真组织实施。同时作出七点指示：一要控制人口，合理布局，有效配置城市发展资源；二要促进经济社会协调发展，加快发展现代服务业、高新技术产业和现代制造业，大力发展科技、教育、文化、卫生、体育等社会事业；三要切实解决好保障城市持续发展的土地、水资源、能源、环境问题，坚持节约优先，积极推进资源的节约与合理利用，严格控制城镇建设用地规模，加强环境保护，建设节约型城市；四要坚持以人为本，切实解决好人居环境和交通、上学、就医等关系人民群众切身利益的问题，构建和谐社会；五要做好北京历史文化名城保护工作，完善旧城保护措施，严格控制旧城的建设总量和开发强度；六要处理好中央与地方、城乡和区域发展等方面的关系，积极推进京津冀以及环渤海地区经济合作与协调发展；七要编制好近期建设规划，尤其要安排好与奥运工程有关的环境、场馆、道路、市政基础设施的建设，确保 2008 年奥运会的成功举办。

变"单中心"为"多中心"

调整城市结构是《北京城市总体规划》修编的核心内容。2001 年 10 月，由吴良镛领衔、国内多学科 100 多位学者参与的《京津冀北地区城乡空间发展规划研究》指出，北京"单中心＋环线"的城市结构，已使城市功能过度集中于市中心区内，不但使历史文化名城的保护陷于被动，还带来交通拥堵、环境恶化等一系列问题。放眼京、津、冀北地区，对北京城市功能进行有机疏散已刻不容缓，必须改变核心城市过度集中的状况，在区域范围内实行"重新集中"，以京、津"双核"为主轴，以唐山、保定为两翼，疏解大城市功能，调整产业布局，发展中等城市，增加城市密度，构建大北京地区组合城市，优势互补，共同发展。

这项研究得到决策层重视。考虑到原有的城市总体规划所确定的部分目标已提前实现，面对发展中的新问题需及时调整，中共北京市委、市政府于2002年底着手组织开展《北京城市空间发展战略研究》，2003年底国务院领导批示据此编制总体规划。2004年1月，建设部致函北京市人民政府，要求尽快开展《北京城市总体规划》修编工作。3月，首都规划建设委员会召开动员大会，修编工作全面正式启动。

《北京城市总体规划（2004年至2020年）》确定了"两轴—两带—多中心"的城市空间结构。所谓"两轴"，即完善传统城市中轴线与长安街及其延长线，保障首都职能和文化职能的发挥；所谓"两带"，即强化由怀柔、密云、顺义、通州、亦庄组成的"东部发展带"，疏导新北京产业发展方向，整合由延庆、昌平、沙河、门城、良乡、黄村组成的"西部生态带"，创建宜居城市的生态屏障；所谓"多中心"，即构筑以城市中心与副中心

相结合、市区与多个新城相联系的新的城市形态。

此项总体规划提出，通过实施中心城的优化调整，改变目前单中心均质化发展的状况，积极缓解中心城由于功能过度聚集带来的巨大压力和诸多问题。增强新城和镇的辐射带动作用，通过加快建设，在有效疏解城市中心区功能的同时，推动城乡统筹和区域协调发展。

关于北京旧城，总体规划明确了坚持以人为本和整体保护的原则，鼓励发展适合旧城传统空间特色的文化事业和文化、旅游产业，积极探索小规模渐进式有机更新的方法；要求从城市发展的整体上统筹考虑，建立旧城、中心城、新城联动发展的机制，切实有效地保护北京历史文化名城，改善城市居住与工作环境并为面向区域的新城发展提供动力。

京津冀区域统筹是此次规划修编的一大突破。中共北京市委书记刘淇2004年3月在修编动员大会上提出，要把北京规划的修编工作与京津冀区域的协调发展相结合，在规划中要注意留出发展的结合点和建设接口。这一意见已体现在修编成果之中，即：积极推进环渤海地区的经济合作与协调发展，加强京津冀地区在产业发展、生态建设、环境保护、城镇空间与基础设施布局等方面的协调发展，进一步增强北京作为京津冀地区核心城市的综合辐射带动能力；特别是加强与天津市、河北省的协调与合作，重点通过协调落实铁路、高速公路、首都

第二机场选址、港口等重大区域基础设施的布局，构筑面向区域综合发展的城市空间结构，积极实施以京津城镇发展走廊为核心的区域统筹协调发展战略。

中央对首都规划的多次指示

此次总体规划将北京的城市性质描述为："北京是中华人民共和国的首都，是全国的政治中心、文化中心，是世界著名古都和现代国际城市。"这与 1993 年经国务院批复的《北京城市总体规划 (1991 年至 2010 年)》的表述基本相同。作为全国政治与文化中心的北京，其历史文化名城的地位和全方位的对外开放得到了持续的强调。

1982 年《北京城市建设总体规划方案》所确定的北京城市性质，尚无"世界著名古都和现代国际城市"字样。1958 年《北京市总体规划说明 (草稿)》则称："北京是我国的政治

《北京城市总体规划 (2004 年至 2020 年)》之《市域用地规划图》

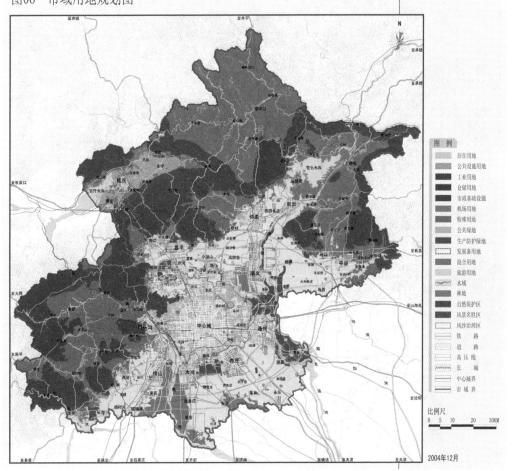

北京城市总体规划（2004年-2020年）

图06　市域用地规划图

2004年12月

北京城市总体规划（2004年-2020年）

图07 中心城用地规划图

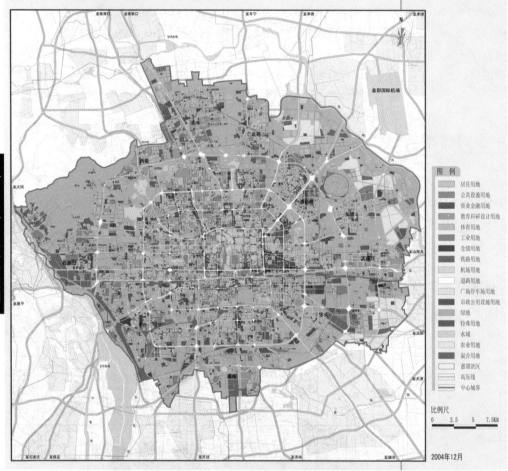

《北京城市总体规划（2004年至2020年）》之《中心城用地规划图》

中心和文化教育中心，还要把它迅速地建设成为一个现代化的工业基地和科学技术中心。"

将北京建设为"现代化的工业基地"的努力，曾使北京重工业产值的比重一度高达 63.7%，在国内仅次于沈阳。20 世纪 80 年代，北京的各类烟囱已达 1.4 万多根，大气污染严重。北京在水资源及本土矿产资源短缺的情况下过度发展工业，不但给自身造成许多难以解决的问题，而且由于京津经济同构发展，导致了天津的衰退。全国统一划分的工业部门有 130 个，北京就占 120 个，为世界各国首都罕见。

面对这些问题，1980 年 4 月，中共中央书记处在关于首都建设方针的四项指示中提出，北京"不是一定要成为经济中心"。1983 年 7 月 14 日，中共中央、国务院在对《北京城市建设总体规划方案》的批复中更是明确指出，北京是"全国的政治和文化中心"，"今后不再发展重工业"。1993年10月6日，国务院在对《北京城市总体规划（1991年至2010年）》的批复中重申："北京不要再发展重工业，特别是不能再发展那些耗能多、用水多、占地多、运输量大、污染扰民的工业。市区内现有的此类企业不得就地扩建，要加速环境整治和用地调整。"

此次国务院常务会议对《北京城市总体规划（2004年至2020年）》所作的七点指示，涉及经济方面的内容是与社会协调发展共同提出的，被纳入加快发展行列的是现代服务业、高新技术产业和现代制造业，"建设节约型城市"是对首都规划的新提法。

此次总体规划将统筹经济社会发展摆在了突出位置。据北京市规划委员会介绍，此次修编更加重视科技、教育、文化、卫生等社会事业发展，更加关注资源、环境与公共安全及构建首都和谐社会，内容包括：建设覆盖城乡，方便群众工作、学习和生活的公共服务设施体系；建立和健全现代化城市综合防灾减灾体系，特别是重视建设安全、可靠、高效的交通、水、电、气、热、通信等城市生命线系统，以及提高应对灾害性天气、危险品泄漏、流行性传染病等公共突发事件的应急处理能力，保障社会稳定和经济发展；坚持生态优先，实现经济社会与生态环境的均衡协调发展；大力发展循环经济，优化产业结构，节能与降耗并重，力争到2020年，单位GDP能耗在现有基础上降低一半；建设以公共交通为主导的高标准、现代化综合交通体系，使公共交通成为城市主导交通方式。

此次规划修编，北京市实行"开门"政策，将中国城市规划设计研究院、北京市城市规划设计研究院、清华大学确定为三家编制单位，既分工又合作，形成综合方案；邀请国内专家近200名和国外专家近100人次提供规划咨询；通过电话、网络、电视、调查和公示等途径收到市民建议近3000条；北京市还就区域发展的重大问题，与天津、河北进行了多种形式的协调和沟通。

活跃的学术气氛也给人留下深刻印象。由学术界自发展开的关于中央行政区迁移的讨论一度成为热点，但修编成果未涉及这一事项。

2005年1月21日

中央行政区与城市结构调整

　　预留行政办公用地与外迁中央行政功能,是意义不同的表达。虽然"预留"可被解读为存有"外迁"的余地,但在赵燕菁看来,城市结构调整的机会一旦失去就难以追回。

北京的城市结构如何调整

　　2004 年 7 月, 中国城市规划设计研究院副总规划师赵燕菁在《北京规划建设》杂志上发表文章《中央行政功能:北京空间结构调整的关键》,使中央行政区调整的建议成为一个公开的话题。

　　当时, 北京市正在着手城市总体规划的修编工作, 针对长期以来单中心城市布局所带来的交通拥堵等弊端, 提出调整城市结构的任务。赵燕菁认为, 要完成这个任务, 就应该考虑中央行政区的设置问题, 因为中央行政功能完全可以和北京市一级的功能在空间上分离, 它又是北京城市结构的重中之重, 这一功能不调整, 就难以推动整个城市结构的调整。他建议外迁中央行政功能, 考虑在北京的东郊通州设行政办公中心, 外迁机构的级别要尽可能高。

　　2005 年 1 月, 国务院批准了北京市新修编的城市总体规划, 这个规划提出:"保证党中央、国务院领导全国工作和开展国际交往的需要, 调整优化中央行政办公用地布局","在南苑或通州潮白河与北运河沿线的地区预留行政办公用地"。

　　预留行政办公用地与外迁中央行政功能,是意义不同的表达。虽然"预留"可被解读为存有"外迁"的余地,但在赵燕菁看来,城市结构调整的机会一旦失去就难以追回,他举出例证:日本与韩国虽一直酝酿迁都,并寄望以此拓展新的发展空间,降低东京与首尔地区的竞争成本, 但由于城市的房价已涨到顶点, 城市结构一旦调整就会导致房地产价格跌落以及银行信用体系的安全问题,迁都计划一直难以施行。因此, 不能等房地产价格涨到高位时再进行城市结构的调整。

　　在北京市域范围内调整中央行政

区位置并不等同于迁都，但它对城市结构的影响与后者相似。赵燕菁认为，北京与东京、首尔都是单中心的城市结构，这样的城市结构极易导致房价攀高，因为中心区的土地供应量在很大程度上决定着整个城市的房地产价格，如果只有一个中心，而且中心区多涉及拆迁，成本无法降低。相比之下，多中心城市由于有多个中心区供应土地，房地产价格就容易得到控制，城市的竞争力也能够长期维持。

调整城市结构的最佳时机，是城市拥有巨大发展增量、房价尚未攀至高位之时。在 2004 年，赵燕菁自信地表示："举办奥运会，不在于账能不能一次平，也不在于'鸟巢'体育场的屋顶要不要砍掉，这些都是小钱，真正的大钱是城市结构的调整。"

可在这之后，北京的房价迅速攀升。中国房地产指数系统的数据表明，2007 年 11 月底，北京市的平均房价为每平方米 15162 元，其中北京的东城、西城、崇文、宣武四个老城区的平均房价为每平方米 23467 元。此后房价略有回落，但已处在高位运行，如果大跌必将对经济产生严重影响，这是否意味着北京已失去调整城市结构的最佳时机？

1950 年梁思成和陈占祥曾提出在北京古城之外建设中央行政中心的建议，但未获采纳。在这之后的半个多世纪里，北京在老城之上建新城，后果是，中心区成为了上班的地方，郊区成为了睡觉的地方，城郊之间的交通大潮越发汹涌。如今，赵燕菁从

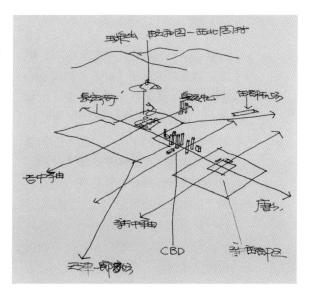

赵燕菁设想的新首都区位置图（来源：赵燕菁，《关于〈北京市规划建筑高度部分调整报告〉的评估意见》，2002 年）

城市规划和经济学的角度，对中央行政区与北京城市结构的关系作出全新的解读，这在北京城市发展史上具有怎样的意义？我一时无法给出答案，就把这个问题留在了《采访本上的城市》之中，相信时间能够作出回答。

2008 年 7 月 19 日

从空间结构看房价问题

2004 年我写了一组题为《中央行政区迁移悬念》的报道，其中涉及的问题，浅层次看是一个城市结构调整问题，深层次看是一个宏观经济发展质量的问题，这些都和城市的房价相关，也关系到中国城市的竞争力问题。

为什么这样说呢？因为单中心结构的城市房价水平都高，因为只有一

个中心，大家都去竞争这个中心，中心区又盖满了房子，就涉及到大量的赔偿，开发成本自然就会上去。比如北京，一个项目60%多的钱都赔进去了，在这样的情况下，房价即使被挤掉了水分，整体水平也很难降低。

中国城市规划设计研究院副总规划师赵燕菁率先发现了这个问题，并针对北京的情况，提出一个中央行政区迁移的方案。2004年北京市修编城市总体规划，希望疏解旧城、建设新城、调整城市结构，以缓解目前市中心区的紧张状况。但要落实这个目标，对策何在？

北京工业大学的调查显示，2004年在北京，仅中央机关马上需要的用地，加起来就有近4平方公里之多。4平方公里，相当于5个半故宫的占地面积。北京中心城区的规划空间容量已趋于饱和，中央企事业单位及其附属功能的占地高达170多平方公里，多集中在四环以内。在这一范围，减去道路、基础设施、公园、学校等用地后，其余用地一半以上都和中央职能有关，而北京市政府相关的占地只有中央的十分之一左右。

正是面对这样的现实，赵燕菁才提出中央行政区迁移的建议，因为中央机构膨胀的力量很大，如果它们仍在中心区发展，调整城市结构的目标就很难实现。

北京是一个单中心结构的城市，半个多世纪以来一直是在老城上面盖新城，要建新就得拆旧，不但危及文化遗产，还使城市发展的成本增高，

自然也就会生出高房价问题。全国的城市学北京，也多是单中心结构，房价水平普遍高涨也就不足为奇了。

从国际上看，单中心结构的城市也都是高房价。韩国以首尔为中心的首都圈，集中了全国半数的人口和七成的经济力量。由于功能密集，首尔目前的交通堵塞、住宅拥挤、房地产投机、大气污染等"大城市病"严重。尽管为改善住宅问题，首尔在近郊兴建了6个卫星城，但房价仍居高不下。目前首尔的房价已位居世界大都市前列，一套90多平方米的公寓住宅，价格高达2.5亿至5亿韩元（1美元约1180韩元）。一名普通公务员要购置这样一套住宅，需要支付15年至18年的积蓄。市中心一块足球场大小的土地，价格高达10亿美元。韩国政府虽规定一户只能拥有一套住宅，仍有许多富豪利用不正当手段，购置多处住宅，不动产投机十分盛行。

第二次世界大战结束时，东京的人口为278万，城市型土地利用大致在半径10公里左右的范围内。随着战后经济复兴，以东京为中心的城市型土地利用急剧扩张。到了1997年东京都核心区达到625平方公里，都市圈17200平方公里内集聚了大约3258万人，占全日本人口的25.9%。东京城市的单核心结构导致中心区的地价急剧上升，但是当局迟迟不下决心实施功能分解，最终导致城市的竞争力下降。

为消减由此带来的对宏观经济发展的负面影响，近两年韩国政府提出

迁都计划，日本国会则是在 1990 年通过迁都的决议，1992 年正式通过《关于迁移国会等的法律》，可最终这些计划都未能实现。为什么？赵燕菁指出，就是因为城市的房价一旦高上去了就很难迁都了，你一走，大家的资产都缩水，而且银行已按市价水平作了评估或抵押，这一缩水，整个信用体系就可能崩溃，由此又会生出全局性问题。

在这样的情况下，整个国家的宏观经济就被房地产"绑架"了，所以日本才会出现严重的泡沫经济以及"失落的十年"。

赵燕菁援引国际经验指出，经济高速增长期，正是调整城市空间结构的黄金期，这个机会是不容轻易放过的。1958 年，欧洲的战后复兴推动了巴黎经济的快速成长。政府成立独立规划机构（EPAD），签订了为期 30 年价值 6.8 亿法郎的合同。1964 年，EPAD 划出 85 万平方米商务区，制定了严格的规划准则，并隆重推出了德方斯新区计划。

德方斯在塞纳河的另一侧，距离老城仅 2 公里。为了加强新老城市的一体化，1972 年政府建设了铁路快线 RER 延伸段，从德方斯出发，仅十分钟就可到达老城中心，同时，将教育部和设备部迁到德方斯，并启动了新凯旋门等一系列美化公共空间的项目。新区高质量的现代化楼群的租金价格比巴黎旧中央商务区要低 15%

至 20%。现在，巴黎 64% 的国外公司位于德方斯。云集在这里的 3600 多家公司中，50% 都是公司总部，全球营业额高达 1520 亿欧元。

赵燕菁说，德方斯计划的成功，正在于它在经济增长期使城市完成了空间结构调整，保证了中心区土地的供给，从而保持住了城市的竞争力。再看看国内的城市。在过去十多年里，上海正是由于浦东开发，能够持续供应中心区的土地，使整个城市的房价一度保持在一个较低的水平。可现在，浦东的土地供应已趋于饱和，在中心区再要拿地就是"千军万马过独木桥"了，房价当然会高涨。

但是，希望仍然存在。赵燕菁说，因为中国的经济正值高增长时期，房价尚未抵达骑虎难下的顶点，很多居民尚未购得住房，这正是调整城市结构的战略机遇期。如果等大家都以较高的价格买下了房子，并作了银行抵押，再调整就困难了。到了那个时候，泡沫经济就不是那么好控制的了。

基于这样的认识，在中央政府严控房价的政策中，能否多一些空间战略层面的考量？应该看到，城市化是中国面临的一个难得的发展机遇，对房价的治理是应忌用休克疗法的，要慎用简单的非市场化手段，正确的对策应是积极疏导，包括对城市的空间结构作出适时的调整。

2005 年 6 月 8 日

奥运会的城市遗产

北京的城市现状是 20 世纪以来人类各种建筑与规划思想相互作用的结果，奥运会只是加快了这一结果的呈现。

在 2001 年奥运会申办成功之后，北京每年的房屋竣工量都超过了 3000 万平方米。北京成为了中国乃至世界最引人瞩目的建筑工地，吸引了许多外国建筑师前来开展业务。目前北京最为重要的五个新建筑——中国国家大剧院、中国国家体育场、中国国家游泳馆、中国中央电视台新址大厦、首都国际机场扩建工程，均采用西方建筑师的设计方案，这样的情况在过去是罕见的。在中苏关系良好的 1950 年代，中国政府曾邀请苏联建筑师设计了包括中国人民革命军事博物馆、中央人民广播电台等国家级重点工程，但在 1999 年 7 月，中国国家大剧院选定法国建筑师保罗·安德鲁（Paul Andreu）的方案之前，新中国的国家级重点工程还从来没有让西方建筑师染指过。中国国家大剧院成为了一个转折点，在这之后，特别是随着奥运会的申办成功和同一年中国加入世界贸易组织，中国的建筑设计市场出现了前所未有的对外开放。

奥运会对北京的首要影响，是使这个城市的对外开放不可逆转，对于整个中国来说，举办奥运会的意义也在于此。奥运会使中国彻底地融入了世界潮流，这对人类的发展也有着积极意义，因为中国的人口占世界人口的五分之一。在全球经济状况不佳，中国经济仍保持高速增长的情况下，中国更大范围的对外开放和奥运会带来的发展机遇，把世界上一些著名的建筑师吸引到北京，并带来了一场思想风暴。

围绕中国国家大剧院设计方案的争论，是这场风暴的前奏。巴黎戴高乐机场建筑师保罗·安德鲁设计了这个内部包含歌剧院、音乐厅、戏剧场、小剧场的庞然大物，其手法很简单，就是用一个椭圆形钛金属外壳将这四个剧场罩住，这个壳甚至与内部建筑

苏联建筑师设计的中国人民革命军事博物馆,是1959年竣工的迎接新中
国成立十周年的"十大建筑"之一　王军摄

苏联建筑师设计的中央人民广播电台大厦,建成于1958年　王军摄

物没有结构上的联系。在反对者看来，这个外壳是形式主义的外衣，外壳之内巨大的贯通空间使建筑物使用空调的体积大增，抬高了建筑物的运营费用，导致惊人的能源消耗。大剧院的钛金属外壳还对周围的环境造成光污染，它反射的太阳光甚至在故宫太和殿的平台上也能够看到。但在支持者看来，大剧院如同水上明珠般的造型，在艺术上取得了巨大成功。

围绕形式与功能的争论，在奥运建筑的设计中达到了高潮，由瑞士赫尔佐格与德梅隆事务所（Herzog & De Meuron）设计的北京奥运会的主体育场——中国国家体育场，与荷兰建筑师库哈斯（Rem Koolhaas）设计的计划为奥运会提供电视转播服务的中央电视台新址大厦，成为争议的焦点。前者以 4.2 万吨钢编织成一个南北长 333 米、东西宽 298 米的巨型"鸟巢"，就其平面尺寸而言甚至可以容纳巴黎

的埃菲尔铁塔。后者以两个"Z"字造型环状连接，高 234 米，在建筑物 163 米的高处横空挑出跨度 75 米的巨型楼宇。

这两处巨构与中国国家大剧院的方案一样，均被批评者指责为形式主义的作品——为形式之需不惜耗用大量投资，甚至人为地制造结构安全方面的挑战。支持者则欢呼这是建筑创新的胜利，是技术与艺术的完美结合。

这些争论是在建筑技术达到一种新的可能性的情况下产生的，正如库哈斯所言：结构工程师把建筑师解放了出来，甚至对文化产生了作用，使得各种建筑成为了可能。

在这个意义上，围绕北京奥运建筑设计的这场形式与功能之争，应该放宽到世界建筑发展的角度来观察。也许，仅仅从建筑专业出发是不够的，因为在全球化时代，对视觉景观的争夺已是各个城市的竞争手段。在一些

2007 年 3 月 16 日，胡同深处的国家大剧院反射着刺目的阳光　王军摄

2008 年 9 月 6 日，北京残奥会开幕式结束后，观众离开"鸟巢"国家体育场　王军摄

库哈斯设计的中央电视台新址大楼，以颇具挑衅的方式，将其向外悬挑的正立面朝向老牌摩天大楼设计公司 SOM 设计的国贸三期大厦。"我设计的这个大楼正试图干掉传统的摩天大楼的概念。" 2003 年 8 月 5 日，库哈斯在清华大学发表演讲，"成群的摩天大楼在全世界到处都有，它们已完全失去了定义城市环境的能力。新的建筑实验是需要的，我的设计就是要创造新的摩天大楼的定义。"王军摄

城市的领导者看来，大型活动中的大型建筑，其形象是否吸引眼球，已经成为"功能"的一部分。那么，这是一种异化现象还是时代进步的表现呢？

引发争议的还有，像北京这样一个有着3000多年建城史，拥有故宫、天坛、长城等大量优秀建筑遗产，在古代城市规划上取得杰出成就的文化古都，是否还需要这样的超级景观来定义它的城市特性？这些年来，北京的历史文化名城保护工作一直为中外人士关注，人们担心奥运会所刺激的城市发展会给北京旧城保护造成冲击，尽管奥运会的比赛场馆没有一个被安排在北京旧城之内建设，它们被集中安排在城市的北部与西部地区，这两处地点与旧城相去甚远。

事实上，在奥运会申办成功之后，北京市立即修编了一个新的城市总体规划，提出改变以旧城为单中心的城市空间格局，整体保护旧城，加快新城建设，疏解旧城的部分职能，并在旧城的保护机制上排斥房地产开发的介入。

新中国成立后，1950年2月，中国城市规划学者梁思成、陈占祥在北京的规划中提出中央行政区在旧城之外建设的方案，这如同1958年巴黎在旧城之外建设德方斯。梁与陈的建议未得到中央政府的采纳。在苏联专家的帮助下，北京市在1958年制定了一个以旧城为单中心，以改造旧城为方向，以环路和放射路向外扩张的城市总体规划，这个规划思路在1983年和1993年的北京城市总体规划中

得到继承。在这样的思想指导下，北京在1958年、1990年、2000年三次启动全面完成旧城改造的计划，北京的城墙、牌楼等古建筑遭到拆毁，成片的胡同、四合院被改建为高楼大厦。

19世纪五六十年代领导了巴黎大改造的奥斯曼（Baron Haussmann, 1809～1891）和20世纪现代主义建筑的奠基人、法国建筑师勒·柯布西耶（Le Corbusier, 1887～1965），为北京旧城改造提供了理论与精神支持。北京的一些官员和大学教授以奥斯曼改建巴黎为例，来肯定对北京旧城的拆除重建。1925年柯布西耶提出的以大马路和高楼大厦来改建巴黎的想法未能成真，却在北京成为了事实。这样的规划思想得以实施的后果是，一个有着丰富历史遗存、宜于步行的城市的毁灭。虽然1933年由柯布西耶主导制定的充满功能主义色彩的国际现代建筑协会的《雅典宪章》，已在1977年的《马丘比丘宪章》和1990年代的新都市主义思潮中，遭到全面的反省与修正，但时至今日，北京乃至中国的城市规划理论几乎还停留在《雅典宪章》的时代。

以车为本、以旧城为单中心向外扩张的重建计划，使北京的城市功能过度集中于仅占中心城区面积5.76%的旧城之内，大量人口被迁往郊区居住，由此激起城郊之间的交通大潮，交通拥堵和环境污染日益严重，城市出现了"心肌梗塞"。

在申办奥运会的过程中，北京遇到的最为严峻的挑战即来自城市交通

与环境污染方面，认识到在旧城之上建新城的发展模式对此负有责任之后，北京市政府试图通过编制和实施新的城市总体规划，实现新旧城市的分开发展。在编制过程中，中国城市规划设计研究院副总规划师赵燕菁等学者建议将中央行政区迁离中心城区，以充分利用奥运会所带来的发展机遇，带动新城建设，调整城市结构，推动全市平衡发展。与过去的梁思成、陈占祥一样，这个建议未能导致任何决策成果。

即使 2005 年 1 月新的总体规划被国务院批准之后，大规模的城市建设活动仍在北京旧城之内发生，柯布西耶式的大马路和高楼大厦仍在那里毁灭步行者的天堂。虽然本届北京市政府试图改变这样的情况，但旧城之内的这些改造计划早在新的总体规划修订之前，已由上一届北京市政府批准，现在要把它们停下来会有很大困难。

奥运会是举办城市的"增长激素"，它会激发健康肌体的生长，也会刺激病体的发育。人们看到，奥运会申办成功之后，耗资巨大的地铁建设计划在北京加快实施，同时，这个城市仍在大规模地修建宽马路和立交桥；北京市轨道交通运营总里程将在 2008 年奥运会开幕之前，从目前的 142 公里增长到 200 公里，2009 年再增长到 228 公里，2015 年达到 561 公里，同时，这个城市的机动车在以每天 1000 多辆的速度增长。

本该此消彼长的小汽车与公共交通，就这样不可思议地在北京齐头并进地发展着。它告诉人们，北京的城市现状是 20 世纪以来人类各种建筑与规划思想相互作用的结果，奥运会只是加快了这一结果的呈现。

2007 年 12 月 11 日，应法国建筑师协会
之邀为"中国城市展"而作

在北京复兴门外大街木樨地路段，立交桥、大马路、栏杆和不知会把人引向何方的人行道，将以汽车为王的功能主义城市规划演绎至极　王军摄

叁

十 字 路 口

北京的"人口失控"

"北京众多的现状问题的解决常常为体制所限，规划的真正落实必须与体制改革同步进行。因此，首都城市未来发展是成功还是失败，现在还处于十字路口。"

2010 年 7 月底召开的北京市第十三届人大常委会第十九次会议传出消息：至 2009 年底，北京市实际常住人口总数为 1972 万人，提前十年突破了 2005 年国务院批复的《北京城市总体规划（2004 年至 2020 年）》（下称 2005 年版总体规划）确定的到 2020 年北京市常住人口总量控制在 1800 万人的目标。

据北京市人大常委会"合理调控城市人口规模"专题调研组介绍，截至 2009 年底北京市的实际常住人口中，户籍人口 1246 万人，在京居住半年以上的流动人口 726.4 万人。

"目前北京人口规模已经接近甚至超过北京环境资源的承载极限。"北京市人大代表吴守伦发出警告。

2005 年版总体规划指出："根据预测，在考虑内部挖潜和南水北调入京等措施前提下，北京市 2020 年规划可供水资源量为 54.2 亿立方米／年。

若以缺水国家以色列人均水资源 340 立方米／年测算，北京的水资源可承载人口约为 1600 万人；根据联合国教科文组织对世界多案例的统计分析，人均水资源量 300 立方米／年以上是保持现代小康社会生活和生产的基本标准，按此标准和可预见的经济技术水平，北京的水资源可承载人口为 1800 万人左右。"

这 1800 万人的控制目标仅仅五年就被突破，在一些专业人士看来并不意外——它只不过是为北京"规划赶不上变化"的长篇故事写下了最新段落。

是不是"短命"规划

北京的上一版总体规划——1993 年由国务院批复的《北京城市总体规划（1991 年至 2010 年）》（下称 1993 年版总

体规划）提出 2010 年城市人口规模为 1250 万人，城镇建设用地为 900 平方公里。但到 2003 年，北京市的实际常住人口达到 1456 万人，城镇建设用地突破至 1150 平方公里。

同样的故事也出现在 1983 年由中共中央、国务院批复的《北京城市建设总体规划方案》（下称 1983 年版总体规划）上。这一版总体规划提出 2000 年全市常住人口控制在 1000 万人左右，市区城市用地 440 平方公里。但到 1986 年，全市总人口就增至 1000 万，比规划年限提早将近 15 年；1989 年，规划市区用地规模由 1980 年的 346 平方公里增至 422 公里，趋于饱和。

"这两次规划因缺乏指导性，使

2007 年 11 月 20 日，北京菜市口铁门胡同残存的清初诗人施遇山故居。尽管 2005 年国务院批复的《北京城市总体规划（2004 年至 2020 年）》提出整体保护旧城、重点发展新城、调整城市结构的战略目标，大规模的建设活动仍然在旧城之内发生　王军摄

2011 年 5 月 29 日，中国社会科学院科研与学术交流大楼项目在北京东城区南牌坊胡同一带进行拆迁，北京现存唯一——处老营造厂的标本——聚兴永木厂建筑遗存在被拆除之中　王军摄

城市建设超越规划范围而出现了无序蔓延的状况。"北京市哲学社会科学"十一五"规划项目、首都经济贸易大学教授刘欣葵等编著的《首都体制下的北京规划建设管理》(下称《首都体制》)一书,对1983年版和1993年版的《北京城市总体规划》作出评价。

由于人口规模和用地规模被迅速突破,上述两版总体规划成为"短命"规划,期限未到即须重修。突破了人口规模不会直接导致规划重修,只有用地规模被突破了,才构成重修理由。尽管人口规模的预测在规划编制中举足轻重,但总体规划在执行过程中,其核心任务是引导城市建设布局和调整土地利用,建设用地一旦告罄,规划便失去意义。

因此,人口规模被提前突破,并不意味着北京2005年版总体规划被提前终结。这一版总体规划提出2020年北京市建设用地规模可达1650平方公里,只有这一规模被突破了,才有理由开始新一轮总体规划修编。

2003年,北京市城镇建设用地约1150平方公里,人均建设用地约101平方米。其中,中心城人均建设用地约76平方米,远郊区人均建设用地约162平方米。根据《城市用地分类与规划建设用地标准》(GBJ137—90),首都和经济特区城市的规划人均建设用地指标宜在105～120平方米之间确定。2005年版总体规划采取了人均建设用地标准的最低限105平方米,被认为体现了"严格控制城镇建设用地规模的原则"。

城市的人口规模与其经济规模、用地规模有着对应关系。在常住人口达到1972万人的2009年,北京人均GDP首破1万美元,实现地区生产总值11865.9亿元,比上年增长10.1%。北京市的经济增长与房地产业关系密切。2010年上半年,北京市一、二、三产业完成固定资产投资额分别为18.5亿元、164.6亿元和1973.1亿元,占全社会投资比重分别为0.9%、7.6%和91.5%;在第三产业中,房地产开发投资完成额为1251.6亿元,占第三产业投资比重为63.4%,比上年同期高出11.3个百分点。在这样的经济结构和发展趋势之下,建设用地规模被提前突破,也不会令人惊诧。

未形成"全市一盘棋"

北京市人大常委会副主任刘晓晨在调研北京城市总体规划实施评估工作情况时说:北京城市总体规划实施五年来,以科学发展观为指导,总体情况比较好。但在执行过程中出现了一些新情况和新问题,要进一步理清思路、明确目的、总体把握,依据专家评审成果,从战略高度解决总体规划实施过程中出现的问题。

2005年版总体规划基于对新中国成立以来北京城市建设的经验总结,提出整体保护旧城、重点发展新城、调整城市结构的战略目标，要求"逐步改变目前单中心的空间格局，加强外围新城建设，中心城与新城相协调，构筑分工明确的多层次空间结构"。这一愿景在目前人口规模被提前突破的情形下，在多大程度上得以实现，应当是重点评估的内容之一。

在2005年版总体规划修编过程中，各方形成的共识是：自1950年代开始在旧城上面建新城，以旧城为单一的城市中心，不断向外扩张的发展模式，导致了北京的城市就业功能过度集中于以旧城为核心的中心区域，大量工作人口在郊区居住，引发城郊之间巨大规模的长距离交通，导致严重的交通拥堵，虽经1980年代以来不断投入巨资修路架桥仍难以缓解，因此，必须改变以改造旧城为导向的城市发展方向，通过整体保护旧城、重点发展新城、调整城市结构，推动全市平衡发展，从战略层面走出困境。

这意味着必须采取果断措施，将城市中心区的建设量向外围新城转移，避免外围新城继续承载因中心区改造被迫外迁的工作人口而沦为巨大规模的睡觉城。只有保护旧城，严格控制中心区的建设量，才能产生"挤出效应"，使外围新城的建设获得最为充分的支持，城市结构的调整才能顺理成章。

从2004年8月31日起，北京市禁止经营性土地协议出让，统一采用招标、拍卖和挂牌的方式进行出让，市级政府对全市土地一级市场的垄断

经营权得以确立，总体规划的实施也获得了最可宝贵的施工手段——市政府能够通过土地一级市场的调控，使中心城的建设量和过度密集的城市功能向外围新城转移，通过外围新城的高强度开发获得充足收益，并以此补贴旧城保护和中心城其他地区的调整改造，从而达到城市结构调整的目的。可是，这一情形并未出现。从目前的情况看，北京市的土地开发，特别是功能区开发，仍呈现较大的分散性，市政府对土地一级市场的垄断，并未形成总体规划实施中的"全市一盘棋"。

分散性

先看旧城，它虽被总体规划确定为整体保护的对象，但在其62.5平方公里的范围之内，拆除活动至今未绝。2010年3月，北京市规划委员会向北京市政协文史委员会所作的《北京市历史文化名城保护工作情况汇报》称，旧城的"整体环境持续恶化的局面还没有根本扭转。如对于旧城棋盘式道路网骨架和街巷、胡同格局的保护落实不够。据有关课题研究介绍，旧城胡同1949年有3250条，1990年有2257条，2003年，只剩下1571条，而且还在不断减少。33片平房保护区内仅有600多条胡同，其他胡同尚未列入重点保护范围内"。

比较2008年出版的北京市规划委员会、北京市城市规划设计研究

2009 年 6 月 21 日，从景山眺望位于大北窑的商务中心区（CBD），可见国贸三期摩天大楼和中央电视台新址大楼拔地而起　王军摄

在北京西城区成片拆除四合院、胡同而建设的金融街　王军摄

院、北京建筑工程学院编著的《北京旧城胡同实录》披露的数据可知，2003 年至 2005 年之间，旧城之内的胡同数量已从 1571 条减至 1353 条，两年内共减少 218 条，年均减少 109 条。截至 2005 年，旧城内还有相当

一批拟建和在建项目，涉及 419 条胡同，处理原则是：保护区内必须保留，协调区内和其他区域只保留"较好的胡同"。《北京旧城胡同实录》课题组据此原则作出胡同数量再度减至 1191 条的预测，即还有 162 条胡同

106

在 2005 年版总体规划被国务院批准之后将被继续拆除。

截至今日，旧城之内，胡同还残存多少？过去五年中，又批准和实施了多少改造项目？现在，还有多少改造项目正在或将要实施？在 2010 年北京市政协文史委员会为调研古都风貌和文物保护工作而召开的相关会议中，有关部门未能就此作出说明。

再看中心城。总体规划虽提出要把中心城[1]过度密集的功能和产业向新城疏散，但在中心城范围之内，中央职能仍以不可阻拦之势进行着空间扩张，两大金融贸易区也展开了空间竞赛——位于西城区的金融街去年迈开西扩步伐，其核心区将从原规划的 1.18 平方公里拓展至 2.59 平方公里；位于朝阳区的商务中心区（CBD）2009 年宣布东扩计划，将在未来 6 到 8 年内，完成占地 3 平方公里的拓展区建设，规模相当于再造一个 CBD。与中心城高度关联的重大建设还包括 2009 年 11 月北京市公布的《促进城市南部地区加快发展行动计划》。根据该项计划，未来 3 年，北京将投入 2900 亿元，对崇文、宣武、丰台、房山和大兴 5 个区的基础设施、园区建设、民生工程加强发展，打造"一轴一带多园区"的城南产业发展格局。这 2900 亿元投资规模，与北京市为举办奥运会投入的 2800 亿元相当，后者分 7 年实施（2001～2008 年），前

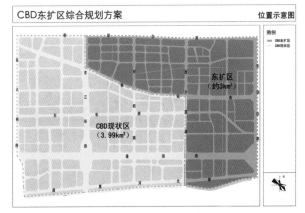

2010 年 3 月，北京市规划委员会公示的《北京商务中心区（CBD）东扩区规划综合方案》之《位置示意图》

者要在 3 年内完成，且规模多出 100 亿元，力度之大可见一斑。

最后看新城。总体规划确定重点发展位于东部发展带上的通州、顺义和亦庄三个新城，使它们成为中心城人口和职能疏解及新的产业集聚的主要地区，形成规模效益和聚集效益，构筑中心城的反磁力系统。但在目前中心城功能持续"聚焦"的情况下，这三个新城的反磁力难以形成。最大的悬念是功能规划与中心城几乎同构的通州将如何发展。在 2005 年版总体规划修编过程中，曾有学者提出将通州设为新的中央行政区，以带动城市结构的调整，这一建议未获采纳。总体规划将通州确定为"中心城行政办公、金融贸易等职能的补充配套区"，它显然无法与中心城展开内容相同的竞争。2010 年 1 月，北京市规划部门发布消息：将在通州建设一个北京最高端的商务中心区。但在中心城内金融街西扩、CBD 东扩的背景下，这个"最高端

---

[1] 中心城是指以旧城为核心，占地约 1085 平方公里的规划市区。——笔者注

2012 年 3 月 30 日，北京金融街西扩工程拆迁区。可见 1954 年陈占祥、华揽洪合作
设计的 "社会主义大路" ——月坛南街的部分建筑已被夷为平地　王军摄

2012 年 4 月 2 日，北京通州商务中心区建设现场。面对中心城大北窑商务中心
区（CBD）东扩、金融街西扩的竞争，这里更像是资本的城市化场所　王军摄

的商务中心区"建设将遭到巨大挑战。最危险的情况是，不断自我膨胀的中心城如果吸干了通州的发展养分，后者就可能沦为一个巨大规模的睡觉城。

"大北京规划"之困

2009年12月，北京地铁开始在早高峰期对5号线的重点站进行限流。此种做法，被迅速推广至地铁八通线、13号线。

这些地铁线因承担在郊区居住的工作人口进城上班的通勤任务，每天都上演着"春运"般的场面。为确保安全，一些重点车站不得不通过建立导流围栏、改变闸机方向等方式减缓乘客进站速度。

尽管如此，早高峰进城方向的地铁车辆，总是在上游车站就被"挤爆"，沿途车站乘客挤不上车成为一大问题。

"北京交通进入最痛苦时期。"当地媒体发表评论。2010年4月，北京市政协的调查指出，北京市每天堵车时间已由2008年的3.5小时增至现在的5小时；轨道交通不堪重负，5号线日客流量达80万人次，已接近2032年的远期预测客流；交通拥堵范围正由市中心区向外围和放射线道路蔓延。

交通专家发出警告：如果不继续实行综合措施缓解拥堵，北京市拥堵指数将接近于"9"（最高为10，最低为1），

整个路网将处于严重拥堵的情况。

可以预见，上述进出城交通的拥堵现象还将加剧——检讨近几年北京旧城、中心城、新城的建设情况可以看出，这个城市的单中心空间结构仍保持着强大的发展惯性。

"2005年城市总体规划确定中心城人口基本不增长，但增加148平方公里的用地，同时加强金融商贸等核心经济功能及其用地调整，这本身就是矛盾的。"《首都体制》一书指出，"结果必然是中心城经济功能强化、就业人口和建设容量增加，而居住功能外迁，加剧职住分离和潮汐交通现象。"

沿北京市轨道交通向外蔓延的多是住宅楼盘，而不是就业场所。以此方式向外疏散人口，国际上鲜有成功经验。

"二战"结束后，英国伦敦通过实施大伦敦规划，将市区的就业功能向外围新城疏散，成功地带动了人口疏散，推动了区域的平衡发展，从根本上缓解了市区的交通拥堵和环境污染。

北京2005年版总体规划启动编制之前，两院院士、清华大学建筑学院教授吴良镛组织国内多学科100多位学者编制"大北京规划"——《京津冀北地区城乡空间发展规划研究》，正是希望收到大伦敦规划之效。

"大北京规划"推动了北京2005年版总体规划的编制，可目前它们双双陷入困境。在"大北京"区域范围内，近几年，北京除了首钢搬迁，其

由京郊"睡城"通州区通往市区的八里桥地铁站，为缓解早高峰时间进城列车的载客压力，不得不采取设立导流围栏等限流措施　王军摄

他功能仍保持聚焦势态。北京的发展对周边地区的吸附效应远大于辐射效应，由于人才、资源不断向北京集中，北京周边地区发展相对缓慢，河北省内甚至形成272.6万贫困人口的"环京津贫困带"。

北京在吸附了足够大的经济规模之时，也吸附了足够大的人口规模。这个现象同样反映在北京市域内部——中心城的超常规发展也吸附了外围新城的机会，并导致人口的过度集中。

2005年版总体规划提出，2020年，北京中心城人口规模控制在850万人以内。对此，一位权威专家在2006年指出，即使立即停止在市区新增加住宅开发用地，已决定开发的住宅建筑量足可容纳1000万人口之多，"在目前对房地产开发一片乐观估计声中，市区住宅建设规模还将扩大，如此下去，又怎能控制住市区人口增长呢？"

这让人想起1983年版总体规划。该项规划在1981年北京市区常住城市人口已达432万人的基础上，提出向远郊卫星城镇和外地疏散人口，使市区常住城市人口到2000年控制在400万人左右。这一"乌托邦"目标很快落空——1988年，北京市区城市人口已突破到520万人。

"北京众多的现状问题（比如旧城大拆除的破坏、中心大团继续膨胀、新城规划难以落实等）的解决常常为体制所限，规划的真正落实必须与体制改革同步进行。因此，首都城市未来发展是成功还是失败，现在还处于十字路

拾年

十字路口

口。"2006年，吴良镛在《京津冀地区城乡空间发展规划研究二期报告》中写道。

"规划整体性与实施分散性的矛盾一直存在。"他说，"一个好的规划并不等于好的结果。"

2010 年 8 月 10 日

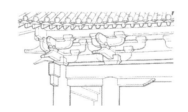

拽不住的人口规模

北京对周边地区的吸附效应远大于扩散效应，存在着一种"孤岛效应"，原因何在？

1953 年国庆节，毛泽东站在天安门城楼上检阅游行队伍，看到产业工人的人数较少，当即对中共北京市委第二书记刘仁（1909～1973）说："首都是不是要搬家？"

刘仁深受震动。随后，中共北京市委提出，北京要不要发展现代工业，牵涉到对首都城市功能性质和发展方向的认识问题，这不仅仅是一个经济问题，也是一个政治问题。

"蒋介石的国都在南京，他的基础是江浙资本家。我们要把国都建在北京，我们也要在北平找到我们的基础，这就是工人阶级和广大的劳动群众。"1949 年进入北平之前，毛泽东作此表示。

"毛主席说，北京不要一千万人？将来人家都要来，你怎么办？"1956 年 10 月，中共北京市委第一书记彭真在市委常委会上说，"我提个意见，城市人口近期发展到五百万人左右，将来全市要发展到千把万人。这是大势所趋，势所必至，不是我们想不想要这么多人的问题。"

根据毛泽东的指示，1958 年中共北京市委向中共中央递交《北京市总体规划说明（草稿）》，提出"北京市总人口现在是六百三十万人，将来估计要增加到一千万人左右"。

这 1000 万人的人口规模，以实际常住人口计算，1986 年已经实现。尽管 1980 年中共中央书记处要求"今后北京人口任何时候都不要超过一千万"，终未能拽住这个城市人口增长的脚步。

2009 年底，北京市实际常住人口达到 1972 万人，提前十年突破总体规划确定的 2020 年 1800 万人的控制目标。以近两年北京市每年增加逾 60 万人的速度来看，这个城市实际常住人口达到 2000 万人已在须臾之间。

争论再起

面对北京市人口的急剧膨胀，北京市人大常委会"合理调控城市人口规模"专题调研组，2010年7月在北京市第十三届人大常委会第十九次会议上提出，政府对流动人口的大量涌入，不能简单地用行政手段加以限制，建议政府通过优化产业结构，在加大对高端人才引进的同时，减少对低端劳动力的需求。同时，下决心淘汰一批低端产业和劳动密集型产业，对吸附大量流动人口的餐饮、洗浴、美容美发等企业和小百货、小食品等各类场所实行强制退出机制，提高各类市场的开业门槛标准。

调研组重点介绍了北京市顺义区调控人口规模的做法。调研显示，顺义区到2010年3月底，居住半年以上的流动人口数为14.4万人，与其他几个区位、面积、经济总量、本地人口数量大体相当的远郊区比，其流动人口数仅有其他区的三分之一或一半左右。2008年起，顺义投入1.5亿元，升级改造了全区65个农贸市场，杜绝了马路市场；通过规范开业标准，清理了一批小门店、小企业。

调研组认为，顺义区通过调整产业结构、合理控制就业岗位对流动人口的需求、发挥房地产业对人口规模调控的作用等措施，合理调控人口规模，经验值得在全市大力推广。

上述意见引发媒体热议。"北京不只是精英们的北京，这个城市今日的繁荣离不开每个岗位上辛勤工作的劳动者，包括在某些人看来很'低端'的岗位上的劳动者。他们或许卑微，但正是这样的卑微成就了北京的

2005年1月18日，一位送餐妹忙碌在即将被拆迁的大栅栏煤市街　王军摄

高端。"《新华每日电讯》刊登署名文章称,"一味地片面强调以流动人口为主的低端劳动者对城市生活的负面影响,对他们的贡献只字不提,甚至想尽办法'排挤'他们,无疑是一种不可理喻的'洁癖'。"

这次不同意见的交锋,让人想起2005年关于北京人口规模控制的"舆论风暴"。彼时,一位北京市政协委员提出《关于建立人口准入制度,控制人口规模,保持人口与城市资源平衡的建议》,并在网上访谈中认为"外来人口的素质比较低,而且外来人口无序地涌入这个城市,阻碍了城市的发展","他到北京找不到工作,时间长了生存成了问题,有的还会铤而走险,这个问题还包括一些社会问题,引发一些社会问题,给社会治安和社会管理带来一系列的问题"。这番言论旋即引来社会舆论的"口诛笔伐",被认为是"对外地人的歧视"、"通过行政手段限制人口流动违反宪法,是制度的倒退"。还有网友称:"北京市的市政建设里有多少是国家的财政支出,国家大剧院是北京市出的吗?那可是全国人民的钱啊,他们想独享。"

"变消费城市为生产城市"

新中国成立初期,毛泽东站在天安门城楼上还表示,希望今后从这里向南望去到处都是烟囱。

彭真向时任北京市都市计划委

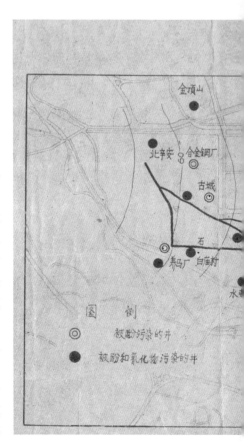

会副主任的建筑学家梁思成传达了这一指示。梁思成不甚理解,他在晚年回忆道:"当我听说毛主席指示要'将消费的城市改变成生产的城市',还说'从天安门上望出去,要看到到处都是烟囱'时,思想上抵触情绪极重。我想,那么大一个中国,为什么一定要在北京这一点点城框框里搞工业呢?""我觉得我们国家这样大,工农业生产不靠北京这一点地方。北京应该是像华盛顿那样环境幽静,风景优美的纯粹的行政中心;尤其应该保持它由历史形成的在城市规划和建筑风格上的气氛。"

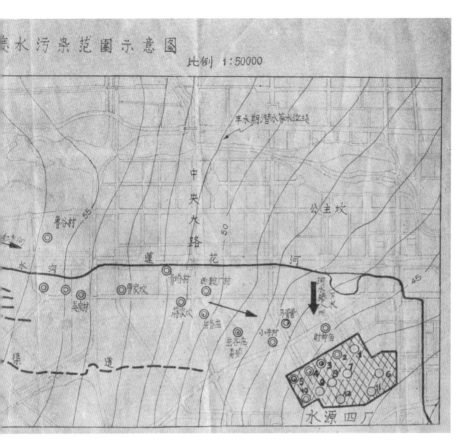

废水污染范围示意图　比例 1:50000

石钢生产废水污染范围示意图

1958年"大跃进"发动之后，北京市新建和扩建了许多工厂，工业废水量增加很多。这些工业废水大多未经处理就排入坑中或河中，严重污染了地下水和河水。1959年4月，北京市城市规划管理局、北京市公用局、北京市公共卫生局在致市政府领导的报告中陈述，石景山钢铁公司排出的废水，含有大量酚、氰化物等毒质，大部分用于灌溉，一部分流入莲花河，已严重污染了附近的地下水源，还对水源四厂的水源井造成影响，"石钢正位于全市地下水的上游，随着建设发展石钢废水量亦将一天天增多，如果不马上采取措施，听其发展，将会造成极严重的后果"

当时的北京，是一个大学与名胜古迹云集的文化城，它所在的华北地区发展工业的职能，近代以来主要由邻近的天津承担。1930年，梁思成与好友张锐参加了当时天津市政府举办的"天津特别市物质建设方案"投标竞赛，获得首奖。他们提出天津城市发展的首要基础是"鼓励生产培植工商业促进本市的繁荣"。显然，在梁思成的眼中，北京与天津的城市功能是应该有所分工的。

他的想法，遭遇苏联专家的挑战。新中国成立后，来华援建的苏联专家把"斯大林的城市规划原则"带到北京这个文化古都。其内容，一是"变消费城市为生产城市"，二是"社会主义国家的首都必须是全国的大工业基地"。主导思想是，为了确立工人阶级的领导地位，就必须保证工人阶级的数量，要大规模地发展工业，特别是要把北京建设成为全国的经济中心，才能与首都的地位相称。

2008年3月16日，两位青年走进大北窑一处老社区。这片区域是新中国成立后北京建设的制造业基地，在2002年启动的北京市商务中心区（CBD）整体开发中被大规模拆除　王军摄

1949年11月，苏联专家巴兰尼克夫向北京市政府递交《关于北京市将来发展计划的问题的报告》，提出：现在北京市工人阶级占全市人口的百分之四，而莫斯科的工人阶级则占全市人口总数的百分之二十五，所以北京是消费城市，大多数人口不是生产劳动者，而是商人，由此可以想到北京需要进行工业的建设。

1954年9月，中共北京市委《改建与扩建北京市规划草案的要点》提出："我们的首都，应该成为我国政治、经济和文化的中心，特别要把它建设成为我国强大的工业基地和技术科学的中心。"

此后，北京的工业建设突飞猛进。重工业产值一度高达63.7%。与此相对应的是，到1980年代，北京的各类烟囱已达1.4万多根。

面对来自北京的竞争，天津这个昔日的北方经济大都市黯然失色。北京也付出了环境代价——在城市人口规模随经济规模不断膨胀之时，市区周围约1000平方公里的地区，因长年超量开采地下水，形成地下水漏斗区。北京不得不指望通过南水北调来缓解水资源供需缺口。

首都财政问题

京津二市的经济同构发展，引发

与冀北地区的资源争夺。

"主要是水资源争夺，"2003年，河北省城乡规划设计研究院高文杰、邢天河主编的《河北省环京津区域城镇协调发展规划研究》称，"河北省京津区域本来就缺水，还必须为北京提供水源。同时，由于还需保护北京水源，使位于北京西北部的张家口北京水源地一带，很多对水源有影响的工业则必须下马。"

"北京81%的用水、天津93%的用水都来自河北。"中国社科院、北京市社科院2006年联合发布的《中国区域发展蓝皮书》指出，京津冀三地的人才、资源逐渐向北京集中，造成周边地区旅游发展等相对迟缓，甚至在河北省内形成了"环京津贫困带"。北京对周边地区的吸附效应远大于扩散效应，存在着一种"孤岛效应"，拉大了贫富差距。

针对"环京津贫困带"，蓝皮书指出，"欧洲的城市"与"非洲的农村"同时出现在半径一百公里的区域内，像这样在首都周边还存在着大面积贫困带的现象在世界上也是极为少见的。

2009年，北京市财政收入首次突破2000亿元大关。与此形成反差的是，河北省扶贫办的数据显示，同年环京津贫困地区的24县的农民人均收入、人均GDP、县均地方财政收入仅为京津远郊区县的三分之一、四分之一和十分之一。在不少县，"户里穷，村里空，乡镇背着大窟窿；行路难，吃水难，脱贫致富难上难"。

1980年4月，中共中央书记处在关于首都建设方针的四项指示中提出，北京"不是一定要成为经济中心"。1983年7月14日，中共中央、国务院在对《北京城市建设总体规划方案》的批复中指出，北京是"全国的政治和文化中心"，"今后不再发展重工业"。1993年10月6日，国务院在对北京重新修订的城市总体规划的批复中再次重申："北京不要再发展重工业"。

尽管如此，北京市仍不可避免地要以经济建设为中心——这是其保障首都职能的物质基础。

北京作为首都城市，包括中央单位众多人口在内的粮油肉蛋等各种消费品财政补贴，以及包括城市基础设施在内的大量资金投入，主要由北京市财政负担。首都事权，包括大量的中央事权，和中央事权与北京事权难以分割的共同事权。建立与首都事权相一致的首都财政，1980年代以来学术界多次呼吁，至今未果。

在这样的情况下，北京市必然倾向于做大经济规模以获取财政收入，确保中央高层要求的"更好地为中央党政军领导机关服务，为日益扩大的国际交往服务，为国家教育、科技、文化和卫生事业的发展服务和为市民的工作和生活服务"。

目前，中国尚未开征统一的不动产税，城市之间难以实现水平分工，地方收入过度依靠增值税、营业税及土地出让，导致各个城市经济同构。在资源条件并不宽松的京津冀北地区,对经济发展权的争夺使得北京"大树脚下不长草"。

北京也在享受另一种非常态"补贴"——将惠及这个城市的南水北调工程,投资即由中央预算内拨款或中央国债、南水北调基金和银行贷款三个渠道筹集。

"南水北调实施后,能使北京供水范围扩大 700 多平方公里,将解决京西南和京南地区严重缺水的问题,一些以前不能上的有产出的项目可以上了,这必然会促进经济的增长。同时,老百姓提高生活用水量的需求可以满足,使生活质量得到提高。而这些都有利于北京城市规模的进一步扩大。"北京市哲学社会科学"十一五"规划项目的一项研究作此表述。

看来,北京的人口规模还会被继续突破下去。

2010 年 8 月 27 日

北京式治堵

北京是在一个高密度的城市里，试图让各种交通方式"均衡发展"，其结果是任何一种交通方式都陷入了困境。在这个城市的许多地方，甚至连走路都不方便了。

号称"史上最牛的治堵方案"并未在北京如期而至。

2010 年 12 月 13 日，北京市交通委员会公布《治理交通拥堵综合措施征求意见稿》（下称征求意见稿），传闻中的购车须提供停车泊位证明、限制外地户籍人口购车等表述没有出现。

而在过去的一个多月里，北京车市因此出现"恐慌性购买"。

当地媒体披露，11 月份，北京市汽车销量创下今年以来单月销量纪录，达到近 9.6 万辆，比去年同期多出 2.4 万辆，同比涨幅 33%，平均每天卖出 3200 辆。

进入 12 月，仅第一周北京就新增机动车 2.1 万辆，日均注册机动车 3000 辆，机动车增幅比去年同期提高 100%。

北京市公安交通管理局发布消息：截至 12 月 5 日，全市机动车保有量达到 471.1 万辆。

"事实上，北京一直在鼓励对小汽车的使用。"一位多次参加北京交通方案论证的专家对征求意见稿有些失望，"即使在这个治堵方案中，决策者还没有放弃老一套思维，仍指望通过修更多的马路来迎合更多的小汽车增长。"

对小汽车的鼓励

征求意见稿显示，北京市将加快道路交通基础设施建设，提高承载能力。措施包括：全面推进中心城干道路网系统建设、加快建设中心城道路微循环系统。

这些新增道路主要为什么样的交通服务？征求意见稿未予说明。

"这显然是为了照顾小汽车。"前述交通专家说，"但这是徒劳的，因为用不了多久，新增的车辆就会把这

2005 年 5 月 18 日，一位老人在北京新开辟的祈年大街上面对滚滚车流　王军摄

北京朝阳门内大街的一处过街天桥，并不受到行人青睐，人们还是习惯在地面上行
走，但在过度适应机动车需要的交通规则里，这是"不文明"的举动　王军摄

2004 年 12 月 1 日，拆除改造中的南礼士路人行道。为增加一条机动车道，这条人行道遭到部分拆除，被改造为自行车道，道路上原有的自行车道则被让给机动车。这样的改造看似有利于交通，但又会引来更大的机动车流量，导致更为严重的拥堵　王军摄

些道路占满。"

　　按照征求意见稿拟定的计划，2012 年底前，北京市将基本实现中心城城市快速路网规划。将改造完善建国门桥立交、万泉河桥立交等 7 个快速路网节点。规划建设核心区南北地下快速通道，2011 年开工建设西二环、东二环等地下快速通道工程。

　　此外，还将开工建设中心城内新街口北大街、手帕口铁路道口平改立等干道网瓶颈点段以及万寿路南延、柳村路、化工路等道路 200 余公里，进一步完善城市干道网，建设完成一批人行过街设施。

　　对中心城区次干路及以下等级道路建设，北京市级财政将给予项目总

投资（含征地拆迁）30% 的资金补助。

　　在小汽车的使用方面，征求意见稿提出"合理调控单位和个人年度小客车增长速度"、"进一步调整停车费收费"等限制性措施，同时又提出"建设中心城 5 万个以上公共停车位"、"因地制宜建设 20 万个基本停车位"等鼓励性措施。

　　"事实上，欧美许多城市，现在均不鼓励在市区建设停车位。"世界银行的一位交通专家说，"因为在城市的黄金地段，对小汽车进行这样的补贴太昂贵了。所以，就是要制造停车难，吸引更多的人使用公共交通。但中国的情况却与之相反。"

　　2010 年 9 月 12 日，全长 187.6

公里的北京六环路全线贯通，这是目前中国最长的环城高速公路，它使北京的高速公路里程达到920公里，整体高速路网基本形成。

仅过去五天，9月17日，一场小雨就让北京交通"瘫痪"——晚高峰拥堵路段峰值超140条，打破了年初因大雪造成90余条拥堵路段峰值的纪录，其情形堪比2001年"12·7"雪后大堵塞。

在过去的20年中，在北京轰轰烈烈上演的道路建设工程，与"二战"后美国实施的国家州际和防御高速路计划引发的情况相似，都是将宽大的道路引入城市内部，刺激小汽车的增长，使大量人口迁往郊区居住，甚至去买第二辆车。

"北京二环路刚建好时，媒体报道说，过去45分钟转一圈，现在只需27分钟，大家都欢天喜地。"中国城市规划设计研究院副院长杨保军回忆道，"可据我观察，这27分钟的纪录仅保持了三个月，过了半年，这条路又恢复了常态。三环路修通后，媒体又报道说，转一圈的车行时间，由过去的一个小时减少到40分钟了。我又去观察，仅过4个月就又堵起来了。于是又修四环路，还这样。事实表明，靠这个是解决不了问题的。"

但这并不妨碍北京市修建更多宽大的马路。征求意见稿显示，未来两年内，北京市还将完成五条共计37.3公里的城市快速路建设。

2011年9月15日，北京安定门立交桥上的骡车。这种始于农耕时代的交通方式，在这个城市行将消失，并不被视为一道风景　王军摄

北京在部分路段以物理隔离方式开辟了公共汽车的专用车道，却未能将其推广至全市的主要道路并形成一个系统，这使得公交效率难以获得质的提升，人们仍无法摆脱对小汽车交通的依赖　王军摄

放在远处的目标

北京市交通委员会提供的数据显示，2009年，北京市公交出行比例由2008年的36.8%提高到了38.9%；小汽车的出行比例为34%。

公共交通、小汽车、自行车加步行——这三大类出行方式，在北京的交通结构中以相似的比例三分天下，为世界各大城市罕见。

一般而言，不同的交通政策对应着不同的城市形态。以小汽车交通为主导的城市，如洛杉矶，是以超低密度蔓延发展；而高密度的城市，如伦敦、纽约、香港，则以公共交通为主导，公交出行比例达到90%。

北京是在一个高密度的城市里，试图让各种交通方式"均衡发展"，其结果是任何一种交通方式都陷入了困境。在这个城市的许多地方，甚至连走路都不方便了——到处都塞满了车；有的路段，人行道还被拆除了。

征求意见稿提出，到2015年，北京市中心城公共交通出行比例将达到50%。这显然是一个较低的指标，意味着小汽车的发展仍拥有一个可观的增长空间。

"加大优先发展公共交通力度，鼓励公交出行"、"改善自行车、步行交通系统和驻车换乘条件，倡导绿色环保出行"是征求意见稿提出的两项举措，内容包括：加快中心城轨道交通建设；改造既有轨道交通线路安全运营服务设施；构建公交快速通勤网络；进一步优化调整地面公交线网；加快综合交通枢纽和公交场站建设；

建成1000个站点、5万辆以上规模的公共自行车服务系统；积极发展中小学校车服务系统和鼓励单位开行班车；建设驻车换乘（P+R）停车场。

具体到细节，比如，中心城内的快速路及主干道，是不是都将施划或建设公交专用道？征求意见稿则语焉不详，只是模糊地表达为"重点在三环路等快速路、主干道及拥堵路段增加施划、建设公交专用道，在公交港湾或公交线路集中的站点，根据实际需要施划公交专用道，方便公共电汽车进出站"。这表明在中心城的路权分配上，公共交通尚未获得绝对的优势地位。

接下来的问题是，如果公交专用道不能在中心城所有的快速路、主干道上施划或建设并联结成网，"公交快速通勤网络"将如何构建？如果公共交通不能通过路权调整，摆脱低效状况，对小汽车的大规模使用就无法避免，同时，这意味着更大规模拥堵的发生。

大容量快速公交被列为"公交快速通勤网络"的内容之一，按照征求意见稿的表述，它同样无法自成体系。

征求意见稿提出，2011年底前将建成阜石路大容量快速公交，完善朝阳路、安立路大容量快速公交线路的道路设施条件，实现与其他车辆的物理隔离；加快建设广渠路大容量快速公交线路。

像这样在个别路段发展大容量快速公交，国外尚无成功案例。

与之形成对比的是，拥有700万人口的哥伦比亚首都波哥大，是在两年时间内，将城市主要道路用大容量快速公交覆盖，并形成一个系统，以自行车、步行、小汽车作为支线交通方式，做到与快速公交的零距离换乘。这样，市民无需再自驾车上下班，使城市在很短的时间内走出了噩梦般的拥堵。

可以肯定的是，如果大容量快速公交、公交专用道不能迅速形成一个高效率的系统，北京就无法摆脱对小汽车交通的依赖。

虽然征求意见稿提出"加快中心城轨道交通建设"、"编制完成中心城轨道交通线网加密规划"、"2015年轨道运营总里程达到561公里以上"、"'十二五'期间新开通的轨道交通线中心城占80%"，但地面交通如果仍以小汽车为王，"加大优先发展公共交通力度，鼓励公交出行"就只能是被放在远处的目标。

在这样的情况下，征求意见稿鼓励发展的校车和班车，也很难有效组织——它们势必湮没在小汽车的海洋里。

征求意见稿拟择机实施的交通拥堵收费，也很难在小汽车交通依赖的环境下，得到广泛的认同。

进城上班，出城睡觉

征求意见稿列出的综合措施中，排在第一位的是"进一步完善城市规划，疏解中心城功能和人口"，内容

世界遗产城市西班牙塞维利亚不是靠小汽车，而是以公共交通、自行车和良善的步行环境解决了城市出行问题　王军摄

包括"进一步优化调整城市功能布局。全面实施《北京城市总体规划（2004年至2020年）》，严格控制中心城建设总量增量，加快重点新城建设"。

1950年代以来，北京市以改造旧城为发展方向，以环路和放射线向外"摊饼"，形成了就业过度集中于中心区、居住过度分散于郊区的单中心城市结构，在城郊之间引发大规模潮汐交通。

2002年3月，新华社关于北京城市发展模式的调研指出单中心城市结构之弊。在中央高层的关注下，北京市启动了总体规划修编工作。2005年1月，《北京城市总体规划（2004年至2020年）》获得国务院批复，提出整体保护旧城、重点发展新城、调整城

世界遗产城市捷克首都布拉格并不盲目拓宽街道，而是利用老城区窄而密的路网发展单向交通，一举多得　王军摄

市结构的战略目标，力图通过全市的平衡发展，变单中心为多中心，扭转城郊之间发生大规模通勤交通的局面。

五年过去了，新版总体规划实施情况如何？2010年11月17日，北京市人大城市建设环境保护委员会主任委员赵义，在市人大常委会上就总体规划的实施情况作评估报告，指出总体规划实施过程中存在的突出问题包括"城市空间布局调整与城乡协调发展任务依然艰巨"。

"目前我市中心城人口和产业过度集中的局面没有得到根本改变。"赵义在报告中指出，"城六区内集中了全市60%以上的人口和75%的国民生产总值，摊大饼式的城市发展格局依然没有得到有效遏制。新城综合功能尚显不足，产业与居住脱节状况比较普遍，没有有效发挥总体规划中提出的疏解中心城人口和功能、聚集新的产业、带动区域发展的作用。"

新版总体规划被批准之后，大规模的城市建设并未在中心城内停歇。2005年4月，北京市政府对旧城内危改项目作出调整，仍有66片将直接组织实施，30片将组织论证后实施。

北京四环以内，减去道路、基础设施、公园、学校等用地后，其余用地一半以上都和中央职能有关。近年来，中央机构用地需求有增无减，多是在原地扩张。

公共服务功能在中心城内呈强化

德国首都柏林的菩提树大街不是以车行道的宽度，而是以优美的步行环境闻名于世　王军摄

2012年4月2日，在建设中的地铁六号线附近，北京东郊的常营居住区已初具规模。近年来，北京市加快了地铁建设步伐，但与地铁向郊区延伸的，不是城市的就业功能，而是外溢的居住人口。据2011年2月当地媒体报道，常营的人口总量已激增至15万人。这个规模可观的大型"睡城"，又在城郊之间制造了规模同样可观的交通流量　王军摄

之势。旧城内的东单地区，相邻着三家"三级甲等医院"——北京医院、协和医院、同仁医院，它们均在原地扩张。

尽管总体规划提出"打破行政界限，实施统一的规划与管理，有效避免重复建设"，但在中心城内，以区为主、同构竞争的发展模式保持着强大惯性——朝阳区着手商务中心区（CBD）东扩、西城区着手金融街西扩、丰台区着手丽泽金融商务区建设。2010年7月，北京旧城四区合并为两区，"区划调整后可以集中力量加快老城区改造"被写入官方意见。

以上这些情况意味着北京中心城内的功能仍在集中，且是在趋于饱和的空间内，通过拆迁改造来完成，

大量的工作人口被驱往郊区居住势难避免。

通州是新版总体规划确定重点发展的新城之一，那里预留了行政办公用地，并计划建设"北京最高端的商务中心区"。但面对中心城更为强大的同质化竞争，以及大规模收容中心城外溢人口的现实，这个新城极有可能沦为100万人口（新版总体规划预留的规模）的巨型睡觉城。

未来的可能

实施仅五年的新版总体规划已行至"破产"的边缘——

北京市人大常委会披露，至

2008 年 7 月 29 日，北京协和医院在原地扩张，已将一片社区夷为平地　王军摄

2009 年底，北京市实际常住人口总数达到 1972 万人，提前十年突破了总体规划确定的到 2020 年北京市常住人口总量控制在 1800 万人的目标。

总体规划提出，2020 年中心城人口规划控制在 850 万人以内。但北京市规划委员会有关负责人 2010 年 11 月透露，目前中心城区人口已超过 1000 万人。

"必须确保总体规划的全面实施。"赵义在评估报告中呼吁：须以城市功能和产业的疏解带动人口的疏解；新城发展要处理好"建城"和"兴业"的关系，实现职住均衡；市政府必须加强统筹协调力度。

眼下，征求意见稿再次强调全面实施总体规划，但它能在多大规模上让推土机在中心城内停下来？

也许，更为现实的讨论是：当故宫周围被各类机构占馨之后，一个人口规模超过 2000 万、甚至 3000 万的城市将如何运转？

东京和洛杉矶提供了两个案例。前者是一个典型的单中心城市，致力于通过交通技术治堵；后者是一个典型的小汽车城市，致力于通过低密度的郊区发展来保持汽车的速度。

如今，东京四通八达的地铁与地面铁路规格统一，不仅覆盖整个东京，而且与首都圈内其他城市相连。快捷的铁道客运系统已成为东京居民出行的首选交通工具。城市中心区，90.6% 的客运量由轨道交通承担，车站间距不超过 500 米。

低密度蔓延的洛杉矶，适应了以小汽车为王的交通方式。这类"汽车城市"
在"二战"之后的美国被大量制造，迫使美国政府在外交与国防政策上不
断强化石油安全的导向 王军摄

在美国的"汽车城市"拉斯维加斯，常见的是宽大的马路、巨大的停车场与低密度蔓延的社区，
也只有这样，才能让汽车风驰电掣。在这样的城市里，步行已面临消失的危险 王军摄

如此发达的公共交通也无法缓解东京市民的痛苦——市中心区是"工作者的地狱"，在每日高峰期进出市区的轨道交通里，乘客均被挤成沙丁鱼之状。

再看洛杉矶。在这个城市，步行已面临消失的可能，干任何事情皆须车进车出。宽大的马路上，车辆风驰电掣，一堵起来便难以疏解。

此类对小汽车过度依赖的城市，已深刻影响了美国的外交和国防政策，迫使政府不计代价争夺中东石油。

从目前情况看，北京更似东京与洛杉矶的混合体——中心城内，"工作者的地狱"已然形成；城市边缘，高速路两侧，郊区商业中心纷纷建立，车轮上的生活蔚然成风。

征求意见稿向这个混合体作出了妥协——继续鼓励本是相互冲突的交通方式在市区范围内冲突式发展。

在很大程度上，这只是昨日故事的再现。

2010 年 12 月 16 日

130

行政区划调整之疑

"区划调整后可以集中力量加快老城区改造，加大历史文化名城保护力度"，这让人生出疑问：难道"集中力量加快老城区改造"，就可以"加大历史文化名城保护力度"？

岂能再推"老城区改造"

位于北京市中心的元明清旧城，仅占中心城面积的 5.76%，实属弹丸之地，长期以来却拥挤着四个饱含发展激情的区级政府。20 世纪 90 年代以来，东城区拆建"中央商业区"，西城区拆建"金融街"，崇文区拆建"新世界商圈"，宣武区拆建"国际传媒大道"……四城区各自为政，纷纷向开发要政绩，大规模推动老城区改造，使北京旧城——"人类在地球表面上最伟大的个体工程"——惨遭肢解，还使得以旧城为核心的中心城聚集了过多就业功能，大量工作人口被迫到郊区居住，激起上下班交通大潮，导致老北京与新北京两败俱伤。

针对上述问题，2005 年经国务院批准的《北京城市总体规划（2004 年至 2020 年）》提出整体保护旧城、重点发展新城、调整城市结构的战略目标，要求"逐步改变目前单中心的空间格局，加强外围新城建设，中心城与新城相协调，构筑分工明确的多层次空间结构"，明确提出行政区划调整目标："打破旧城行政界限，调整与历史文化名城保护不协调的行政管理体制，明确各级政府以及市政府相关行政主管部门对历史文化名城保护所负担的责任和义务。"这些，正是解读近日国务院批复北京市政府关于调整首都功能核心区行政区划请示的政策背景。

根据国务院批复，北京市将撤销东城区、崇文区，设立新的北京市东城区，以原东城区、崇文区的行政区域为东城区的行政区域；撤销西城区、宣武区，设立新的北京市西城区，以原西城区、宣武区的行政区域为西城区的行政区域。这个调整，虽与一些专家、学者所期待的将旧城四区合为一区尚有距离，仍是北京市朝着"优化总体布局"迈出的重要一步。有关部门称：此次调整行政区划，有利于贯彻落实科学发展观，推进区域均衡发展；有利于提高核心区的承载能力和服务水平；有利于加强历史文化名城的整体保护；有利于降低行政成本，提高行政效率。这四个"有利于"如何落实？笔者认为，关键在于不折不扣地执行《总体规划》确定的战略任务，停止对老城区的继续拆除，为城市结构的调整、推动全市的平衡发展创造最为有利的条件。

可是，有关部门在阐述四个"有利于"时表示："区划调整后可以集中力量加快老城区改造，加大历史文化名城保护力度。"这让人生出疑问：难道"集中力量加快老城区改造"，就可以"加大历史文化名城保护力度"并落实《总体规划》确定的"坚持对旧城的整体保护"？事实上，《总体规划》被批准之后，对旧城的拆除活动并未停止，持续至今，旧城已残存不多，引发的问题是全局性的。难道此次行政区划调整还要恶化这样的情况？

2010 年 7 月 2 日

不能再"焚琴煮鹤"

20 世纪 50 年代以来，北京市在老城上面建新城，导致城市就业功能过度集中于以老城为中心的区域，工作人口被迫居住于外围郊区，引发大

北京东城区与崇文区合并之后，街上出现的宣传标语。占据了北京最丰富文化遗产的"新东城"，以"打造国际化现代化"为发展方向　王军摄

规模长距离通勤问题，首都成了"首堵"，城市得了"心脏病"。2004 年，北京市痛定思痛，修订《北京城市总体规划》，提出整体保护旧城、重点发展新城、调整城市结构的战略目标，同时要求"打破旧城行政界限，调整与历史文化名城保护不协调的行政管理体制"。

这个规划 2005 年经国务院批准以来，一直面临如何落实的问题。事实上，对旧城的拆除始终没有结束。此次北京市调整行政区划，官方材料称："区划调整后可以集中力量加快老城区改造，加大历史文化名城保护力度。"这是自相矛盾的表述，显示官方对已残存不多的旧城，仍有意继加拆除，实与《总体规划》相悖，如执意推行下去，不但伟大的北京旧城将承受彻底损失，而且城市的"心脏病"将愈发严重，交通拥堵、环境污染等问题无法缓解，必给市民带来更多痛苦。

据北京市规划学会统计，截至 2003 年，北京旧城之内，被划入保护区的胡同 600 多条，未被划入保护区的胡同 900 多条。当前，必须将保护区之外所有的胡同都划入保护范围，不能再在保护区内搞建设项目的就地平衡、干"焚琴煮鹤"那样的事了。应该学习英国伦敦的经验，规定任何一个开发项目，都必须配建一定比例的可负担住宅，以救济低收入人口，实现贫富混居，并自然地 (而不是强制性地) 疏解旧城区人口。

事实上，在旧城保护方面，北京已有较为成功的经验——在南锣鼓巷、烟袋斜街，政府没有像在前门地区那样大拆大建假古董，而是与住房保障对接，积极保护房屋产权，鼓励社会力量购买、租赁并按保护规划修缮四合院，使这些位于城市黄金宝地，长期因财产权与市场交易体系紊乱等政策原因而趋于衰败的街区，骤然复兴。北京市应该大力推广这些经验，集中力量加快老城区的改善，而不是加快老城区的改造。

2010 年 7 月 9 日

旧城保护的最后机会

难道我们还要对旧城进行最为彻底的拆除，不惜毁掉伟大的文化遗产，并以这种方式，把中心区建成一个死疙瘩，继续增加市民的痛苦？

我今天发言的题目是《北京旧城保护的最后机会》，写下这个题目时，我的心情极其沮丧。在今天这个时候，我们本来应该为我们伟大的老北京不再被扰动、得到真正的保护，而表示祝贺了。可是，很遗憾，我却要来讲这样一个题目。

整体环境持续恶化

我写在这儿的这行字是"整体环境持续恶化"，这是我要讲的第一部分内容。这句话不是我说的，是去年3月北京市规划委员会向北京市政协文史委员会所作的《北京市历史文化名城保护工作情况汇报》(下称《情况汇报》) 中说的。

《情况汇报》说，旧城的"整体环境持续恶化的局面还没有根本扭转。如对于旧城棋盘式道路网骨架和街巷、胡同格局的保护落实不够，据有关课题研究介绍，旧城胡同1949年有3250条，1990年有2257条，2003年，只剩下1571条，而且还在不断减少。33片平房保护区内仅有600多条胡同，其他胡同尚未列入重点保护范围内"。

直到今天，旧城还在被拆除之中，尽管在2005年我们有了一个非常伟大的《总体规划》。那一年，国务院批复的《北京城市总体规划 (2004～2020年)》对历史文化名城保护作出规定："重点保护旧城，坚持对旧城的整体保护" (第60条)，"保护北京特有的'胡同—四合院'传统的建筑形态" (第61条)，"停止大拆大建" (第62条)，仍不能让旧城内的推土机停下来。

据北京市规划委员会、北京市城市规划设计研究院、北京建筑工程学院编著的《北京旧城胡同实录》(2008年出版) 披露，2005年北京旧城内共

2007 年 11 月 21 日，在位于金中都故城之内的中兵马街，一位老人接孙女放学回家，她们身边的观音庵已被拆除殆尽　王军摄

有胡同 1353 条，"通过整理 2005 年东城、西城、崇文、宣武各区拟建和在建项目，我们发现涉及的胡同有 419 条，其中保护区 121 条，协调区 91 条，其他区域 207 条。这 419 条胡同中风貌保存状况良好或历史文化资源与内涵较为丰富的约 185 条，保护区占 59 条，协调区占 61 条，其他区域占 65 条。如按照保护区内必须保留，协调区内和其他区域保留这些较好胡同的原则统计，则协调区将有 30 条胡同不保，其他区域有 132 条胡同不保。这样，胡同数量实为 1191 条，其中保护区 616 条，协调区 79 条，其他区域 496 条"。

综合《情况汇报》和《北京旧城胡同实录》可知，2003 年至 2005 年之间，旧城之内的胡同数量已从 1571 条减至 1353 条，两年内共减少 218 条，年均减少 109 条。截至 2005 年，旧城四区还有相当一批拟建和在建项目，涉及 419 条胡同，处理原则是：保护区内必须保留，协调区内和其他区域保留较好的胡同。《北京旧城胡同实录》课题组据此作出胡同数量再度减至 1191 条的预测，即还有 162 条胡同在 2005 年《总体规划》被国务院批复之后仍将被继续拆除。

截至今日，旧城之内，胡同还残存多少？过去五年中，又批准和实施了多少改造项目？现在，还有多少改

2011年1月9日，北京地铁8号线工程在鼓楼以南的中轴线东侧进行施工，已将一片胡同夷为平地。在过去十年的北京地铁建设中，在规划中的地铁站一带，多片胡同被大面积拆除　王军摄

纽约曼哈顿的地铁出口，小而适用　王军摄

造项目正在或将要实施？我们还不得而知。

2010年7月，北京旧城四区合为二区，有关部门公开表示："区划调整后可以集中力量加快老城区改造，加大历史文化名城保护力度。"这句话让人费解，因为前面那一句不支持后面那一句——难道"集中力量加快老城区改造"，就可以"加大历史文化名城保护力度"？旧城的行政区划调整，本是2005年版《总体规划》对历史文化名城保护"机制保障"的规定，原话是："打破旧城行政界限，调整与历史文化名城保护不协调的行政管理体制，明确各级政府以及市政府相关行政主管部门对历史文化名城保护所负担的责任和义务。"可是，它却被用来"集中力量加快老城区改造"了。

新的《总体规划》被批准之后，对旧城的拆除活动并未停止，持续至今，旧城已残存不多，引发的问题是全局性的。难道此次行政区划调整还要恶化这样的情况？

这涉及到我们对《总体规划》的理解。2005 年版《总体规划》是针对过去半个多世纪北京在旧城上面建新城，导致单中心城市结构，并引发极其严重的交通拥堵、环境污染等一系列城市问题而提出的，它是北京市人大常委会通过的法规性文件。

方圆 62.5 平方公里的北京旧城，占 1085 平方公里中心城面积的 5.76%，可其中拥挤了太多的城市功能。持续的旧城改造，使得中心区大量人口被迫到郊区居住，又不得不返回市中心上班。大规模的跨区域交通，就在城郊之间，被以这种方式制造出来。正是针对这样的情况，《总体规划》才提出整体保护旧城、重点发展新城、调整城市结构的战略目标，要求"逐步改变目前单中心的空间格局，加强外围新城建设，中心城与新城相协调，构筑分工明确的多层次空间结构"。

在《总体规划》框架内，施行旧城的整体保护是具有战略意义的，这意味着大规模的建设不被允许在旧城内发生，而这正是完成城市结构调整的前提条件。北京市的人口已达到 2000 万的规模，一个 2000 万人口的巨型城市，就是一个单中心的结构，是非常不幸的，因为它会制造巨大规模的交通量。大家到快被挤爆了的地铁里，去感受一下市民的痛苦吧！难道我们还要对旧城进行最为彻底的拆除，不惜毁掉伟大的文化遗产，并以这种方式，把中心区建成一个死疙瘩，继续增加市民的痛苦？

我们看到，《总体规划》拟定后，2005 年 1 月 25 日，北京市政协文史委员会向政协北京市第十届委员会第三次会议提交党派团体提案，建议按照新修编的总体规划的要求，立即停止在旧城区内大拆大建；2005 年 2 月，北京古都风貌保护与危房改造专家顾问小组成员联名提交意见书，提出：对过去已经批准的危改项目或其他建设项目目前尚未实施的，一律暂停实施；要按照总体规划要求，重新经过专家论证，进行调整和安排；凡不宜再在旧城区内建设的项目，建议政府可采取用地连动、异地赔偿的办法解决，向新城区安排，以避免造成原投资者的经济损失。

可是，2005 年 4 月 19 日，北京市政府对旧城内 131 片危改项目作出调整，决定 35 片撤销立项，66 片直接组织实施，30 片组织论证后实施。这样，被允许直接组织实施或组织论证后实施的危改项目共计 96 片，这本身就与《总体规划》存在冲突。

我知道，许多危改项目是在《总体规划》出台之前被批准的，要把它们全部停下来有着相当的难度。但归根结底，这是一个决心问题，是一个局部利益是否服从整体利益的问题，是集团利益是否服从市民利益、民族利益的问题。

在这些年的拆迁改造中，宣南地

区遭到大规模破坏，那里是北京城市的发祥地，是西周时期的蓟城，以及后来的唐幽州、辽南京、金中都故城所在，许多街巷还是那个时期留下来的。北京的旧城保护，不能只保元明清旧城啊——事实上，元明清旧城也是岌岌可危！对宣南，更是毫不留情了。你看，宣南这一带，菜市口东南侧的大吉片这一带，文化积淀多么深厚，不但有辽金时期留下的街巷，还是会馆建筑最密集的地方，可现在它正在被开发商从北京的历史记忆中抹去。2004年11月《总体规划》公示时，大吉片被划入了历史文化保护区，可在2005年1月由国务院批复的《总体规划》中，这片保护区不见了，是谁把它抹掉的呢？

明清皇城的保护也是一大问题，它虽是历史文化保护区，可这些年，中央机构不断在其中扩建，甚至有文物建筑被毁。我建议，北京市要跟中央机构作充分的说明，做好中央机构的工作，使它们能够理解北京旧城保护的重要意义，不能中央机构一说要搞好四个服务，就放弃原则。在旧城保护这个问题上，中央机构必须起带头作用。这是一个关系大局的事情啊。

理解《总体规划》关于保护机制的规定

我想讲的第二个方面是：理解《总体规划》关于保护机制的规定。

2005年版的《总体规划》首次对历史文化名城的保护机制作出规定，提出"推动房屋产权制度改革，明确房屋产权，鼓励居民按保护规划实施自我改造更新，成为房屋修缮保护的主体"（第67条）；"遵循公开、公正、透明的原则，建立制度化的专家论证和公众参与机制"（第67条）。《总体规划》作这样的规定，是革命性的，是城市规划理论的新发展，我要特别感谢朱嘉广院长，感谢北京市城市规划设计研究院为此作出的巨大努力。

《总体规划》的上述规定，是符合十七大精神的。十七大报告提出："扩大基层群众自治范围，完善民主管理制度，把城乡社区建设成为管理有序、服务完善、文明祥和的社会生活共同体"，"从各个层次、各个领域扩大公民有序政治参与，最广泛地动员和组织人民依法管理国家事务和社会事务、管理经济和文化事业"，"保障人民的知情权、参与权、表达权、监督权"，"增强决策透明度和公众参与度"。

正是有了《总体规划》的上述规定，这些年来，在东四八条、西四北大街、梁思成故居、钟鼓楼地区的保护中，才有了更为充分和积极的公众参与，《总体规划》在这些地方的实施才获得了保障。

北京市也创造了与《总体规划》精神相符的保护经验。在烟袋斜街和南锣鼓巷，政府做的最重要的事情，一分钱没花，就是宣布那里不拆了，这样，老百姓就有信心修缮自己的家了，社会力量也敢于介入了。历

烟袋斜街的一处新式匾额，凝聚着商家对这片社区的情感　王军摄

史街区都位处市中心，都在黄金宝地上，是应该得到爱惜的，可为什么从1950年代开始，在半个多世纪里，它们得不到爱惜，纷纷沦为危房区呢？一个重要原因，就是房屋产权得不到保护，也得不到流通，因为头顶一个拆字，产权冻结，户口冻结，弄得谁也不敢修，谁也不敢也不能买，它能不衰败吗？现在，在烟袋斜街和南锣鼓巷，政府把拆的帽子摘掉了，大家就敢修，就敢买了。政府再把基础设施搞好，地段升值了，整个街区就被激活了，房产买卖就频繁了，"血液循环"就加速了。在此基础上，再制定详细规划与设计导则，确保房屋的修缮活动符合历史文化名城保护的要求，整个街区就能够真实而自然地再生。

在烟袋斜街和南锣鼓巷的保护中，有一个方面需要完善，就是社区参与应该进一步加强。我们看到，由

2001年3月，受北京市西城区什刹海管理委员会委托，清华大学对什刹海烟袋斜街地区的整治与保护进行研究，提出要避免因大规模、一次性开发改造而导致的不良后果，同时又必须对现状不良状况采取有效措施促使其发生改变，建议采取小规模、渐进式，以院落（一个门牌号为一个单位院落）作为整治更新的基本单位。对策包括：1. 与房改结合，房屋产权逐渐向私有转化，同时保证房主的权利，明确其应承担的义务；2. 对于那些没有属于自己住房的居民，根据不同的经济状况，结合房改，提供多种可选择的方案，如购买商品房、经济适用房和租住廉租房等，政府提供一定的优惠或补贴；3. 组织协调各方面的力量，加大对基础设施改造的力度。实践证明，居民的直接参与、可灵活、有效地吸引相当数量的小规模资金投入到保护与更新中来，同时也能避免大规模的人口搬迁所带来的一系列经济、社会问题；只有把居民发动起来，历史文化保护区的保护才能获得最大动力

经过良善规划而得以复兴的烟袋斜街　王军摄

于社区参与不够，这些地方存在过度商业化问题。居民不能对隔壁发生的事情拥有发言权和约束权，这个地方的生长就会失去控制——包括什刹海地区在内的过度商业化问题，就是因为缺失社区参与这个"阀门"，而形成泛滥之势。

鼓楼东大街也是一个值得分析的案例，它的临街店铺，是由政府聘请建筑师统一设计，投入巨资修缮的。刚修好时，我去看，老百姓并不领情，觉得生意不如从前了，因为在一个时间段内，统一这样弄，就会弄得小商铺失去可识别性，回头客找不到门。后来，几十家商铺申请二次改造

门脸，区政府很不乐意，觉得我刚给你修好，你怎么又要重修？其实，区政府根本没有必要替人家修门脸、搞这样的形象工程，你只需公布这个地方不拆了，大家就会自己去修了。中国人修自家房子是最有积极性的。有一个好的设计导则来约束，这个地方就不会被修乱，同时，有个性的门脸就会出来。我们应该鼓励这个地方的商家，去请贝聿铭这样的大师来给他们设计门脸，而不是政府一手包下来，花那么多冤枉钱。

说到这些年的保护，很值得关注的是前门地区的工程，它是保护吗？不是。它与《总体规划》是冲突的。

北京古老的前门商业街从 2006 年至 2009 年被大规模改造，大量原住民与商家被迁走，开发商以仿古建筑的样式打造了迪斯尼式景观。图为这条街上新设的鸟笼式路灯　王军摄

这是我昨天下午去拍的照片，你看，昔日繁华商街，今日门可罗雀。前门开街一年半了，还是这样的局面，值得反思啊，这就是所谓的保护的后果。《总体规划》明明规定以当地居民为主体，鼓励他们修缮房屋。可在前门呢，开发商成了主体，所谓的保护，就是把当地居民，包括企业强行迁走，再去大建仿古建筑。结果，人气尽失，历史的真实性尽失。必须理解，美好的城市形态，基于当地人民的乡土情感，由当地人民自己去创造，而不是把他们都迁出去，把开发商找进来，像盖楼盘那样去建一条街。建筑师把房子设计成老照片的样子，以为这就是保护，却不能理解：老房子曾经是这样，是因为它们曾分属不同的业主，这些业主对自己的财产权充分有信心，这个社会也保护这种信心，这使业主敢于聘请最好的建筑师，在规划框架内，自由发挥个性，生成那般形态。可前门地区所谓的保护，毁灭的却是这种机制。

在前门商业街，我看到，路灯被做成鸟笼子、拨浪鼓的样子，垃圾箱被做成宅门抱鼓石的样子，抱鼓石是寄托人们吉祥心愿的啊，怎能把它弄成垃圾箱呢？这是什么样的趣味？你看，许多商铺还是空的，这可是靠近天安门广场的地方啊，多好的地段啊。开业的商家，生意都不好，我拍摄的这家服装店，在兜售打折商品，原价168元，现价49元。可怜啊，这49元！在前门商业区，政府付出了那么大的代价，制造了那么多的矛盾，惹了那

改造后的前门商业街，安装了拨浪鼓式路灯　王军摄

么大的麻烦，收获的却是49块钱！不值得反思吗？

所以，必须停止前门模式了，必须推广和完善烟袋斜街、南锣鼓巷模式了，必须不折不扣地实施《总体规划》对历史文化名城保护的要求了。

问题与对策

最后，讲讲问题与对策。

目前，旧城的整体保护工作尚有许多空白点。《总体规划》要求整体

前门商业街新设的宅门抱鼓石式垃圾箱　王军摄

保护旧城，又在旧城内划出 33 片保护区，进行分片保护，这是一个矛盾。33 片保护区只占旧城面积的 29%，只保护这 29% 是远远不够的。据北京城市规划学会 2005 年公布的数字，2003 年保护区内的胡同数量是 600 多条，保护区外是 900 多条。难道这 900 多条胡同都要给拆掉吗？当前最重要的工作，就是把保护区外大量的胡同，所有未被拆毁的胡同，全部划为保护区，把旧城作为一片完整的保护区，以真正落实整体保护。面对已残存不多的旧城，我们已别无选择，不能再以分片保护的方式将其进一步地肢解并继续制造城市的功能障碍了。

改造后冷冷清清的前门商业街，再一次印证了这样一个道理：大规模的改造不仅会遗失城市的记忆，还会对城市最可宝贵的品质——多样性——造成难以弥补的伤害　王军摄

必须认真执行以居民为主体的旧城保护机制，在旧城内停止一切以开发商为主体、大拆大建的房地产开发活动。

必须改变"重建设、轻管理"的状况。旧城之内大量标准租私房的历史遗留问题，经 2003 年的腾退工作，已基本得到解决。目前尚存"经租房"问题，有关部门应予以妥善解决，以修复新中国成立之初确立的房屋产权体系，激发私房主的自我修缮意识。在公房方面，由于没有建立必要的出租房退出机制，户在人不在的"空挂户"现象突出。同时，私搭乱建、公房私租普遍存在。对此，房管部门应切实履行分内之职，通过管理手段在相当程度上缓解"大杂院"状况，并形成长效机制。但这些重要的工作未见有力推行，旧城的"改善、修缮、疏散"多是以工程建设的方式进行。可以预见，如果管理工作没有改进，被疏散后的"大杂院"仍有再度沦为"大杂院"的可能。

必须理解居民的真实需求。挤住在"大杂院"里的居民，他们共同的愿景，是改善居住条件，而不是"盼拆迁"。长期以来，城市拆迁是按面积补偿，补偿款低于市场价格。挤住在旧城内的居民，由于居住面积小，得到的补偿款也少，往往拿着拆迁款，买不起新房。在这样的政策下，谁盼着拆迁呢？真正"盼拆迁"的，是在外面有私房的公房租户，即"空挂户"，他们平时不住胡同里，房子或空着，或被私自出租，一拆迁就赶回来拿钱，

他们也不指望拿这些钱去买房子，而是希望搭拆迁之车，把租赁的公房变现为自己所得的拆迁款，这是北京市的拆迁政策给他们提供的便利。

这些"盼拆迁"的租赁户，与四合院平房区所有的公房租户一样，都未能参加 1998 年的房改，未能享受到房改的福利——只是因为他们住的是四合院平房，这些房子头顶着一个"拆"字。这些"盼拆迁"者，往往怀着未能参加房改的怨气，拿到拆迁款，心态就平衡了。所以，在某种程度上，他们拿到的拆迁款可以被理解为房改补偿款。如果政府把这些房子房改了，并向他们补足了差额，他们还会"盼拆迁"吗？

《总体规划》提出的"推动房屋产权制度改革，明确房屋产权"非常重要，它意味着政府部门可以在四合院平房区推行房改，同时，彻底解决房屋产权的历史遗留问题。这正是促使房屋流转，获得市场保养的前提条件。当前，金融机构的流动性充足，四合院的社会购买力极其旺盛，施行了房改，明晰了产权，平房四合院才具备财产属性，才能获得流动性的"浇灌"。

我们必须改变这样的情况：对四合院平房，政府部门自己不管，又不让市场来管。政府部门既然把这么多公房拿在手里，又不愿意放手，就应该好好管理，建立好的制度，让真正需要得到保障的住户能够体面地居住。否则，就应该创造条件，还权赋能，建立公正交易程序，允许这些房屋面

向市场。必须指出的是，当前四处泛滥的私搭乱建、公房私租现象，是被纵容出来的，是无政府的，是必须坚决扭转的。

我建议：1. 对四合院平房区，保障房优先供应，居民自主选择外迁，不得强迫；2. 建立公房退租机制，或进行房改（未足面积者予以补偿），或给予完全房改补偿款，使"空挂户"不再空占；3. 充分调动中介机构，鼓励社会力量购买四合院，以流水不腐。

另外，文物普查工作不能再有疏漏，现在几乎是最后的机会了。在大改造的背景下，1990年代以来，在很长时间，旧城之内，区一级文物保护单位的公布及文物普查登记工作几乎完全停滞，必须借第三次文物普查的机会，彻底改变这一状况。当前，拆的力量很大，修的力量也很大，文物普查跟不上，就是修也会把文物修没了。

旧城区干部业绩考核标准亟须完善。旧城之内应该不再以GDP为纲，必须实事求是，将历史文化名城保护作为对旧城区干部政绩考核的主要内容。

首都规划建设委员会的议事协调能力亟须加强。必须采取有力措施，将中央各部门的建设活动，统一纳入《总体规划》确定的轨道上来。

2011年3月23日在北京市规划委员会"北京历史文化名城保护系列论坛之三"的发言

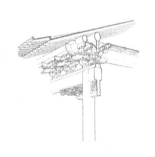

民生靠保不靠拆

"改善百姓居住条件"不是拆毁历史文化名城的理由。住房保障是名城保护之基，有了它，保护归保护，救济归救济，矛盾才能从对立走向统一。

四合院拆保答疑

一位不知名的网友在笔者的博客上发表几则评论，提出的问题很有价值，答复如下，以期引发更多有质量的交流。

网友：建议您还是去真正的北京胡同住住再说吧。您给出的建议，根本不能解决问题，比如光靠修缮，第一，不能增加房屋面积，北京旧城人均住房面积远低于国家的蜗居标准。第二，不能改善住房条件，没有厨房，厕所，卫生间，不能洗澡。仅靠修缮，不能增加这些设施。现在冬天，老百姓还要出去上厕所，换煤气罐。第三，不能改变产权构成，大部分居民都是公房，不能出租，不能出售，也不能购买为自己所有，在大部分城市居民都享受到房改的时候，他们都是无房户，当年因为有旧城房屋不能分房，现在因为有旧城房屋不能申请保

障房。第四，也不能改善下一代的居住条件，张大民住在了树下面，那他儿子呢？现在住在哪儿？

您觉得有"乡土气息"，我就是一个旧城居民，我所有的同学，家里没拆的，只要有一点钱，砸锅卖铁都要搬走，因为实在没法住人了。我们院儿一个老太太，一辈子想住上有厕所的楼房，不用严寒酷暑上公共厕所，一辈子想冬天洗个澡，死都没合上眼，没有等到那一天，当然现在也等不到。这些，您知道么？

现在修缮以后，家家户户房子不够，都挖地窖，向下挖一米，打通房梁，屋里面搞两层，小厨房都盖三层，几平方米盖三层，院子里正房中午十二点都没有阳光，没办法，没地儿啊。这在修缮区特别普遍。

王军：非常理解您的处境和感受，这些都是公共政策方面的欠账和缺失而造成的，皆是居民基本权益的损失。

我刚刚上载了一篇文章《北京旧城保护的最后机会》，其中部分回答了您的问题。其实，您所列举的诸多方面，已包含了解决这个问题的路径，最大的问题就是"不能改变产权构成，大部分居民都是公房，不能出租，不能出售，也不能购买为自己所有，在大部分城市居民都享受到房改的时候，他们都是无房户，当年因为有旧城房屋不能分房，现在因为有旧城房屋不能申请保障房"，这个情况，最值得检讨和改正。居住在胡同里的公房租户，皆未能享受房改福利，这个问题必须得到积极有效的解决，这个问题解决了，大杂院的蜗居问题才能够得到真正有效的解决，市政设施的改良也才能够获得良好的条件。挤住在胡同里的居民，为不良的公共政策付出了巨大代价，就像您说的那位老人家，一辈子想住有厕所的楼房，可未能实现，她本该获得救济，应该享受保障房政策。如果指望拆迁呢，大杂院住户的住房面积小（现在的拆迁补偿，以面积为依据），凭着得到的补偿款往往又买不起房，这是一个很大的矛盾。其实，政府应该救济这些居民，给他们体面生活的条件，其投入，完全可以通过"救济—人口减少—大杂院减少—出售部分院落"的方式，实现资金的可持续。可以在通过救济实现居住人口减少后，将一批院落进行市政改良，作为廉租房保留，同时，出售部分院落，将所获收入补贴救济与保护，其中，也包括对自愿放弃租赁权的居民的房改补偿。这是一个系统工程，但理解起来并不艰涩，真正做到以居民利益为本，由此出发，就不难做到。最可怕的是，逼得老百姓只往拆迁一途设想，这个一刀切，必引发极其复杂的情况，这已为 1990 年代以来的旧城改造所证实了，是到了必须彻底调整的时候了。

网友：您提出来的自愿搬迁也是不可能的。微循环搞了很多年，结果没有一个院子搞成，为什么，一个大杂院七八十户几百口人全部同意，那是根本不可能的，只要一个人说不，就搬不走。这点各区也承认了，自 2003 年保护以后，除了地铁拆迁改善了一些住房条件后，没有一处得到改善……凡事没有调查就没有发言权，您都不知道旧城区生活是何等状况，谈何为这百万北京人决定生死呢？很多老人这些年盼到死都没有看到住楼房的一天。绝大部分胡同就是棚户区、城中村，人口已经流失光了，本地居民有一点钱的都走了，沿街的商铺也大多倒闭，因为没人。老百姓用脚选择，旧城好还是不好。我不知道您是否同意我的说法，我是亲身经历者。

我们所作所为，都是为了北京明天更美好，但是这个美好是建立在人的基础之上的，上百万北京居民还在过着没有厨房，卫生设施，蜗居（北京旧城居民连蜗居都算不上了……人均面积比蜗居低得多，三代人十平米的都算好的了……），而且看不到一点改善的希望，也不允许你去改善（旧城居民申请保障房必须腾退原房，但事实上原房在拆迁时候是价值很多的）。

如果您是个北京人，您会如何看待您现在的结论？

王军：自愿搬迁，并不是让老百姓继续蜗居下去，而是应该向老百姓提供经常性选项，具体应该包括：1. 保障房优先供应；2. 公房租户可选择就地房改，面积不足者给予补偿，获得产权后可以市场价出售；3. 居民自我修缮房屋可申请政策补贴，包括专业人员指导。您说的"看不到一点改善的希望，也不允许你去改善"，这个必须改正。但也应该理解，您申请了保障房，就是应该腾退原房；但是，您也可以选择就地房改，再按市场价出售房屋——这个，应该补充到现行政策中。这也是我在《北京旧城保护的最后机会》一文中的立意之一。

网友：您总是在说，靠产权人保护。而事实上，拥有一个四合院的产权人，寥寥无几，当年的产权人大多离开了。大部分面积，居民都是直管公房的承租户，这些都是有数据证明的，剩下的私房户里面，有一些是因为产权人放弃了住房，原租户买下的，也是一人一间。您说的产权人，基本上在胡同区不存在，即使有几家，还有半数出现了家族分裂，一群孙子孙女分割这个爷爷的院子，和大杂院早已无异。能保存下来的产权人院落，已经凤毛麟角了，几个胡同都看不到一个。

王军：当年的产权人大多离开了，他们是为什么离开的呢？解放初期通过公逆产清管重新获得房地产权登记的产权人，他们的权益是受新中国法律保护的，可后来经历了经租、标准租，许多人的权利受到侵害，这是值得同情的，也是必须改变的。北京市已在 2003 年基本解决了标准租的问题，这是值得称道的，现在，尚余经租问题，这个问题，解决起来是"知难行易"，我就不在这儿展开了。也许，您不属于这类情况。应该理解，产权的保护是极其重要的事情；另外，因为上述历史过程导致的公私房产混杂的情况，应该有一个办法来解决：1. 必须坚决落实私房政策，解决历史遗留问题；2. 无历史遗留问题的，可将公房房改，允许一并上市。您所说的"家族分裂"的情况，只要房产在市场上能够公正流通，家庭成员就很方便分家析产、各置家业。老北京这几百年就是这样过来的啊。

现在的问题是：1. 产权被搞乱，产权人权益受损；2. 许多胡同被划入危改区，产权户籍一律冻结，市场交易被终止；3. 当前的政策不利于财产权的稳定，四合院不容易卖出好价钱，这个市场很不稳定，不利于流水不腐。这些，都不利于四合院质量的改良，同时，恶化了大杂院蜗居的情形。

网友：您要是觉得旧城好，值得保护，那可以换一换，您来住我家的平房，我去住您家的楼房。当然，您可能说了，您家的楼房大，我说，不见得，要是拆迁了，补偿给我家四代人的面积，应该比您家大多了。您不亏。咱们换换，您还说保护么？您要是喜欢保护，为何不和我家换换？

王军：问题是，我想换，换得了吗？第一，老百姓能够通过房改拿到房产证吗？没有这个证，我们怎么换呢？第二，被冻结了产权的私房户，连交易的机会都没有，又怎么换呢？第三，许多居民被长期欠账的住房福利，能够通过一次这样的"换"，获得彻底解决吗？这样说，并不是跟您抬杠，而是说，政府还有许多细致、迫切的工作要做！不能把老百姓往拆迁一途逼。

2011 年 7 月 21 日

住房保障是名城保护之基

"改善百姓居住条件"近年来一直是一些历史文化名城的行政长官拆毁历史街区的理由，历史文化名城的保护者多被拆除者"理直气壮"地逼问：你们为什么不住到那些大杂院里去呢？难道你们就不管老百姓的死活吗？

在他们看来，拆除即等同于民生救济。可为什么如此"大得人心"之事，却在实践中遇到那么多矛盾，以至于有的城市不得不发文要求"严禁采用恐吓、胁迫以及停水、停电、停气、

2007 年 11 月，北京宣武区粉房琉璃街墙上的"拆"字，其左侧被人写上两个小字——"不拆" 王军摄

停暖、阻碍交通及上门骚扰、砸门破窗等手段，强迫被拆迁人搬迁"呢？

也许拆除者可以这样回答：那些都是漫天要价的钉子户！可是按照与之接轨的拆迁政策，拆了你的房并不会无偿分给你一套福利住房，而是给你一笔钱让你去买房，拆迁补偿款按建筑面积支付。这样，那些建筑面积最小、居住条件最差、最需要救济的家庭，拿到的往往是最少的拆迁补偿款。在这样的情况下，矛盾不产生才怪了呢。

虽然目前有经济适用房、廉租房供应，但二者数量严重不足。经济适用房只售不租，且房号难求。廉租房更是紧缺，有的城市甚至是通过摇号来确定租户。1998年住房体制改革停止实物分配之后，住房保障体制一直发育不良。这样，大量被拆迁居民被直接推向了价格高企的商品房市场，而他们能够凭借的力量，就是与原来的住房面积一样少的拆迁补偿款。

在民生救济的旗帜之下，一些地方与住房困难对接的不是住房保障而是住房市场，且这样的对接是以强制性拆迁方式推行，民生救济便每每成为大拆大建、卖地生财之幌。此种旧城改造的"理论基础"是民生救济与名城保护不可兼得，于是，舍后者而取前者。可我们经常看到的情况是，在这样的改造之中，名城保护每况愈下，民生救济依然堪忧——许多低收入者拿着为数不多的拆迁补偿款，却要去面对城市里疯涨的房价，他们如

何安家？

旧城居住条件得不到改善，并不是因为没赶上拆迁，而是由于住房保障存在缺失。"大杂院"里的居民正是因为得不到住房救济，才不得不蜗居在逼仄的环境里，这无疑加速了四合院的物质衰败。实践证明，这样的问题靠推土机是解决不了的。

人口密集的"大杂院"并不是四合院的正常使用状态。试想，如果一套公寓里挤满了人，变成了"大杂房"，这个房子就该拆吗？四合院的市政设施配套问题也完全可以通过技术手段解决。有人说消防车开不进胡同，所以胡同该拆；可消防车同样开不上摩天楼，难道摩天楼该拆吗？

拆除者又说：老百姓强烈要求危改啊！可是，在目前的政策环境下，到底是哪些人在强烈要求危改呢？北京市社科院的调查显示，四合院地区人户分离现象严重，以崇文区辖内的前门地区为例，户在人不在的占常住人口的20%以上，个别社区甚至占45%以上。许多公房或私房的租户在区外拥有第二套住宅之后，通常对危改抱有强烈愿望，因为一拆迁即可将不属于自己的房产变现为补偿款收入私囊。难道他们的愿望就是毁掉四合院、拆除他人房产的理由吗？

住房保障需要资金投入，以发达国家的经验看，这样的投入多可循环使用且能形成一种产业。具体做法是，由政府提供信用贷款建设可负担住房，由低收入者租住，15年或20年之后，当承租者的财富积累到一

定程度时再将其出售。"二战"之后，英国政府就是用这样的方法实现了居住和谐，伦敦 2004 年新规划更是将 2016 年可负担住宅的理想目标提高到 50%，现实目标确定为 35%。

2007 年 10 月 1 日《物权法》正式施行，《城市房屋拆迁管理条例》同时停止执行。此前，《国务院关于解决城市低收入家庭住房困难的若干意见》出台，强调以住房保障对接住房困难，"对可整治的旧住宅区要力戒大拆大建"，"要以改善低收入家庭居住环境和保护历史文化街区为宗旨"。希望以上法律、政策的出台和调整，能够根本扭转民生与保护两相不利的局面。

"改善百姓居住条件"不是拆毁历史文化名城的理由。住房保障是名城保护之基，有了它，保护归保护，救济归救济，矛盾才能从对立走向统一。说到底，民生靠保不靠拆，这个"保"，是住房保障之保、物权保护之保，一个和谐的社会是拆不出来的。

2007 年 10 月 9 日

肆

重 建 契 约

鼓楼前的镐锹

"怎么会影响城市的发展呢？这明明是促进呀！全世界都知道《马可·波罗游记》，都知道马可·波罗被元大都折服了，而元大都今天还在呀。"

告别

曹培琦落泪了。她把脸转了过去。父母的眼中也溅出了泪花。

"我4岁时住在这里，小学、中学、大学都没离开过，工作后也在这里。今年我60多岁了，可不得不离开了！"父亲往三轮车上搬着家什，一次又一次地叹着气。

他们家的四合院，紧挨着北京的鼓楼，从花木成荫的院子里，眺过缓缓升起的青瓦屋脊，就是鼓楼沧桑的侧影。曹培琦和她的父亲一样，是赏着这样的景色长大的。

此刻，2004年6月22日17时，曹家的房顶上已站满了手持铁镐的民工。他们身手敏捷地将利器挥向了屋脊的中央，想掘出那里面的"镇宅之宝"，然而一无所获……

一时间，镐飞锹舞，砖瓦伴着尘埃，扑扑滚落下来。这里是曹氏祖传

的私宅，与它一同消失的还有它的门牌——北京市鼓楼西大街31号。

前些日子，曹氏家族刚刚收获了期盼已久的喜悦。"文化大革命"时，许多人家挤入曹宅，这里成了大杂院。为了收回自家的房子，曹家人一等就是二十多年，终于盼来了北京市清退私房的好政策。不久前，院内的最后两户人家搬走了，私搭乱盖的房屋拆除了，老房子终于现出了真容，依然眉清目秀。

小曹的父亲来了精气神儿，说要把老宅子好好修修。可是，突如其来的一项大工程把全家人的希望粉碎了。一条大马路要从北向南穿过绿树成荫的旧鼓楼大街，再往东折至鼓楼前，曹家的房子碍事儿了。

拆迁是从2004年5月开始的。得知必须搬走的消息后，小曹90多岁的奶奶哭了5个钟头。

"这个四合院算不上什么，我们

拆过的比这儿好的多了。"一位民工一边说着一边坐在屋檐下喘息，"前些日子拆的那个院子，真大，不知比这儿强上多少倍！"

小曹冲进院里，掰下一枝龟背竹。"长了 10 多年了，一插就能活，你要不要来一枝？"她向我苦涩一笑。

走到院门口，她忍不住朝里边大喊一声："你们悠着点儿，别下手太狠了！"

"你这房子，一晚上就拆没了！"民工的普通话和着乡音。

"明天，你就别再来看了！"父亲目光发狠，冲她嚷了一句。

随后，老父一扭脸，跨上三轮，融入到熙熙攘攘的人流之中……

马吉昌，曹家的老街坊，63 岁的高级工程师，住在鼓楼西大街 32 号，如坐针毡。

镐锹已挥至他的门前。他住在四合院的北房，正齐着马路扩建的红线。

"你家的房子，拆也行，不拆也行。你要是愿意，我们就帮你拆了。"拆迁办的人对他说。

老马一下子火了："这整个院子都是我父亲辛辛苦苦挣钱买下的，一砖一瓦都浸着他的血和汗，我不走！"

马吉昌的爷爷在清同治年间从山东逃荒到北京，生得一个儿子敏而好学，13 岁当学徒，26 岁当上了载誉北城的瑞欣酱园的掌柜，后又购下朝阳门外的商铺经营粮食，再花 6000 块大洋从冯玉祥手下的孙师长那里购得现在的这处四合院。

这个院子高大整齐，三进院落，

2004 年 6 月，道路扩建工程在北京鼓楼西侧进行拆迁　王军摄

原是清隆裕皇后御前太监崔氏的外宅，是鼓楼附近数得着的好院子。20世纪50年代初，马吉昌的父亲拿到了新政权换发的房契。

后来，粮食改由国家统购统销，马吉昌的父亲失业了，指望着靠出租房屋维持全家9口人的温饱。

1958年的一个秋日，父亲急冲冲从外面赶回，冲着正在读中学的马吉昌说了一句："小子，下月咱改吃窝头了。"

"为什么？"

"咱家的出租房归国家经营了，说这叫经租，每月只有20%的租金归咱了。"

"那房契呢？"

"房契不收，只要不收房产就还是咱的。"

1966年，"文化大革命"，红卫兵一纸勒令贴上马氏宅门：限期交出房契。

马父被吓得体似筛糠，第二天让儿子把房契交到房管局。紧接着，一家人被扫地出门，遣到京郊农村居住。

"文革"终于结束了。一家人搬了回来，到房管局要房契，一看才知，被国家经租的房产不归自己了，划到自家门下的只是四合院北屋的四间房子。

"不对呀？《宪法》不是说保护公民合法的房屋吗？"马吉昌不解道。

"难道你想反攻倒算？"房管局干部的回答吓得他直哆嗦。

2004年《宪法》修订，明确规定公民合法的私有财产不受侵犯，马

吉昌的心中又燃起希望。可是，赶上了拆迁。

看着窗外正在被拆毁的南房与西房，马吉昌说他心如刀绞："那几户房客在外面都有房，平时根本不到这儿来住。可这次拆迁，全见到人影儿了。他们每户拿到了三四十万元的拆迁款，跟天上掉馅饼似的，高兴坏了。"

"可有人发愁了。住东房的那家三口，小孩上学，夫人下岗，就靠丈夫一人的工资过日子，没什么积蓄，拿着三十来万块钱在城里根本买不起房，所以到现在还没搬，但拆迁办态度坚决。"

马吉昌叹了口气："听说现在是一期工程，不知二期的时候，我家仅存的这四间房子还能不能保住？"

焦虑

登鼓楼朝四周瞭望，北京古城内成片成片绿树成荫的胡同、四合院已存不多，鼓楼及什刹海地区已是老北京最后的净土之一。

"景山以南地区已被拆得太厉害了，景山以北的鼓楼、什刹海地区如果还要大拆大建，北京古城就彻底完了！"两院院士、清华大学教授吴良镛说这些日子他寝食难安。

令他焦急的消息在2004年4月传出。北京的一家报纸披露："北中轴路今年要改造，市政管线一次铺就"，"除拓宽旧鼓楼大街，同时考虑利用宝钞胡同分流车辆"。

扩建前的鼓楼西大街东段，保持着宜人的尺度　王军摄

扩建后的鼓楼西大街东段　王军摄

2004年6月11日，北京市规划委员会网站发布了批准对什刹海、鼓楼地区两条现状宽度均为十多米的古街的改建消息，其中，位于鼓楼与什刹海之间的旧鼓楼大街道路工程，设计起点为鼓楼北侧，终点为北二环路，全长约1200米，规划为城市次干路及主干路，规划红线宽30米。而另一条将被改建的德胜门内大街，位于什刹海西侧，工程起点为地安门西大街，终点为北二环路，全长约1680米，按城市次干路标准设计，规划红线宽50米。

负责实施这两项工程的是北京市西城区政府。区政府宣传部门就工程具体事宜向笔者答复称：经请示领导后认为此事目前不宜报道，一切以近期见诸报端的新闻为准。

北京一家媒体的报道称，旧鼓楼大街的拓宽通车将在年内完成，这是北中轴路环境整治工程的一部分，工程结束后，鼓楼原有的红墙将部分露出。

"鼓楼的红墙还要怎样露出呢？它历史上就是现在这种景观呀。"正在投入《北京城市总体规划》修编工作的清华大学教授毛其智表示不解，"不是说好了不再在古城区内通过拓宽道路的方式解决交通了吗？怎么现在还要这么做？"

为了搞好这次总体规划的修编，北京市2003年组织各方面力量完成了城市空间发展战略研究，大家形成的共识包括：目前北京出现的交通拥堵，主因是城市功能过度集中在以古城为中心的地区，所以，应该通过确定新的城市发展带、疏解中心区的功能来加以解决，而不能简单地依靠道路的拓宽。

"必须减少古城区内的交通与环境压力了。"毛其智说，"如果再开大马路，继续把新的交通和其他功能引入，势必导致交通不断拥堵然后又不断开路的局面，导致'水多加面、面多加水'的恶性循环。"

他打开一张图纸，上面显示德胜门内大街和旧鼓楼大街均位于北京市划定的什刹海历史文化保护区的范围内，"这里是北京古城北部较为完整地保存了历史格局与风貌的地区，在这里开30米和50米宽的道路，进行大规模拆建，是对整个历史文化地区的直接破坏！"

"将大的市政管网通过大马路引进来，实际上是便于周边的房地产开发，这是与北京城市空间发展战略研究的主旨相违背的。"毛其智说，"北京古城的保护目前确有很多困难，但希望有关部门能有长远眼光，珍视日益稀缺的文化资源，在保护的政策与制度方面多做实事，不要把历史文化名城的保护放在口头上，实践中仍是拆毁。现在的情况表明，北京古城的保护正面临更大的困难，我对未来深表忧虑。"

元大都

"那可是元大都的旧街啊，是不

能动的呀！"中国考古学会理事长徐苹芳急了。他说的那条元大都旧街，是正在被大规模拆除的旧鼓楼大街。

"这条街从元大都到现在，宽度基本没有变，要保护古都风貌，这就是最重要的一条街啊。北京的元明清古城已剩得不多了，为什么还要拆呢？"这位74岁的学者满脸困惑，"德胜门内大街也是不能拆的呀，这条古街是明代填湖修建的，它见证了北京城市的变迁，也是该保护的呀。"

为探索北京古城的文脉，徐苹芳倾注毕生心血。20世纪50年代，清华大学教授赵正之带着大学毕业后不久的徐苹芳着手北京古城的系统研究，试图弄清一个问题——举世闻名的元大都是否还活在现存的古城之中？

赵正之注意到，古城内城的东西长安街以北，街道横平竖直、规规整整，这种规整的街道布局，究竟是明清时期的，还是更早的元大都时期的？

经过研究，1957年，赵正之正式提出北京内城东西长安街以北的街道基本上是元大都的旧街，这在北京城市史研究上是一次重大突破。

1962年赵正之逝世。此前，徐苹芳多次到病榻前记录他的口述，将他关于元大都城市规划的遗言整理成文，后来由于政治运动突起，这篇论文直到赵正之逝世17年后才得以发表。

与恩师诀别后，徐苹芳马不停蹄地对元大都北半部街道遗迹进行考古

勘测，证实了赵正之的论点。今天，人们终于看到了那幅由徐苹芳绘制的元大都地图。

不久前，徐苹芳完成了《元大都》一书的写作。不幸的是，这部著作的书写，正伴随着元大都的消逝。

看着推土机成片成片地推，从各个方向朝着紫禁城逼近，徐苹芳坐不住了。

2000年2月27日，他与中国工

2004年6月，扩建前的旧鼓楼大街，保持着元大都街道的尺度　王军摄

程院院士傅熹年提出《抢救保护北京城内元大都街道规划遗迹的意见》；2002 年 6 月，他发表《论北京旧城的街道规划及其保护》，再次为元大都的保护呼吁。

徐苹芳认为，保护好元明清古城丝毫不会影响城市的发展，"怎么会影响城市的发展呢？这明明是促进呀！全世界都知道《马可·波罗游记》，都知道马可·波罗被元大都折服了，而元大都今天还在呀。就冲这一点，北京市搞旅游有多少文章可做啊。"

徐苹芳住在北京东四地区的一处四合院内，他家隔壁的小院被一位美国商人买下，经营成四合院餐馆，海内外宾客如云。这位精明的商人又在附近买下另一个小四合院作旅馆，一个普通的标准间，一天收费 175 美元，比五星级宾馆还贵，照样是爆满。

可是，推土机已推到徐苹芳家附近的胡同了。接下来的事儿，他不敢去想了。

2004 年 7 月 7 日

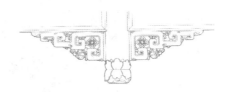

黄金宝地上的萧条

在中国的城市里，这样的现象比比皆是：传统民居在成片成片地"腐烂"，它们多身处市中心区，多在优质地段，可长期以来，无人爱惜，无人交易，危房率急剧上升。

在北京率先打出"四合院专业代理评估"招牌的井蕴娇这段时间很是着急，找她代理购买四合院的人越来越多，买下之后多要彻底翻修。

眼见一处处四合院被拆了又建，井蕴娇心中不是滋味，她在想：这些老院子，到底包含着多少文化遗产的信息？能不能请专家鉴定一下，把这些信息提前告诉给买家呢？

过去二十多年，正是老城被大拆之时，已公布的区级文物保护单位，数量有限，即使如此，有的也未逃脱被铲除的命运。一段时间以来，市、区两级政府都忙于旧城改造，不公布新的区级文物保护单位，也算是不给推土机找麻烦。

情况在 2000 年发生了变化。这一年，北京市公布了首批历史文化保护区，禁止在保护区内大拆大建。此后，鼓励社会力量购买四合院的政策出台，井蕴娇的四合院买卖便越发地红火。

"北京的四合院见证了许多历史故事，如果我能发掘到这些历史文化信息，它们就更有吸引力，销售价格肯定比普通的院子要高，买家也会倍加珍惜，不会轻易地拆改，因为这些信息，既有文化价值，又有经济价值。"井蕴娇向我道出她心中的想法。

近年来，北京四合院的行情大涨，找井蕴娇买院子的多为投资客，前几年卖几百万元的院子，现在一转手就是上千万。"谁说这些老院子是破烂玩意儿？"井蕴娇说，"四合院的投资回报率多高啊！"

可是，在中国的城市里，这样的现象比比皆是：传统民居在成片成片地"腐烂"，它们多身处市中心区，多在优质地段，可长期以来，无人爱惜，无人交易，危房率急剧上升，成为黄金宝地上的萧条。

历史上，对房屋的养护，是一种

基于产权自由交易的市场行为，无须政府投入财力——买家购得房产后，多会加以修缮翻新，如无资金保持房屋质量，还可通过出租或抵押获得修缮费用，或干脆将房屋售卖。在此种关系中，财产权的稳定最为重要，否则，这种市场行为就不会发生。

经历 1958 年对私房的改造，"文化大革命"对私房的没收，中国城镇房屋的产权关系出现了混乱，大量受《宪法》保护的私有房屋被违法侵占。"文革"结束后落实私房政策，由于种种原因，被侵占的房屋未能彻底退还原产权人，大规模旧城改造旋即开始，"拆"字旗下，这些老房子更是无人敢修、无人敢买，它们不是被拆掉，就是自己烂掉。

于是，中国的城市出现了一个罕见的现象：在经济增长的和平时期，城市的细胞——房屋——出现了大规模的衰败。其衰败之因，一是这些细胞的细胞核——财产权——遭到了破坏，二是这些细胞已不能够通过市场的交易自由地呼吸，它们多被划入危改的范围，产权、户籍均被冻结，结局只有一个——拆。

令人窒息的"拆"屏蔽了市场信息，使这些黄金地段上的房屋完全失去了市场价值。井蕴娇的故事告诉我们，情况完全不必如此，只要把那个"拆"字抹掉，修复并保护房屋的财产权，市场就会让这些房子好起来。

"北京的四合院已越来越少，越来越稀缺了，它们已经是古董，怎么会不值钱呢？"井蕴娇说。她急于请专家鉴定老院子文物价值的想法，也部分地暗示了这样一个市场规则：文化遗产的价值不仅仅存在于精神层面，它还会积淀为物质财富。文化遗产的吸引力不但会提升自身的市场价值，也会提升周边不动产的市场价值。打一个比方，这个城市有故宫，它的不动产价值就会比没有故宫的城市高。

所以，在一个自由而开放的市场环境里，文化遗产的价值多能通过市场信号敏感地显现。人们支持文化遗产保护的立法，是因为这当中还包含着最为实际的经济利益——文化遗产会提高这一地区的吸引力，会积淀为这一地区的不动产价值。

于是，文化遗产拥有者的权利必须受到限制，他们被规定必须按照文物保护的要求对房屋进行修缮。他们由此获得补偿——在美国，这类业主

2008 年 3 月，井蕴娇的公司打出的街头广告。每平方米数万元售价的四合院供不应求。北京民间的四合院交易、修缮及相关中介服务在 2000 年市政府公布首批历史文化保护区之后趋于活跃　王军摄

2006 年 5 月，在南锣鼓巷历史文化保护区，前鼓楼苑 7 号院在修缮之中　王军摄

2010 年 6 月，修缮后的前鼓楼苑 7 号院，已是一家颇受海内外游客青睐的四合院宾馆　王军摄

按规定修缮房屋时,可享受税负优惠。

从经济层面来看,此种政策设计的潜台词是:你们家的房子作为文化遗产留下来了,使得街坊邻居们的房子更值钱了,大家就会要求保护你们家的房子,并通过减免税收,来购买你们家因保护而被限制的权利。

显然,只有在财产权稳定的情况下,以上市场规则才会显灵,与之相关的政策设计才会发生。相比之下,尽管中国的市场化改革持续了三十年,1998 年通过住房制度改革建立了房屋产权交易市场,2007 年施行了《物权法》,可房屋产权的稳定性仍面对诸多不确定因素。在这样的情况下,文化遗产的价值更是难以得到真实的市场反馈。

眼下,井蕴娇最头疼的仍是规划问题:"我们最担心的是,刚把院子卖给客户,那个地方就被规划了,要被拆迁了。你说,这让我们怎么向客户交代?"

她得出结论:"四合院的衰败,完全是政策导致的。"

2008 年 12 月 13 日

南池子"吃了螃蟹"之后

"住公房的人不修房子，是因为这是房管部门管的事；住私房的人不修房子，是因为怕自己修了，过几天就被拆了。"

回想起那片古老的地层

逼仄、拥挤、衰败……是的，用这些词来描述改造之前的南池子是准确的，不过并不全面，因为与这种情形共存着的，还有那古老而悠长的历史。

记得2002年初夏的一天，夕阳在南池子的树梢上闪动着，我行走在这里已写满"拆"字的胡同与院落之中，探寻着一个从元大都开始已生长了700多年的古都的印记。

一处看上去已被埋了半截儿的院子强烈地吸引着我，下台阶十几步，我步入其中，仿佛被送回到尘封已久的时空之中，脚下分明是那年代已古的地层，这使我骤然沉入到对历史的狂想之中……

这样的感受2001年我在河北正定的开元寺有过体验。那一次，我是去寻找1933年梁思成发现的五代遗构正定文庙，途经开元寺时眼角闪入一个唐代屋宇的形象，可当时并不经心。

看完文庙之后，折回来入开元寺山门，下台阶数米之深，便被震撼。打开梁思成的调查报告，方知刚才得见一角的开元寺钟楼，其内部及下层雄大的科栱已表明了它的唐代身份。原来，我是站在唐代的地面上欣赏着一个唐代的原构啊！

而在南池子呢？在那个下台阶十几步深的院落里，我已能感到历史正活在我的周围，虽然院落内的房屋已呈衰态，但相信它仍存有其生命原始的痕迹，民居建筑"偷梁换柱"般地兴替，原本就是一个"遗传"的过程……

我陡然起了精神，开始四处寻找。你看，这个院子下台阶浅一些，年代可能要近一些；那个院子下台阶深一些，年代可能又要早一些……就在这浅一脚深一脚之际，我又看到了许许多多的"门道"：那个大门是过去普通百姓的如意门，那个大门是以往商贾爱用的蛮子门，那个大门是标识着古代官人身份的金柱门，那个有趣的"中西合璧"，则是一个典型的民国门脸……门槛之上，憨态可掬的门墩儿，满载着岁月的沧桑；门簪之上，镌刻着"平安"二字，是先人们对美好生活的寄望。

这就是胡同，在看似千篇一律之中又蕴藏着千变万化，而这一切的变化，分明是一部光阴演进的历史。是的，这部历史已积满厚厚的尘埃了。但是，掸去尘埃，修复故有的院落，历史不仍是栩栩如生的吗？

留下文化名城的"年轮"

在这次探访之后，对南池子的大

规模改造开始了。最初的方案是，在总计约 200 个院落之中，对 9 处予以保留，其余通过土地重组的方式进行改建，加宽原有的胡同街巷，在保护区中心地带建设 2.9 万平方米的二层单元式仿古楼房，周边建设约 1 万平方米的四合院商品房。这样的做法一度引起很大的争议，后来被保留的院落增加到 31 个，但其余的仍是被夷为平地。

工程告竣时，我再次来到这里，已无法找到那个被埋了半截儿的老院子了。在工程部门提供的材料里有这样的表述：大量低洼院，最多的要下十几步台阶才能到大院内，由于低洼院集中，每年都是防汛的重点。

这确是实情，因为妨碍了人们的生活，这些低洼院被消灭了。而我却有一种沉沉的失落感。是的，民生问题是不容疏忽的，工程部门对这类问

改造前的南池子　王军摄

2002年，南池子工程在北京市文物保护单位普度寺大殿前开挖地下车库，掘出大面积构造物，当是古代大型建筑基础。南池子地区在元、明、清三代均有重要建筑，是明景帝软禁明英宗的南内之所在　王军摄

题的重视是值得尊敬的。但是，为了留存更多的历史信息，能不能设计一套适应历史文化保护区的基础设施系统呢？欧洲的一些古城，为消防的需要，甚至专门设计了可进入小胡同的消防车辆，这样的态度是不是值得借鉴呢？

北京旧城是历经元、明、清等各个时期发展而来的，胡同内分布着大量不同时期、不同地层的院落。经考古调查证实，旧城内长安街以北至北二环地区，除了紫禁城及其临近区域在明朝初期经历过大规模改造外，其余城区仍保留着元大都的街巷胡同格局，这是必须予以重视并加以保护的。胡同之内的四合院住宅，数百年来又多是渐进式地发展的，虽时有翻建或改建，但在院落格局等方面仍多留有较古的特征。因此，不同地层的院落实为历史文化名城的"年轮"，保留它们，就能够让人们真实地触摸到一个街区以及一个城市的成长历程。

此外，南池子工程掘土很深，这个地区在元、明、清时期均有重要建筑存在，而目前对元代建筑的情况还不太清楚，因此，结合地下考古是十分必要的。但在工程部门提供的汇报材料中，人们尚未看到这方面的内容，只是从居民那里得知，在挖普度寺南侧的地下车库时，曾掘出很大面积的坚硬之物，疑为三合土，后来施工机械进行粉碎时，竟引起剧烈震动，以致邻近的建筑出现裂纹，电线杆斜倚到房子上。这些地下之物是什么？我们期待着科学的报告。

守住最后的"防线"

还是回到那个老话题：对南池子或是一个历史文化保护区应该怎样保护？这个话题几乎伴随着南池子工程的始终。前段时间，工程部门披露了一些学术界人士的肯定性意见，似乎对这个问题已有定论了。可后来，一些见诸报端的文章及专家学者的建议，使我们看到了学术界人士的另一种姿态。

由数位权威的院士、文物保护专家起草的一份建议书表示：如果将南池子的做法推广到整个古城区，就是拆掉了一个真实的老古城，新建了一个模拟的仿古城，后果是严重的。作家舒乙在一篇文章中说，大面积"拆旧建新"的做法是值得商榷的，"它的弊端是过多地拆除了旧有的胡同、四合院。这样的旧城改造固然是发展了，现代化了，但失去了城市的历史延续性，不利于保持其固有的历史文化风貌，留给后人的是21世纪初彻底改造过的新北京，而不是建都850年的原汁原味的老北京"。

对北京旧城的改造曾有多种模式，与那些建高楼大厦的方式相比，南池子无疑是前进了，因为它注重了与故宫景观的协调。但是，这毕竟是北京历史文化保护区中率先进行修缮改建的试点，是吃螃蟹的一个，它的经验又可能在其他的地方予以推广，人们自然会对此寄予厚望并评头论足。因此，理性地对待由南池子引发的争论是必要的，正如舒乙先生所言：

"南池子改造的最大的'得'是提供了一次认真讨论如何保护和利用北京古都的机会。"

从某种程度上说，这可能是最后的机会了，因为近些年，随着旧城改造的加速，大量的胡同、四合院已被拆毁，北京市在旧城内划定的30片历史文化保护区仅占旧城面积的21%，这无疑是最后的防线，如果这还守不住，保护历史文化名城的口号我们还能喊多久呢？

对历史文化保护区内房屋的修缮和改建，北京市政府曾于2001年11月19日出台试行办法，其中提出，"要充分动员房屋产权人和承租人参与修缮和改建"，"修缮、改建的原则是保护为主"，"按院落确定修缮、改建或拆除方案"，"居民应按规划要求拆除院落内的违章建筑，对住房进行修缮或改建"，"在改建房屋时，应优先保证没有厨房、卫生间的住户建设厨房、卫生间"。以这样的精神来理解，对历史文化保护区的保护就应该是以居民为主体，以院落为基础，拆除那些私搭乱建的违章建筑，按四合院故有的面貌予以修缮，内部设施可以现代化。这就从根本上排斥了那种大拆大建的房地产开发方式。

应该说，政府作出这项决定是有着充分依据的。南池子就有一户居民前几年自己投资建设了化粪池，增设了4个卫生间，平均每个卫生间的投资仅2000多元，这正是一般居民能够承受的。可见，依靠居民而不是开发商的力量，是可行的。

激发居民自助的热情

然而，在现实中，许多居民看上去似乎缺乏自我改善居住条件的热情，似乎更期待着政府部门的"恩赐"，这是为什么呢？南池子的一位居民是这样解释的："住公房的人不修房子，是因为这是房管部门管的事；住私房的人不修房子，是因为怕自己修了，过几天就被拆了。所以，只能等政策。"

看来，要弄清这个问题，就不能不对长期以来我们执行的住宅政策予以审视了。新中国成立以来，对旧城内的四合院住宅，政府部门基本上采取包下来的做法，同时，在急于进行大规模旧城改造的思想支配下，传统四合院居住区被列入拆除的对象，又使得房管部门和居民普遍忽视对建筑物的维修与保养，导致危房面积不断增加。

经过 1958 年对城市私有出租房屋进行的"社会主义改造"，以及 20 世纪六七十年代的"文化大革命"，四合院被挤入大量人口，许多单位或居民在四合院空地上搭建平房或增建简易楼房，结果，四合院逐渐成了大杂院，危房也大幅度增加。1974 年的一次大雨竟然倒塌旧城房屋 4000 多间，可见当时危房问题的严重程度。

危房大幅度增加固然有复杂的历史原因，但它也从另一个层面表明，对住宅的修缮是政府部门难以完全包死的，即使铆足了财力来干，这样的投入也是不经济的，因为只要房屋的

2003 年，开发单位在南池子历史文化保护区的核心地带——普度寺大殿北侧建设的仿古楼房　王军摄

产权能够落实到个人，私有房屋的权利能够得到尊重，公平公正的房屋交易秩序能够得到建立，那些危破的房屋自然能够得到产权人的修缮，并在市场交换的过程中得到自然的净化与复壮。

地处北国边陲的黑龙江鹤岗近些年就在这方面作出了成功的探索。这个城市在建立了有序的房屋交易市场的同时，实行住房的完全商品化，将市属、企属公房全部卖给职工个人，就连简陋的平房，哪怕作价一二百元，也出售。有人质疑：是不是卖得太便宜了？是不是国有资产流失了？可决策部门一算账：出售了公房，全市每年就少支出公房维修费1200万元，另外还回收资金3.4亿元。这一省一收所得款项，正可投入到新的住宅建设之中，一解资金紧张之急。而从居民的角度来看，由于房屋是自己的了，就可以放心大胆地修缮了，如果自己不愿住，还可售旧购新，加入到新房的消费队伍中去。实践证明，这样的危改方式，不但是有效的，而且对经济的增长也是有益的。

类似的经验是否值得借鉴到北京的危改工作当中呢？北京市规划委员会总规划师朱嘉广对此予以肯定，他认为："过去北京大量的传统建筑历经数百年存在还保持一种基本完好的状态，其根本原因在于它的产权是私有的。解放以后产权制度、住房政策的反复变化，使得各方的权益和责任不清。大量的公有住房由于房租很低，房管部门不能保证其基本条件的维护，更谈不上住房条件的改善和建筑风貌的保护。即使是私房主，由于其基本权益得不到保障，也谈不上对房屋的维护，因为不知何时，一旦有个开发项目，其房屋就可能会被拆迁，房主自然无心去维修房屋。另外，还有一些出租的私房，由于出租的对象、承租人应付的租金往往由政府指定，私房主自然也就没有义务和能力承担维修和维护的责任。上述情况无疑加速了四合院状况的不断恶化。"

他提出："房屋质量恶化、居住人口膨胀和条件改善、风貌保护之间的矛盾虽然是复杂的，但也并非不能解决，推行产权的私有化，实现居民自主地交换并维护和改造房屋，就是解决问题的一个重要方法和关键环节。在这个过程中，政府还有责任做好两件事情，一是根据财力安排基础设施改造的计划，二是制定对房屋传统风貌加以维护、修缮和改建的技术标准及相应的补贴政策。总之，要使'危改'和'保护'工作双赢，实现良性循环，产权问题是个关键。"

朱嘉广的意见鞭辟入里，对症下药，很值得倾听。

2003年10月20日

四合院存废的讨论

清朝初期曾将北京大量房屋收归国有，最终以私有化处之。这一历史过程也表明，住宅的健康与持续的供给，单靠政府一手支撑是困难的，也不是必须的。

房危屋破一直是拆除北京四合院的理由，持续 15 年的成片拆除已使古城面目全非。随着成片拆除的加速推进，"政绩工程"虽是越来越多，可被推土机碾出来的社会矛盾也呈正比增长，[1]如果拆除即等同于民生，就很难解释这一窘境。四合院问题的复杂性也正在这里。

以北京市目前的政策来看，危旧房改造对于被拆迁居民来说并非"免费午餐"。2000 年 3 月，《北京市加快城市危旧房改造实施办法》试行，一年后试点范围扩大，并规定了危改区内的居民和单位在规定期限内未搬出的，按照"先腾地、后处置"的原则以及《拆迁办法》的有关规定处理。

据测算，在执行这一政策的地区，回购住房居民平均每户出资 15 万至 18 万元，[2]外迁居民每户拆迁补偿款在 10 万至 15 万元之间。[3]生活在危房区的多为城市贫民，在北京房价居

高不下的情况下，多面对"回迁掏不起、外迁买不起"的困境，即使全力支撑，也不得不背上沉重的债务。危旧房改造所引发的社会财富转移，已使贫富差距持续拉大，社会矛盾越聚越多，这正是今日讨论四合院存废所不能回避的事实。

从 1991 年至 2003 年，北京市共拆迁 50 多万户居民，政府部门对此

---

[1] 不断激化的拆迁矛盾给这项以民生为出发点的工作蒙上一层阴影。据北京市信访部门统计，拆迁问题已成为群众信访的一大热点，2003 年 1 月至 8 月，反映拆迁补偿标准低和拆迁人员工作方法等拆迁问题的信访即有 1800 余次。被拆迁户群体性诉讼、上访事件持续增加。1996 年北京金融街 114 户私房主、594 人集体向法院提起诉讼，要求房管局依法对原告房屋进行评估，并按房地产统一的原则，对私房土地使用权予以补偿。此后，这类行政诉讼案件接连不断，规模越来越大。一些城区屡次发生被拆迁居民集体诉讼事件，2000 年北京甚至连续出现两起上万名被拆迁居民联名诉讼、上访事件，有的城区甚至出现"拆一次、闹一次"的情况，野蛮拆迁事件时有发生。——笔者注

[2] 北京市统计局固定资产投资处：《五大因素影响北京商品房走势》，2003 年 8 月 26 日。

[3] 北京市政协：《关于北京住房市场有关问题的调研报告》，2003 年。

的评价是"不同程度地改善了居住条件和居住环境"。危旧房改造对房地产市场的拉动作用日益受到关注。2003 年 11 月,北京市有关部门在对房屋拆迁工作进行回顾时提出:"居民拆迁拉动了全市房地产发展,按经验数字拆 1 平方米旧房建 3.55 平方米新房推算,1991 年以来仅拆除

1912 年 7 月 7 日,北京钟楼东北侧四合院民居状况(来源:《旧京影像》,2001 年)

2003 年 2 月 19 日,北京钟楼东北侧四合院民居状况　王军摄

2004 年 3 月，北京西城区八道湾胡同 11 号鲁迅故居，已是一处大杂院。1921 年至 1922 年，鲁迅在此完成《阿Q正传》的写作　王军摄

旧住宅房屋就拉动商品房开发建设约 6060 万平方米，加上 20% 配套住房，可达 7200 万平方米。"

统计数据表明，近年来被拆迁居民对商品住房的需求量已大约占北京市场全年住宅销售总面积的三分之一。有评论认为这是市场中"重要而且比较稳定的有效需求量"。近几年北京市房地产开发投资持续攀升，超过全社会投资比重的 50%，危旧房改造能够吃掉住宅销售市场的三分之一，在许多人看来这是一举多得的好事情。

于是，拆旧建新、拆低建高，成为一些城区的"经济增长点"，受影响的已不只是四合院，还包括许多近几十年来新建的并已向居民出售的楼房。所谓经营城市，即"低进高出"土地，已是此类"拆迁经济"的特性。

被拆迁居民不能自主处分其名下的资产，并被迫承担由此带来的债务，已使拆迁成为敏感的社会问题。

"拆迁经济"所引发的贫富分化，将直接破坏国内有效需求，置宏观经济于险境。与改善四合院房屋质量相比，解决"拆迁经济"之弊端，更是必须而且迫切。

四合院之危破是不争的事实，但对其危破之因却少有人深究。近半个世纪以来，在经济总体保持增长的和平建设时期，以四合院为代表的北京城市住宅出现大面积衰败的情形，绝非"年久失修""人口膨胀"之粗浅解释所能概括。北京历史上房屋的修缮维持，很少像今天这样需要大规模资金介入，多凭借产权明晰、市场流通，而使"流水不腐"。此种法律关系，在新中国成立后的制度框架中已得到

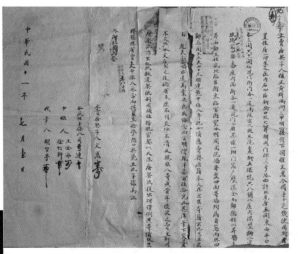

1922年北京新街口大铜井胡同房屋买卖契约。

1952年北京市人民政府地政局颁发的房地产所有证。

明确。

据1949年5月华北人民政府民政部调查材料，解放前北京城区及关厢公私房产约120万间，其中公

房28万间，私房92万间，私房约占77%。1949年8月，《人民日报》载文阐明国家对北京市公私房产的基本政策，明确了保护私有房屋的合法权益。经过公逆产清管，到1953年底，北京市清查城区及关厢房屋共登记119万多间，其中公房占24%，私房占67%，会馆、社团、寺庙等房屋占5.7%，外侨房屋占3.3%。在此基础上，市政府对私有房屋颁发了房地产所有证。❶1954年《宪法》规定，国家保护公民的合法收入、储蓄、房屋和各种生活资料的所有权。这样的制度设计正是房屋产权人能够自我修缮、爱惜其名下资产的当然前提。

1952年的调查统计资料显示，北京城区危险房屋仅为城区旧有房屋的4.9%。这也从另一个角度证明，基于产权明晰、权利稳定之前提，产权人多能自发地使自己的房屋保持健康，而无须借助政府大规模资金的投入。现存大量明清及民国时期的房契表明，房屋产权的流通是产权人之间的自由契约行为，出售或出租房屋的情况普遍，房屋质量因此得以维持。由于房屋的流通是产权人的自发行为，产权交易基本上以院落为单位，城市发展因此而保持固有肌理，得以自然生长，多样性的孕育也才成为可能。

清朝初期曾将北京大量房屋收归国有，最终以私有化处之。清顺治时

---

❶ 北京建设史书编辑委员会编辑：《建国以来的北京城市建设》，1986年4月第1版，第187~188页。

期将内城房屋收为旗产,性质属国有,分配给旗人居住,禁止买卖。随着时光推移,旗人因贫富分化而出现大量房屋典当行为,加之城市人口增长造成住房紧张,政府负担沉重,促使旗房不断向私有化、民房化转化。旗房自康熙年间被允许在旗内买卖,雍正年间准许旗人购买官房,乾隆年间实现了产权私有,咸丰年间开放了旗产买卖。❶这一历史过程也表明,住宅的健康与持续的供给,单靠政府一手支撑是困难的,也不是必须的,基于产权与市场互动关系的民间力量是不能被排斥的。

也正是出于这样的考虑,1949年5月21日,法学家钱端升在《人民日报》发表文章,题为《论如何解决北平人民的住的问题》,对将私房充公的倾向表示忧虑,认为这将导致"无人愿意投资建造新房,或翻建旧房"的情况,一方面政府没有多余的财力去建房,一方面私人又裹足不前,不去建房,房屋势将日益减少,政府还背上繁重的负担。❷

可是,后来执行的"经租"和"标准租"政策与《宪法》发生了抵触。1958年北京市对城市私人出租房屋实行"经租"政策,将城区内15间或建筑面积225平方米以上的出租房屋、郊区10间或120平方米以上的出租房屋,纳入国家统一经营收租、修缮,按月付给房主相当于原租金20%至40%的固定租金。"文革"发生后的1966年9月,固定租金停止发放,房主被迫上交房地产所有权

证。"经租"房产至今未归还产权人。1958年北京市经批准纳入国家"经租"的有5900多户房主的近20万间房屋,约占1953年北京市城区及关厢房屋登记间数的16.8%。

"文革"初期,北京市接管8万多户房主的私人房产,建筑面积在解放初北京城市全部房屋的三分之一以上。"文革"后落实私房政策,实行"带户返还",要求房主与挤住其房屋者订立租赁契约,租金由政府规定,是为"标准租"。大量社会矛盾被甩在了因政策而形成的"大杂院"之中,私房主修缮房屋的热情难以发挥。

再加上公房租金标准低,维修与管理负担重,房管部门修缮的积极性不高,多年来对待旧城的态度多是改造,使得各方面无心修缮旧房,房屋质量出现历史上罕见的衰败。根据1990年北京房管部门的统计,旧城内平房总量为2142万平方米,其中三、四、五类房(一般损坏房、严重损坏房和危险房)为1012万平方米,占平房总量的50%左右。❸

1993年9月,北京市对危改用地实行"先划拨、后出让"政策。被划拨供应的土地上,许多房屋的产权是私有的,历史遗留问题多未获得解决,由此引发一系列法律争端;2000

❶ 张小林:《清代北京城区房契研究》,中国社会科学出版社,2000年9月第1版,第103～148页。
❷ 钱端升:《论如何解决北平人民的住的问题》,载于《人民日报》,1949年5月21日第2版。
❸ 方可:《探索北京旧城住区有机更新的适宜途径》,清华大学工学博士学位论文,1999年12月,第21页。

年《北京市加快城市危旧房改造实施办法》出台，又提出"先腾地、后处置"的原则，使情况进一步复杂。被划入成片改造的地区，居民的户口及住房产权被冻结，市场化的房屋买卖及修缮行为被迫停止。

近年来，北京市加大腾退"标准租"私房的力度，随着产权的回归，"大杂院"现象在这些院落得到改变，但置身大规模危改的环境，私房主修缮房屋信心不足，仍有较多顾虑，生怕修好之后即被拆迁。1995 年北京市高级人民法院规定，对房屋拆迁主管部门就拆迁人、拆迁范围、搬迁期限等内容作出的拆迁公告不服而提起诉讼的，不予受理。这意味着，一旦拆迁公告贴上了墙头，你去法院告也没有用。在这样的情况下，四合院已是无人轻易敢修、无人轻易敢买。等待着它的命运只有两条：要么被拆掉，要么继续破败下去。

综上所述，四合院的危破过程正是其产权与市场关系紊乱的过程。大量房屋合法所有者的权益未受到法律保护，由于他们是私房主，又很难享受福利分房政策，而那些挤占其房屋者，因后来"成为"私房主的房客，则有福利分房之便利。按目前的政策，拆迁款又可直接补给房客，于是出现房客在单位分房后还不腾房，平时难见一面，一拆迁便回来取款的现象。事实上，正是这样的房客，才有着"强烈要求拆迁"的真实动力。

建设部发布的《2003 年城镇房屋概况统计公报》显示，全国城镇私有（自有）住宅建筑面积 71.44 亿平方米，住宅私有（自有）率为 80.17%。私有住宅的安全已关系整个社会的稳定。今天，我们已应有足够的胸襟来处理四合院遗留的问题。必须承认，无论是新私房主，还是老私房主，都同在一个法律环境的庇护之下，谁遇到了麻烦，大家都不会感到舒服。

随着北京市基本解决标准租私房问题，大量经租房产权人，又通过各种渠道向政府提出诉求，希望收回自家的房产。考虑到他们长期以来为承担社会住宅作出的牺牲，这样的诉求应得到同情。当前政府角色亟须归位，切实按《宪法》要求保障产权人权益，腾退并归还合法私房，尤其要公开经租房档案，把经租的私房从"公房"堆里拿出来，以维护社会公正，保障交易秩序，修复城市自然生长机制，依靠民众力量求得危房问题的解决并保持城市的活力；公房"大杂院"应通过建设廉租房的方式（而不是强迫低收入者买房），迁出贫困人口，改善居住条件，实现社会救济；根据历史文化名城保护的要求，制定四合院、胡同的修缮标准及市政设施接入方式。

只要权利稳定、市场公平，房屋产权人自然会寻求住宅的健康。市场化的房屋租赁可为他们修缮房屋谋得资金，稳定的房产也是他们向银行获取修缮贷款的理想抵押品。此外，政府还可通过公共设施建设，比如，激活四合院地区原有的公共空间——戏楼、会馆、寺庙等，将之复兴为适应现代生活的宜人的社会交往场所，由

2004年4月2日，在北京崇文区花市上头条，一位老人站在自己的私宅门前张望。在房地产开发中，他所在的社区正在拆迁，他的家已被列入拆除名单　王军摄

此带动当地的不动产升值，只要一出手就能卖出好价钱，房屋的市场流通就可以加速，质量也就能得到保证。

总结历史经验，不难得出这样的认识：住宅权利之稳定，实乃住宅生命之"源"；住宅市场之公正，实乃住宅生命之"流"。一个城市欲"源远流长"，此道不可偏废。

2005 年 11 月

文保区之惑

"这明明是我的家，可为什么连一声招呼都不打，就把我的家卖给了开发商呢？"

2007 年 5 月，在文保区内的东四八条，一个房地产开发项目引来社会热议。经北京市东城区有关部门"澄清"，人们才知道原来在保护区之内，还有一个可以"新建或改建"的范围，而这个房地产项目实施的正是这样一个"保护规划"。

北京市东城区文保所负责人公开表示了对这一项目的支持，认为这是"保护性建设"。开发商提供的佐证是，设计方案"不仅完整保留了东四八条、九条原有的胡同尺度和格局，在建筑形式、色彩选择、材料运用等方面也完全与周边的老建筑融合"。

这类"保护性建设"2002 年曾在北京南池子历史文化保护区内上演，其具体做法是引入房地产开发机制，一次性完成大规模拆迁，修建仿古式商品住宅或商业用房。

2003 年 10 月，多位院士、文物保护专家联名上书，对南池子工程提出质疑，认为历史文化保护区应该保持其历史的真实性和完整性，如果将南池子的做法推广到整个古城区，就是拆掉了一个真实的老古城，新建了一个模拟的仿古城，后果是严重的。

他们建议不要把南池子模式作为推广的典型。可眼下，在东四八条，发生在历史文化保护区内的工程，仍未走出南池子的影子。

与保护相反的逻辑

在这些院士和专家看来，以房地产开发方式推行"保护"只会南辕北辙。房地产开发尽管以"恢复历史风貌"为名，可结果却是徒有虚假的"风貌"而无真实的历史。

按照目前的房地产开发程序，必须先进行土地整理，完成居民搬迁，

2007年10月，北京菜市口北大吉巷鸣春社旧址南墙上的拆迁标语："危改项目等于公益事业，等于征收土地！"鸣春社是京剧艺术家李万春在民国年间创办的科班名称　王军摄

再以"招拍挂"方式出让土地，进行商品房建设。在积淀着大量物质遗产和民俗文化的历史文化保护区，以这种方式进行"保护"，其情形可想而知。

在城市建成区内，这样的开发程序之所以能够推行，与房屋拆迁的强制力相关。《土地管理法》第五十八条规定，"为公共利益需要使用土地的"，或"为实施城市规划进行旧城区改建，需要调整使用土地的"，即可收回国有土地使用权。

将以上两种情况并列，表明"为实施城市规划进行旧城区改建，需要调整使用土地的"不是"为公共利益需要使用土地的"。这样，收回国有土地使用权的行为就可以在更大范围内发生。

旧城内的许多房屋是在新中国成立初期经过公逆产清管之后被确权保护的私有房地产。1982年《宪法》规定"城市的土地属于国家所有"之后，私有房屋的土地使用权并未灭失。

1990年国家土地管理局致函最高人民法院民事审判庭："我国1982年宪法规定城市土地归国家所有后，公民对原属自己所有的城市土地应该自然享有使用权。"

1995年国家土地管理局在《确定土地所有权和使用权的若干规定》中指出："土地公有制之前，通过购买房屋或土地及租赁土地方式使用私有的土地，土地转为国有后迄今仍继续使用的，可确定现使用者国有土地使用权。"

2001 年《城市房屋拆迁管理条例》规定申请领取房屋拆迁许可证须提交"国有土地使用权批准文件",《北京市城市房屋拆迁管理办法》将此条的"国有土地使用权批准文件",更改为"国有土地使用批准文件"。

在对旧有私房使用的国有土地未进行全面的登记、发证、确权的情况下,北京市有关部门认为:"现城市私有房屋所有人拥有的国有土地使用权不是通过出让（即有偿、有期限）方式取得,当属国家无偿划拨,当城市建设需要时,国家有权对上述国有土地使用权无偿收回。"

1995 年北京市高级人民法院规定,对房屋拆迁主管部门就拆迁人、拆迁范围、搬迁期限等内容作出的拆迁公告不服而提起诉讼的,不予受理。

这样,对旧有私房的国有土地使用权不予确权、不予补偿,即进行拆迁,产权人的法律诉求不予受理,城市改造的步伐大大加快。

当这一程序在 2002 年进入北京市的第一个"历史文化保护区修缮改建试点项目"——南池子工程之后,保护区内的 240 个院落,只有少数得以留存,原住民被大量迁走,他们所代表的市井文化也随之无存。

基于财产权的政策

对历史文化保护区内房屋的修缮和改建,北京市政府曾于 2001 年 11 月 19 日出台试行办法,提出"要充分动员房屋产权人和承租人参与修缮和改建","修缮、改建的原则是保护为主","按院落确定修缮、改建或拆除方案","居民应按规划要求拆除院落内的违章建筑,对住房进行修缮或改建","在改建房屋时,应优先保证没有厨房、卫生间的住户建设厨房、卫生间"。

2002 年 2 月,《北京旧城历史文化保护区保护和控制范围规划》提出,历史文化保护区的保护要采取"微循环式"的改造模式,循序渐进、逐步改善。同年 9 月,《北京历史文化名城保护规划》提出,采取渐进的保护与更新的方式,以"院落"为单位逐步更新危房,维持原有街区的传统风貌。

按照以上政策法规,对历史文化保护区的保护应以居民为实施主体,以院落为单位进行,重点拆除违章建筑,改善市政设施。

房屋的财产权问题开始进入决策者视野。北京市 2003 年大力腾退因"文革"而遗留的标准租私房,2004年出台《关于鼓励单位和个人购买北京旧城历史文化保护区四合院等房屋的试行规定》,此后又草拟《北京旧城四合院交易管理办法》。一个建立在财产权基础上的市场交易机制呼之欲出。

2005 年国务院批复的《北京城市总体规划（2004 年至 2020 年）》提出:"坚持对旧城的整体保护","推动房屋产权制度改革,明确房屋产权,鼓励居民按保护规划实施自我改造更新,成为房屋修缮保护的主体"，"积极探索适合旧城保护和复兴的危房改造模式，停止大拆大建"。

至此，以居民为主体、以院落为单位、以财产权为基础、以市场为机制的旧城整体保护政策，清晰可见。

修复自我生长的机制

吴良镛院士近期发布的报告显示，根据卫星影像图解读，北京旧城传统风貌街区面积只占旧城总面积的四分之一左右。

在所存不多的老城区，拆与保仍在激烈交锋。尽管在历史文化名城的保护方面，北京市的政策、法规已趋于系统，甚至还走在了全国的前面，但老城区仍在"保护"中不断地消逝。

设计了惊世骇俗的中央电视台新址大楼的荷兰建筑师库哈斯，2003年应北京市有关方面邀请提交了一个旧城保护方案。他有一个"惊世骇俗"的观点：有的地方你把它忽略了，它反而留下来了，比如北京的前门地区，这叫"忽略式保护"。

可如今，前门地区已不再被忽略，一个以房地产开发方式推行的规模浩大的"保护工程"正在紧锣密鼓地进行。面对人去房空的建筑躯壳，建筑师试图把它们打扮成过去的模样，可这已不是真实的存在。

历史文化街区有其自我生长的机制：它不是一次性房地产开发的结果，也不是建筑师凭空想象的结果，它是时间与文化的积淀，这样的积淀正是基于财产权与市场的关系，在这样的关系中，生命之花能够相继地绽放，并化作永恒的物质记忆。

而当一个开发商就能够控制一片街区的时候，这样的积淀便不复存在。

北京什刹海的烟袋斜街就是因为找回了自我生长的机制而实现了复兴。2001年在那里施行的保护规划以财产权为基础，政府部门投入不到160万元，改善了市政设施，提高了地段价值，便激活了整个街区。政府做的最重要的工作分文未花，就是宣布这个地方不拆了，于是人们就敢往这里投资了，房屋的交易、租赁及修缮活动随之产生，短短一年时间，一潭死水变得春波荡漾。

东四八条的夏洁女士渴望这样的故事能够在自己的胡同里发生，她好不容易收回了被侵占多年的私房，数次想修却顾虑重重："花这么多钱修好了，万一被拆了怎么办？"

眼下，她的家被划入了房地产开发的拆迁范围，她百思不得其解："这明明是我的家，可为什么连一声招呼都不打，就把我的家卖给了开发商呢？"

2007 年 5 月 31 日

私有四合院的土地财产权

对四合院所有者自然享有的土地使用权不予确权，在收回国有土地使用权时不予补偿的做法，有没有法律依据？

赵女士：

您好！

过去老百姓买四合院，是连房带院儿一起买的。

我查了一下，这类私有四合院的土地财产权状况是：

1. 1950年代初经过公逆产清管，由政府发放房地产所有证，所有权人缴纳城市房地产税。

2. 1982年《宪法》规定城市土地属于国家所有之后，1990年国家土地管理局提出："公民对原属自己所有的城市土地应该自然享有使用权。"文件全文如下：

国家土地管理局关于城市宅基地所有权、使用权等问题的复函

（1990年4月23日

〈1990〉国土（法规）字第13号）

最高人民法院民事审判庭：

你庭（90）民他字第10号函收悉。经研究，提出以下意见，供参考：

一、我国1982年宪法规定城市土地归国家所有后，公民对原属自己所有的城市土地应该自然享有使用权。例如上海市人民政府曾于1984年发布公告，对原属公民所有的土地，经过申报办理土地收归国有的手续，确认其使用权。

二、在城市土地收归国家所有后，国家向原空闲宅基地所有人继续征收的地产税，事实上已属土地使用税性质。作为正式税种，根据国务院发布的《中华人民共和国城镇土地使用税暂行条例》规定，"城镇土地使用税"从1988年开始征收。

附：最高人民法院关于城市宅基地所有权、使用权等问题给国家土地管理局的函

我院在处理城市宅基地使用权纠纷的案件时，遇到涉及城市宅基地所有权、使用权及地产税等问题。因这些问题政策性强，有关规定不够明确，特请贵局对下列问题给予函复。

一、在 1982 年宪法规定"城市的土地属于国家所有"之后，原属公民个人所有、并在其上拥有房产的城市宅基地的所有权是否自然地转变为使用权。

二、经人民政府确权发证，并一直由公民交纳地产税的城市空闲宅基地，在国家宣布城市土地归国家所有后，该公民对该空闲宅基地，是否还享有使用权。

三、在城市土地归国家所有之后，国家仍向该空地的原所有人征收地产税，该地产税是否已属土地使用税性质。公民向国家履行了交纳地产税的义务，是否表明国家承认其对该空地的合法使用权。

3．1995 年《确定土地所有权和使用权的若干规定》(1995 年 3 月 11 日国家土地管理局 [1995] 国土籍字第 26 号发布) 第二十七条规定："土地使用者经国家依法划拨、出让或解放初期接收、沿用，或通过依法转让、继承、接受地上建筑物等方式使用国有土地的，可确定其国有土地使用权。"第二十八条规定："土地公有制之前，通过购买房屋或土地及租赁土地方式使用私有的土地，土地转为国有后迄今仍继续使用的，可确定现使用者国有土地

使用权。"

综上所述，1982 年《宪法》规定城市土地属于国家所有之后，四合院所有者对此前政府发放的房地产所有证中的土地 (含院落)，自然享有使用权，1995 年《确定土地所有权和使用权的若干规定》对此项权利作出了确认。

据《中华人民共和国土地管理法》第五十八条，"为公共利益需要使用土地的"或"为实施城市规划进行旧城区改建，需要调整使用土地的"，

1952 年北京市人民政府税务局房地产税收款书收据

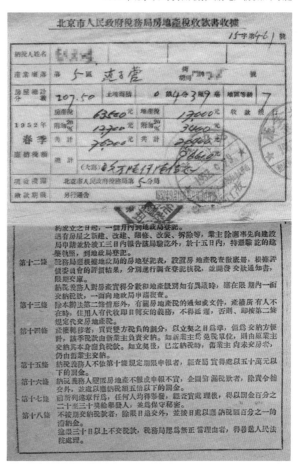

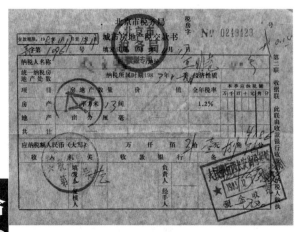

1983年北京市税务局城市房地产税交款书

在收回国有土地使用权时，对土地使用权人应当给予适当补偿。

附带说一句：《土地管理法》第五十八条在"公共利益需要"之外，将"实施城市规划进行旧城区改建"也列为收回国有土地使用权的条件，涉嫌违宪。我去年就此问题写有一则小文刊于《南方周末》，发表时略有删节，原文如下：

《土地管理法》
第五十八条也涉嫌违宪

北京大学五位学者称《城市房屋拆迁条例》涉嫌违宪，建议全国人大常委会修改。笔者在此加上一条：《土地管理法》(2004年8月28日修改并施行)第五十八条也涉嫌违宪，建议全国人大常委会一并修改。

《土地管理法》第五十八条规定了五项可以收回国有土地使用权的情形，包括：(一) 为公共利益需要使用土地的；(二) 为实施城市规划进行旧城区改建，需要调整使用土地的；(三) 土地出让等有偿使用合同约定的使用期限届满，土地使用者未申请续期或者申请续期未获批准的；(四) 因单位撤销、迁移等原因，停止使用原划拨的国有土地的；(五) 公路、铁路、机场、矿场等经核准报废的。并规定：依照第(一)项、第(二)项的规定收回国有土地使用权的，对土地使用权人应当给予适当补偿。

将第(二)项与第(一)项并列，表明"为实施城市规划进行旧城区改建，需要调整使用土地的"，不是"为公共利益需要使用土地的"。即强制性收回国有土地使用权的行为，可以在非公共利益的"实施城市规划进行旧城区改建"的活动中发生。这明显违背《宪法》(2004年3月14日修正)第十三条将征收或者征用公民私有财产的行为，限定于"国家为了公共利益的需要"的规定。

建议将《土地管理法》第五十八条的第(二)项删去；该条第(三)项，也应根据《物权法》(2007年10月1日施行)第一百四十九条关于"住宅建设用地使用权期间届满的，自动续期。非住宅建设用地使用权期间届满后的续期，依照法律规定办理"的规定进行修改。

即便如此，根据《土地管理法》第五十八条的规定，"为实施城市规划进行旧城区改建，需要调整使用土地的"，对土地使用权人也应给予适当补偿。

所以，打着 1982 年《宪法》的旗号，对四合院所有者自然享有的土地使用权不予确权，在收回国有土地使用权时不予补偿的做法，是没有法律依据的。

希望您家的四合院能够获得中国法律的庇护。即颂
大安

王　军

2011 年 1 月 23 日

拆迁条例的"盈利模式"

加快推进的财税体制改革，向修改《拆迁条例》的立法者释放了怎样的信号？地方政府的"土地财政"将因此脱胎换骨吗？

开发商任志强公开表示"没有非公共利益的拆迁行为"，时值成都唐福珍自焚案引发社会舆论对暴力拆迁的猛烈抨击。

2009 年 12 月 24 日，任志强在《南方周末》上发表言论："所有的都是公共利益。土地收益是公共利益，实现城市规划是公共利益，商业服务是公共利益，解决就业是公共利益，提供税收是公共利益，危房改造是公共利益……因此，没有非公共利益的拆迁行为。立法中不应再分歧，否则又是废物法律。"

任志强所说的"立法"，是指国务院法制办正在进行的《城市房屋拆迁管理条例》(下称《拆迁条例》)修改工作。

2009 年 12 月 16 日，北京金台饭店，四个小时的闭门会议之后，国务院法制办副主任郜风涛向等候在外的媒体通报《拆迁条例》修改专家研讨会的情况，确认《征收与拆迁补偿条例》颁布实施之后，《拆迁条例》将同时废除，整个拆迁的思路将发生"根本性变化"。

国务院法制办的另一位官员透露，条例草案针对的是国有土地，这意味着包括唐福珍案在内的农村集体土地拆迁问题难以被新法规涵盖。

"遇到的阻力也很大，尤其是来自于地方政府的压力。"走出会场的北京大学法学院教授王锡锌向媒体发表评论，"因为修改《拆迁条例》直接牵涉到地方土地财政的利益，而且，现在许多地方政府在城市发展中将许多市政项目交付商业开发，这也是地方政府阻力的一个重要因素。"

他认为："公共利益如何界定是最棘手的问题之一。草案中已经尝试对政府关于公共利益的征收进行了界定，也采用了大量描述，但仍然过于模糊。比如草案规定'危旧房改造'

属于公共利益，但是什么样的房子算是旧房子？住了两三年的房子也可以称为旧房子。这里面就给了地方政府钻空子的空间，比如将危旧房改造与地产开发结合起来。"

从王锡锌介绍的情况看，危房改造属于公共利益已在条例草案中得到表述，并在闭门会议上引来不同意见。

公共利益玄机

2009年11月13日，成都金牛区天回镇，47岁的唐福珍站在自家楼顶平台上，往身上倾倒汽油。她脚下的三层小楼，被官方认定为违法建筑。

事后，据唐福珍的亲属介绍，这天凌晨5时左右，大批拆迁人员赶到楼下，将整个楼围住并开始砸门冲进楼里。相持近三个小时后，唐福珍将自己点燃，16天后不治身亡。

金牛区政府将此事件定性为"暴力阻挠依法拆违"，同时承认在唐福珍往自己身上倾倒汽油直至引燃的过程中，"现场指挥的有关人员判断不当、处置不力"。

12月2日晚，中央电视台"新闻1+1"节目播出唐福珍自焚的手机视频。作为这期节目的特约评论员，王锡锌以悲痛的口气说："浇汽油到最后点燃有十分钟的时间，这十分钟里面的确可以做很多"，"拆迁这样一种行为，即便是依法，如果说，与一条生命来进行比较的时候，我认为毫无疑问，应当要优先考虑生命权"。

他对《拆迁条例》提出批评："它引入了拆迁人、被拆迁人和政府这三方关系。从这个意义上来说，拆迁人为了自己的利益，政府是为了公众利益，但拆迁人可能不一定是为了公众的利益，他可能为了自己的利益，可能会强行用各种方式来拆迁。所以，与这一个《城市房屋拆迁管理条例》相比，《物权法》可能显得软弱无力，成为'无权法'。"

12月7日，王锡锌与北京大学法学院同仁沈岿、陈端洪、钱明星、姜明安，联名向全国人民代表大会常务委员会提出对《拆迁条例》进行审查的建议，认为该条例与《宪法》《物权法》《房地产管理法》关于保护公民房屋及其他不动产的原则和具体规定存在抵触，这导致了城市发展与私有财产权保护两者间关系的扭曲。

五位学者的建议全文公布在人民网上，掀起又一轮舆论风暴。随即消息传出：国务院拟修改《拆迁条例》，已启动立法调研。

在各大媒体和网站围绕《拆迁条例》修改展开的讨论中，公共利益如何界定，成为热门话题。

"任志强表示所有的拆迁都是为公共利益，简直是荒诞到不值一驳的地步。"多年来为北京古城保护奔走呼号的作家华新民说，"国土资源部在2001年有一个划拨土地的目录，我们可以上网查一下，这个目录实际上已经非常清楚地把公共利益项目列出来了，不用再去讨论了。"

2001年10月，国土资源部发布

2007 年 11 月，在大规模拆迁中，北京菜市口米市胡同的一处私宅标牌　王军摄

《划拨用地目录》，规定了可以划拨方式提供土地使用权的建设项目，包括党政机关和人民团体用地、军事用地、城市基础设施用地、非营利性邮政设施用地、非营利性教育设施用地、公益性科研机构用地、非营利性体育设施用地、非营利性公共文化设施用地、非营利性医疗卫生设施用地、非营利性社会福利设施用地、石油天然气设施用地、煤炭设施用地、电力设施用地、水利设施用地、铁路交通设施用地、公路交通设施用地、水路交通设施用地、民用机场设施用地、特殊用地，共 19 类 121 项。

"《划拨用地目录》全面、清晰地涵盖了符合公共利益的事项。"旅日城市问题专家、早稻田大学特别研究员姚远认为，"可以《划拨用地目录》为基础制定《公益性用地目录》，加快界定公益性和经营性建设用地。"

他同时表示，这将对现行的土地批租制度带来一个根本性的改变，如果经营性建设用地不被列入公共利益范畴，按照《宪法》规定，政府部门就不能在这类用途的土地出让中行使征收或征用权，地方政府可能就无地可卖了。

央地博弈

1988 年，《宪法》修正案第二条

186

获全国人大通过，规定"土地的使用权可以依照法律的规定转让"。这之后，地方政府与中央政府围绕土地使用收益展开了博弈。

1989 年，财政部颁发《国有土地使用权有偿收入管理暂行实施办法》，规定城市土地出让收益的 20% 留给地方政府，用作城市建设和土地开发费用，其余 80% 按四六分成，中央政府占 40%，地方政府占 60%。

"中央政府共可获得出让收入的 32%，地方政府共可获得出让收入的 68%。然而地方政府对此持消极态度，期望所有的出让收益都留归地方。"国务院发展研究中心"中国城市化进程与政策"课题组在一份研究报告中写道。

中央政府不久作出"巨大让步"。财政部规定，将中央财政从土地使用权出让中分得的部分，对不同城市按 85% 至 99% 的比例返还给城市政府，返还期为两年。

"尽管如此，地方政府仍采用各种对策以减少中央财政的分成。"前述研究报告称，"主要策略有：一是继续强化实物地租形式，即降低土地出让金标准，代之以要求开发商出资进行基础设施等的配套建设，以尽量使'肥水不外流'；二是转换概念，化整为零，将土地出让收益分成多个部分，其中用于和中央分成的部分作为土地使用权出让金，其余部分则为土地开发费和各种配套费；三是设法使土地出让收入隐形化，如瞒报和少报等；四是'优惠'地价引资，以损

失土地收益的代价获取政绩；五是随意下放土地审批权，激励下级政府层层截留土地收益。"

1994 年，中央政府实行分税制改革，大幅度提高中央财政收入占全国财政收入的比重。与此同时，将城市土地收益全部列入地方财政收入。

在财权层层向上集中，事权层层向下转移的制度框架内，地方政府对"土地财政"的欲望日益膨胀。国务院发展研究中心农村部研究员刘守英在对浙江省一些地区的调查中发现，地方政府热衷城市扩张的一个主要原因是：它可以使地方政府财政税收最大化。发达地区政府财政的基本格局是：预算内靠城市扩张带来的产业税收效应，预算外靠土地出让收入。城市扩张主要依托于与土地紧密相关的建筑业和房地产业的发展。土地的出让收入及以土地抵押的银行贷款，成为城市和其他基础设施投资的主要资金来源。

"1998 年至今，绍兴县和义乌市分别作了 3 次城市规划修编，将城市规划面积分别扩大了 30 至 40 平方公里。"2005 年，刘守英在向"健康城市化与城市土地利用"研讨会提交的一篇论文中称，"在绍兴、金华和义乌，去除难以准确统计的土地收费，土地直接税收及由城市扩张带来的间接税收就占地方预算内收入的 40%，而出让金净收入占预算外收入的 60% 左右。几项加总，从土地上产生的收入就占到地方财政收入的一半以上，

发达地区的地方财政成为名副其实的'土地财政'。"

在中国现行土地管理制度下，农村集体土地只有被征收为国有土地之后，才能用于非农建设。如规定经营性建设用地不属于公共利益事项，政府部门不能为此征收农地，"土地财政"就有"断炊"之虞。

拆迁经济

《拆迁条例》适用于城市不动产的征收，它使拆迁人获得强势地位。

条例规定，拆迁人与被拆迁人或者拆迁人、被拆迁人与房屋承租人达不成拆迁补偿安置协议的，经当事人申请，由房屋拆迁管理部门裁决。当事人对裁决不服的，可向人民法院起诉；拆迁人依照条例规定已对被拆迁人给予货币补偿或者提供拆迁安置用房、周转用房的，诉讼期间不停止拆迁的执行。

现行《拆迁条例》是 2001 年国务院对 1991 年版《拆迁条例》进行修订后颁布的，这之前的 2000 年，《立法法》第八条规定，对非国有财产的征收只能制定法律。

"国务院这个（条例）不是法律，国务院制定的东西只能叫行政法规，法律只能是全国人大或者其常委会制定的。"北京华一律师事务所合伙人夏霖，2009 年 12 月 30 日在搜狐网"拆迁条例修改研讨会"上发表评论，"2000 年刚刚出台《立法法》，刚刚

宣布征收非国有财产用法律来设定，2001 年马上又出台一个《拆迁条例》，是直接违法的。"

2002 年 1 月 20 日，北京宣武区宣武门外大街被数百人围堵，他们是新版《拆迁条例》试水后波及的第一批北京市民。这些被拆迁居民对新条例表示不满："只补十来万块钱，我们能搬到哪里？"

新条例抹去了旧条例按户口因素作为确定安置面积的标准、对房屋使用人进行实物安置的内容，而是根据被拆迁房屋的区位、用途、建筑面积，通过房地产价格评估确定货币补偿金额。这样，备受开发商诟病的被安置人因对安置房屋地点等条件不满，迟迟不搬迁，影响拆迁进度的情况就很难发生，被拆迁居民拿钱走人，被直接推向市场。

许多居民住宅面积小，获得的补偿也少，一旦被拆迁，就不得不负债

购房——围堵宣武门外大街的被拆迁居民多属这种情况。

对此，北京市宣武区政府的一位负责人表示："居民对新政策还有一个逐步理解和接受的过程，居民住房条件的改善也有一个过程，不是靠一次拆迁就能够完全实现的。"

行政强制力与低成本的货币补偿配合，使推土机开得更加畅快。拆迁致贫、拆迁致死等恶性事件在一些地方被不断制造出来，同时，拆迁也制造了极为可观的 GDP 与"土地财政"。其背后，是社会财富的大规模转移——由弱者向强者集中。

垄断一级市场

《城市房地产管理法》第八条规定："城市规划区内的集体所有的土地，经依法征用转为国有土地后，该幅国有土地的使用权方可有偿出让。"

"这种政府对土地的垄断使得土地资产收益向地方政府转移，集体土地产权人失去了分享土地资产增值的机会。"国务院发展研究中心课题组对该条法律评价说，"政府以'公共利益'的名义，通过垄断一级土地市场，付给农民的征地补偿费低于土地市场价格，产生一个土地价格'剪刀差'（市场价格－征地补偿费），成为政府的收益，同时也造成失地农民的利益损失。"

2001 年，国务院发布《关于加强国有土地资产管理的通知》，要求增强政府对土地市场的调控能力，有条件的地方政府要对建设用地试行收购储备制度，市、县人民政府可划出部分土地收益用于收购土地，金融机构要依法提供信贷支持。

2003 年 3 月，北京崇文区花市拆迁现场　王军摄

这之后，土地储备中心在各地纷纷建立，它扮演着双重角色：一是经过政府授权行使政府职能。如代表政府制定土地收购储备计划，并依据土地利用总体规划和城市规划收购存量土地以及新增建设用地；二是根据市场行情从事企业经营活动。如根据土地市场需求适时收购、储备、出让土地，以及按企业的运作方式筹集和管理土地收购储备资金等。

"政府应以追求社会公平、实现经济效益、社会效益和生态效益的有机统一及综合效益最大化为目标，而市场以提高资源配置效率、追求利润最大化为目标。土地储备机构很难同时扮演好这两种角色。"国务院发展研究中心课题组认为，"许多地方政府为实现土地增值收益的最大化，

采用'饥饿'方法限量供应土地，人为制造卖方市场，致使地价飙升。全国绝大部分地方土地储备机构为了获取较大收益，大部分只收购级差地租高、增值潜力大的城市存量土地。土地储备中心这种矛盾的职责定位导致国有土地资产管理与运营难以健康发展，也对土地储备的进一步发展带来了困扰。"

课题组还指出，"更有甚者，很多地方政府制定规章作为拆迁的依据"，"设置了很多侵犯被拆迁人权益的条文，严重损害了被拆迁人的利益，破坏了国家法制的统一"。

从地方政府的角度来看，由于尚未开征统一的不动产税，政府部门提供公共服务虽然推动了城市及其周边不动产的增值，却无法在不动产的保

2003 年 2 月，北京大北窑一带的住宅区因国贸三期建设被大规模拆除　王军摄

有环节中分享增值收益，唯一的回收方式就是低价征收土地，再将其高价出让。

"凭什么给城中村的那些人市场价补偿呢？他们建房出租，或搞其他经营，沾城市的光，早就是大富豪了！"一位在发达城市任职的官员说。

类似的观点，甚至被誉为"最有良心经济学家"的吴敬琏提起。2007年3月，参加全国"两会"的吴敬琏在全国政协经济组的小组讨论中，提出城市拆迁不应按市场价补偿，可以对买进价和卖出价开征资本利得税。理由是：城市化是全民的成果，其利益不应该完全给房主，应建立城市化基金，将这些收益按照一定的规定来分配。

"我们这里的拆迁，是市场价吗？"当时在距"两会"会场不远的前门拆迁区，被拆迁居民赵勇对吴敬琏的观点表示不解，"每平方米只给我们拆迁补偿8020元，可附近比我们这个地段次的普通商品房，售价都接近两万块钱一平方米了。我们这些老百姓，有多少人是靠拆迁发财的？事实上，现在的拆迁，搞得我们连落脚的地方都没有了。"

契约城市

如果开征了不动产税，城中村或近郊农村的不动产拥有者，就可以选择向城市政府缴纳不动产税而加入城市，并分享公共服务带来的土地增值收益。

城市内的不动产拥有者，也因缴纳了不动产税，有权分享土地增值收益，在因公共利益而导致的不动产征收中，获得相当于甚至高于市场价格的补偿。

这样，城市化就不必过多地动用国家强制力，而能够以契约的方式来实现，也更有利于社会财富的均衡分配。

目前中国房地产税制政策基本上是不卖不税，不租不税，一旦租售，则数税并课，造成房地产保有环节税负畸轻而流转环节税负畸重。

国务院发展研究中心课题组指出，对土地而言，取得环节的耕地占用税和使用环节的城镇土地使用税税额标准均较低，起不到调节土地级差收益，促进高效、集约用地的作用；对房产而言，保有环节的房产税对所有非营业用房一律免税，起不到作为财产税对收入分配进行调节的作用。而在房地产的流转环节，除了税费种类繁多以外，土地增值税的税率高达30%至60%，若再加上5%的营业税和33%的企业所得税，企业的实际平均税负水平达到40%以上，高于世界多数国家和地区的水平。

2003年10月，中共十六届三中全会通过《中共中央关于完善社会主义市场经济体制若干问题的决定》，确定"实施城镇建设税费改革，条件具备时对不动产开征统一规范的物业税，相应取消有关收费"。

2009 年 5 月，《国务院批转发展改革委关于 2009 年深化经济体制改革工作意见的通知》提出，加快推进财税体制改革，建立有利于科学发展的财税体制，由财政部、税务总局、发展改革委、住房城乡建设部负责深化房地产税制改革，研究开征物业税。

新年伊始，消息传出：2010 年税务部门将在全国范围内开展房地产模拟评税，物业税"空转"工作在部分地区试点了 6 年多之后，将推广至全国。

物业税一词源自香港。香港的物业税是指对不动产出租收入所征收的税，是一种所得税。而在中国内地的税制改革中，物业税实际上是指对不动产征收的一种财产税性质的税，即市场经济国家广泛采用的不动产税。

物业税一旦开征，将对中国社会带来怎样的影响？地方政府的"土地财政"将因此脱胎换骨吗？加快推进的财税体制改革，向修改《拆迁条例》的立法者释放了怎样的信号？

2010 年 1 月 6 日

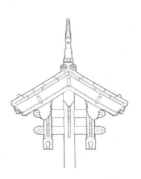

《清明上河图》与不动产税

中国政府酝酿开征"统一规范的物业税"，即不动产税。这个税将如何计征？它将对城市形态带来怎样的影响？这是一场穿透千年历史的大戏。

城郭之赋的原理

一位网友对清院本《清明上河图》进行了"再加工"，将其中的商贩、行人悉数抹去，题名《城管来了》，在 2009 年的互联网上风靡一时。

"对城管的讨伐之声从来没有停止过，但是暴力执法事件也从来没有停止过，"一家媒体就此评论，"无奈之余，一种新的民意表达方式开始出现，那就是'调侃'。"

自张择端（1085～1145）向宋徽宗（1082～1135）呈献歌颂太平盛世的汴京（今开封）市井长卷——《清明上河图》之后，历朝仿本不断，其中最著名的就是乾隆元年由五位宫廷画师合作完成的清院本《清明上河图》。张择端的《清明上河图》之所以传世，不仅仅在于其艺术价值，更在于它记录了一场发生在北宋的中国古代城市革命——拆除坊墙，沿街兴办商业，

变封闭的里坊制为开放的街巷制。

北宋之前的中国城市，是没有

张择端《清明上河图》显示的坊墙倒掉之后汴京的街市面貌

汴京这般市井繁华的。以唐代长安为例，步入城内，所见皆坊墙（如同今日住宅小区之围墙）；沿街禁设商业，要买东西就去东市或西市（如同今日之大型购物中心）；各坊皆设坊门（如同今日小区之大门），朝启夕闭。坊门闭后不归，属违禁夜行，是为犯夜。

自战国始，中国的城市就是坊墙林立的形态，在这样的环境里，犯夜者无处藏匿。蹇图被曹操（155～220）棍杀，罪名即"犯夜"。难怪杜甫（712～770）在长安城与右金吾大将军李嗣业举杯痛饮之后，脑子里就是"醉归应犯夜，可怕李金吾"了。还好，他终没有成为那个年代的孙志刚。❶

北宋破墙开店之后，土地的商业价值显现，一个重要的税种开始流行，它就是由宅税和地税两项组成的"城郭之赋"。其中，地税是政府对城郭之内除了官地之外的地产，无论是屋舍地基、空闲地段，还是菜圃园地等征取的赋税；宅税，又称屋税，为城郭之赋的正项，是政府对民间在城郭之内的房产征取的赋税。宅税以间为单位征取，并按照房产坐落地段的冲要、闲慢、出赁所获房租的多少确定不同的等级。

城郭之赋将宅税与地税分开计征，颇似今日市场经济国家之不动产税（Property Tax）。后者的原理是：只要政府不断提供公共服务，土地就会不断升值；房屋则不然，它因建筑材料的老化而折旧；房屋盖得越多，业主获利越大，也应多承担义务。因此，宜将房屋和土地分开计税。

有了城郭之赋，宋徽宗就不会把汴京"城管"了。因为，清除沿街商业，就会让土地贬值，祸及城郭之赋税基。强行将坊（居住区）市（商业区）分开，设立坊墙，会降低城市经济的发育能力。所以，晚唐，在商业大都会扬州，改革市制的呼声高涨，甚至出现"十里长街市井连"（张祜诗）、"夜市千灯照碧云"（王建诗）的街市景象，这为北宋推行坊市合一的改革埋下伏笔。及至南宋，"小楼一夜听春雨，深巷明朝卖杏花"（陆游诗）成为临安（今杭州）市井的生动写照。

如今，在院墙圈围、坊市隔离的住宅小区，"深巷明朝卖杏花"的诗意生活不再。"城管"因此而背负骂名有些冤枉——他们不过是规划师盲目向西方学习的"替罪羊"。为迎合小汽车交通，西方的一些城市扩大街坊，设立门禁社区（Gated Community），多在郊外分布。可中国的规划师一股脑儿把它们搬到了市中心，竟使城市形态"回到"北宋之前。

"你们为什么把门禁社区建到城市内部呢？" 2008 年我在华盛顿大学演讲，一位听者提问。我答："这跟不动产税的缺失有关。"

拾年

重建契约

---

❶ 2003 年 3 月 17 日晚上，在广州某公司任职的湖北青年孙志刚出门上网，因未办理暂住证，也没有带身份证，被警察送至广州市"三无"人员收容遣送中转站收容。次日，孙志刚被收容站送往一家收容人员救治站，在这里，孙志刚受到工作人员以及其他收容人员的野蛮殴打，于 3 月 20 日死于这家收容人员救治站。这一事件经媒体披露，引发社会舆论强烈谴责。同年 6 月，《城市生活无着的流浪乞讨人员救助管理办法》出台，《城市流浪乞讨人员收容遣送办法》废止。——笔者注

1951 年，中国政府向私有不动产开征城市房地产税，其原理与城郭之赋相似。可后来，私有房地产被不断"国有化"，新建公房不在征税之列，城市财政出现短缺，公共服务便由各个单位供应，即"单位办社会"。这时，大院派上了用场。

1982 年，《宪法》规定城市土地属于国家所有之后，统一的城市房地产税不复存在（仅向外商投资企业征收），公共服务设施由开发商在小区配套中完成，即"开发商办社会"。这时，大院仍有用场。

再推行分等级的道路规划标准，城市里最具商业价值的临街地段被围墙"垄断"，最能提供简单就业机会的空间大大缩减——中国第三产业所占经济比重，长年徘徊在 40% 左右，

远远低于 60% 多的世界平均水平，便与此相关。

在这种情况下，中国政府酝酿开征"统一规范的物业税"，即不动产税。这个税将如何计征？它将对城市形态带来怎样的影响？这是一场穿透千年历史的大戏，值得期待。

2010 年 1 月 31 日

"有偿有限期"难题

我的一位朋友从外地到北京工作，欲在市区买一套公寓，签合同时发现，这套不太新的房子，已折失不少年的土地使用权。"按理说，它应该更便宜才对，"我的朋友心生不解，

1950 年代开始，大院与围墙又在中国的城市流行。图为位于北京百万庄的建设部大院　王军摄

"可价格不降反升！"

此番心理落差与当下的土地制度相关。1982年《宪法》规定"城市的土地属于国家所有"，在法律层面上终结了中国长达两千多年的官有与民有并存的混合土地所有制。1988年，《宪法》修正案规定"土地的使用权可以依照法律的规定转让"。1990年，《城镇国有土地使用权出让和转让暂行条例》规定了不同用途土地使用权出让的最高年限：居住用地七十年；工业用地五十年；教育、科技、文化、卫生、体育用地五十年；商业、旅游、娱乐用地四十年；综合或者其他用地五十年。

这样，中国的购房者买到手里的是两样东西，一是国有土地上的房屋所有权，二是附生于国有土地的土地使用权。它们均是可以转让的财产权，但其价值随着时间的推移而缩减——前者因建筑材料的老化而折旧，这是自然规律；后者因出让年限的到来而归零，这是制度使然。显然，我的朋友对这一计价规则是敏感的。

问题并没有到此结束，因为物业税可能开征的消息传来，在上述计价规则下，物业税的税基——不动产的市值该如何计算？

收缴物业税的理由是，不动产的价值积淀着政府的公共服务投入，公共服务越充足，不动产的价值就越高，不动产所有者理应为此付费。所以，以市值为税基、按固定税率缴纳物业税，是不动产所有者购买公共服务、

在北京的一处住宅小区，最具商业价值、本该供应大量简单就业机会的临街地段，被带刺儿的围栏占据。此类情况在中国的城市比比皆是　王军摄

分享其外溢价值的公平方式。

可是，从欧美舶来的这套理论，如何与中国的土地制度对接？必须理解，真正积淀着公共服务价值的，不是日益老化的房子，也不是有限期的土地使用权，而是永久性的土地产权。在中国内地城市，永久性土地产权的所有者是国家，我们却很难让国家向自己缴税——实无这个必要，人类也没有这个经验。

"溥天之下，莫非王土"见于《诗经》，它所反映的西周土地国有制，经过春秋战国时期的废井田、开阡陌、民得买卖，寿终正寝。此后虽有"官田"和"私田"之分，但后者的数量远超过前者。土地的私有伴随着土地的税收。据史家考证，为城郭设立的不动产税——城郭之赋，确立当在五代时期，至宋代，它成为国家财税制度的基本内容之一。彼时，已从传统的田赋中独立出来的城郭之赋，按照房产坐落地段的冲要、闲慢、出赁时所得房租钱多少等因素，确定不同等级计征宅税，与物业税按市值计征的原理相似。

宋亡元兴之后，城郭之赋未见记载。及至民国，北洋政府内务部总长兼京都市政公所首任督办朱启钤（1872～1964），徒叹京师内外城私产"仅有间架之数而无地亩之数，故关于土地之登记估价纳税等等皆无从举办"。情况在 1930 年发生变化，国民政府《土地法》提出开征地价税和土地增值税。❶新中国成立后，政府对城市不动产重新登记，发放房地产所有证，1951 年开征城市房地产税，按房地产的区位条件、交易价格等，确定标准房价、标准地价、标准房地价，每年定期按固定税率征收。

1982 年《宪法》规定城市土地属于国家所有之后，统一的城市不动产税不复存在——城市房地产税仅适用于外商投资企业，并于 2009 年停止征收；1986 年开征的房产税，征收范围不包括个人所有非营业用的房产；1988 年开征的城镇土地使用税，是在土地保有环节征收的唯一税种，但税负偏低。

取而代之的是有偿有限期的土地使用制度。在其框架之下，政府对公共服务投入的回收，只能通过土地出让环节一次性完成，"土地财政"弊病迭出。2007 年《物权法》规定"住宅建设用地使用权期间届满的，自动续期"，暗示住宅的土地使用权不再是有限期的产权，似为物业税的开征清除了技术障碍。但是，何为"自动续期"，并无明确解释。

对阶段性土地产权问题的回避，使中国房地产市场的计价规则，除了制度性折旧的正规则，还多出一个投资增值的潜规则。现在，谁都在拿潜规则说事，就连国家统计局也称购房属于投资行为，故不将房价纳入消费物价指数（CPI）范围。但从正规则的角度看，中国的购房者

❶ 原稿称："情况在 1940 年代发生变化，国民政府在土地测量、土地登记的基础上，照估定地价按年征收地价税。"考虑到 1930 年国民政府《土地法》更应被视为标志性事件，故改之。——笔者注

买到的是一个日益折旧的产品，怎能被视为投资呢？

我的那位朋友，就被这正规则与潜规则搅得心烦意乱。他终还是按"市值"付了款，向潜规则低了头——这不是一个由正规则统治的市场，至少在当下。

也许，再过二三十年，随着土地使用年限的逼近，正规则就要显灵了。"管它的呢，以后再说吧。"和大多数购房者一样，我的朋友把这只"皮球"踢给了不可预知的未来。

2010 年 3 月 27 日

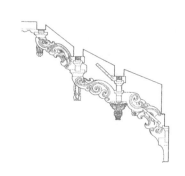

价值观是如此有用

拆迁卖地哪怕激化了社会矛盾、招商引资哪怕带来了环境污染，市长们也甘愿"赴汤蹈火"。这一系列怪现状与城市最为基本的契约——地权与税收相关。

从"开发权转移"说起

很高兴《采访本上的城市》与读者见面了。这本书汇集了我在 2003 年《城记》出版之后的调查成果，与《城记》不同的是，它更多地介入当代的城市问题，试图放宽到世界城市发展的视角，对中国当下的城市化作一番审视。我尽力使这样的审视更加综合一些，不仅仅着眼于城市的物质形态，而是更多地挖掘隐身其后的力量——土地制度、税收制度、法律制度，等等。我认为，这些看似无形的力量实则有形，正是它们改变着、决定着城市的面相。我在美国国家建筑博物馆，看到托马斯·杰斐逊(Thomas Jefferson, 1743 ~ 1826) 1800 年所言，"我站在上帝的祭坛上发誓，与一切强暴人类思想的行为势不两立"，心中难以平静。如此激愤的人权思想，在今天美国的城市形态里却是真实可触。我印象最深的就是"开发权转移"(Transfer of Development Rights)——假设所有土地拥有者都享有同等开发密度的权利，但因公共利益的需要，有的土地被政府指定必须进行低密度开发，这些土地拥有者的权利就受到了限制。怎么办？他们可以将被限制了的权利向外出售，出售给那些被允许进行高密度开发的土地拥有者——后者也只有向前者购买开发权，才能够实现超出同等开发权利的高密度开发。这样的买卖形成了一个市场，支撑其利润空间的正是"人人机会均等"的理念。你看，"自由平等"产出了如此真实的利润，它的生命力是如此强大，它决不仅仅停留在价值观的层面，它还被发展成一门技术——能够平衡社会财富的技术。如果我们掌握了这门技术，《采访本上的城市》所显示的那些在北京故宫周围突破规划限高的开发项目，是不是就可以得到合理

2010年11月，在紫禁城神武门上东望，可见突破规划限高的建筑情形　王军摄

的控制呢？

我不是一个道德评判家，去诅咒故宫边上的那些"混凝土屏障"是容易做到的事情。但我知道，这些超出规划限高的房子自我辩护的说辞是：不如此，经济上便不可行。假设这样的理由成立，可我们为什么看不到，将被规划限高所限制了的开发权向外出售是一种更善的经济呢？当今人类的经济活动，有好几项让我特别感动，像"开发权转移"，让"自由平等"直接产生了利润；像《京都议定书》，为抑制全球变暖规定了发达国家的减排指标，于是，工业化国家之间开始自行买卖温室气体排放权，

"排放贸易"应运而生。如此对权利的买卖，不是对权利的亵渎，而是对权利的礼赞。

让贫苦人有尊严地活着

我在《采访本上的城市》里书写了哥伦比亚首都波哥大的故事，这个有着700万人口的城市，凭借"城市属于人民"的理念，把路权向公共交通倾斜，让80%的人享用80%的道路面积，没花多少钱，就一举解决了看似积重难返的交通堵塞。"城市属于人民"是多么有用啊。

200

同样有用的还包括贫苦人在城市里生存和发展的权利。英国在"二战"之后的经济增长期，大量廉价劳动力进入城市，可他们无钱安居，也没有房贷信用。在这样的情况下，英国政府大规模发展社会住宅，提供廉租住房。到1980年代，在这些劳动力积累了足够的经济实力之后，再将社会住宅私有化，以先租后售的方式，收回了投资。大量从银行借贷的社会住宅投资因此实现了回报，而最大回报的获得者是整个社会。一个人操劳一生能换得一套房产意义重大，这意味着他还能"以房养老"。近年来英国政府再一次推动住房保障建设，伦敦2004年新规划把可负担住宅的2016年理想目标提高到50%，2016年现实目标锁定为35%。能够启动如此大规模的可负担住宅建设，是因为住房保障已不再是政府的财政包袱，相反，它已成为能够产生稳定回报的投资品。你看，让贫苦的人在城市里安居，让他们有尊严地活着，不但能够产生利润，还使城市获得了廉价劳动力的支持，以低成本参与经济竞争，这是多么明智而人性啊。我认为，当今中国最需要的是这样的制度设计。这些年，社会安居困扰着各级政府，住房保障的重要性人人皆知，却难以推动。1998年住房制度改革确定的目标，是建立以经济适用住房为主体的住房供应体系，可是，由于缺乏与

之配套的金融政策，这个目标至今未能实现。2008年3月，住房和城乡建设部成立，住房保障再次被高调提出，但问题依旧——如无良善的金融政策对接，住房保障仍然是水中之月。

以目前的情况来看，把住房保障设计成优质的金融产品并大力发展，可能是中国拉动内需，应对美国次贷危机带来的国际经济困局的最佳路径。中国出现了流动性过剩，银行存差节节攀升，表明中国市场缺乏能够吸纳大量资金并实现稳定回报的投资品。在这样的情况下，把流动性转化为国民福利，以住房保障促进经济增长，以此适应城市化的快速发展，满足农村劳动力转移之需，推动经济发展的效率与公平，应该尽快作为一项

国家战略进入决策层视野。

期待更为理想的契约

在《采访本上的城市》里，我对中国目前的土地及税收政策进行了调查，看到了中国城市存在的一个基本矛盾：公共财政不善，公共服务的投入无法得到正常的回报。比如，现在大家都爱谈房价，那么，是什么构成了真实的住房价值呢？显然，住房的价值不只是砖头瓦块值多少钱，区位是决定住房价值的重要因素。公共服务的质量决定着区位的价值，哪里的公共服务投入越充足，哪里的住房就越值钱。公共服务的投入不会灭失，

2002年12月27日，北京东城区新鲜胡同拆迁现场。在大规模改造中，老年人失去原有的人际关系和生活环境，往往陷入难以适应的境况　王军摄

它积淀在每家每户的不动产价值里，在这个意义上，通过住房买卖就能够直接套现公共服务的投入。所以，按照不动产的市场评估价格，以固定税率征收财产税是必需的，即使居民不把住房作为投资品，他也应该为他享受着的公共服务付费，而财产税就是付费的方式。在美国，财产税是城市政府最主要的税收来源，通常占城市税收的一半以上。由于公共服务能够通过财产税回收，政府自然专注于公共服务的供应。

2007 年 11 月，北京菜市口粉房琉璃街墙上的"拆"字　王军摄

中国在宋代，随着封闭的里坊制被打破，沿街商业出现，城市的土地价值得以显现，专属于城市的财产税——"城郭之赋"便从田赋里分离出来，它按级差征收，与西方国家目前的财产税征收原则基本相似。这样的传统在新中国成立后仍然继续，1951 年开征的城市房地产税便是按级差和固定税率定期征收。随着私有房屋土地的国有化，城市房地产税收入日渐减少；1982 年《宪法》规定城市土地属于国家所有之后，城市房地产税仅适用于外商投资企业；1988 年《宪法》修正案确定"土地的使用权可以依照法律的规定转让"之后，土地批租成为城市政府的一大收入，城市的税收又过度依靠工业方面的税收和营业税收入，再加上分税制利益格局的驱动，拆迁卖地哪怕激化了社会

矛盾、招商引资哪怕带来了环境污染，市长们也甘愿"赴汤蹈火"。

中国城市目前的问题是，政府的公共服务投入虽然使城市的物业得到了增值，其投资却无法从物业的价值中回收，唯一的回收方式就是拆房子、卖地皮。在这样的游戏规则之下，城市失去了稳定，谈文化遗产保护如同隔山打牛。这就是为什么有的官员拼命上有污染的工业项目，即使城市的物业因此而贬值也在所不惜；这就是为什么有的官员把历史文化名城当作地皮拆售，社会舆论再激烈也无所畏惧。这一系列怪现状与城市最为基本的契约——地权与税收相关。很显然，我们需要一份更加理想的契约。

2008 年 7 月 9 日

城市化，从革命走向契约

必须将城市化设计为均衡社会财富，而不是从弱者向强者转移社会财富的工具。否则，这个社会就会断为两半。

得知《南方都市报》同仁们完成这部关于城中村的书稿时，我刚收到美国城市史学者罗宾·维舍（Robin Visser）的新著《城市包围农村：后社会主义中国的城市美学》（*Cities Surround The Countryside: Urban Aesthetics in Postsocialist China*），这个书名让我浮想联翩。

六十多年前，一场"农村包围城市"的革命，导致了中国的政权更迭，在中国人的心灵深处留下巨大投影，至今不灭。1978年中国改革开放之后，另一场"城市包围农村"的革命，激起人类最大规模的城市化，它与工业化联手，将中国送入经济持续增长的快车道，创造了让局内局外诸多人士一时难以说清的"中国奇迹"。

虽然以"城市包围农村"来描述迄今城市化率尚不足50%的偌大中国，有言过其实之嫌，但其内在意义是准确的，在深圳这类快速成长的城市，它还成为真实的景观。

以上两场革命，如其所名，作用方向相逆：一是农村包围城市，二是城市包围农村；目标完全不同：一是为更迭政权，二是为巩固政权。但它们有一个方面是相通的——都涉及对地权的处分。

在1949年到达高潮的那场革命，以"打土豪、分田地"的方式，对土地所有权进行硬性调整，奠定了革命党的执政基础。这之后，分散在农民手中的土地所有权，经过1950年代的合作社、人民公社运动，被迅速集体化，终在1982年被《宪法》规定为"集体所有"；经公逆产清管得以确权的市民手中的土地所有权，在"文化大革命"期间被强制性充公，终在1982年被《宪法》规定为"国家所有"。

1982年《宪法》终结了中国肇始于春秋晚期的土地私有制，同时在法律层面上终结了有着两千多年历史的与土地私有相伴而生的土地税制。

这之后，空前规模的造城运动在中国上演，其最为重要的政策工具，就是动用国家强制力，以低廉的成本将农村的集体土地征收为城市的国有土地。之所以称其为革命，乃是因为这种征收，也是强制性的硬调整，尽管它与"农村包围城市"时的暴力革命不可同日而语。

以强制性的征收进行土地积累，使城市政府获得巨大利益，也使浩浩荡荡的城市化成为一场"土地盛宴"。当然，这在很大程度上是以被征收者的损失为代价的。

在目前中国内地的法律框架里，对集体土地的征收是按原用途给予补偿的，被征收者未被授予谈判地位，也无法获得相当于市场价值的补偿，分享不到城市化的"红利"。许多被征收者既回不了农村（已是失地农民），又进不了城市（以补偿款难以进城定居），沦为城市化的"弃婴"，并导致"重大群体性事件频发"。

而在城市管理者看来，不给被征收者市场价值的补偿有着充足理由，

2009 年 11 月，艺术家毛同强在北京"墙美术馆"展出他历时三年多时间完成的大型装置作品——《地契》。组成这一作品的地契，共计 1300 余件，皆是在不同时期被废弃的。它们由毛同强从国内各个地区搜集而来，在展厅内呈现出荒漠化的景象，以提醒人们思考每一个家庭——构成社会的最小单位——在历史巨变中的复杂境况　王军摄

因为与城市相邻的集体土地的市场价值，包含着城市基础设施等公共服务投入的外溢价值，村民们并未为此付费，其溢价理应由城市回收。特别是在城中村，一些村民简直是坐享城市之利，甚至通过出租房或"小产权房"直接套现公共服务的溢价，还制造"脏乱差"和"犯罪窝点"等问题。城市政府唯一能够回收公共服务投入的方式就是把这些地方拆掉卖掉，尽管在住房保障严重匮乏的情况下，城中村蓄积着大量廉价劳动力，是孕育和维持城市多样性的"湿地"，但市长们往往忽视这个方面。

也许，为村民们设计一个购买城市公共服务的付费渠道，就可大大缓解上述矛盾。这个付费渠道，即不动产税。有了它，村民们就可以按照固定税率，以其所有的不动产的市场价值为税基，向城市政府缴纳不动产税，以此加入城市成为市民。这样，城市化就以契约的方式推动了。

必须理解，连续不断的土地革命终会让社会付出成本。虽然一些城市考虑到"维稳"等因素，尽力抬高对被征收者的补偿，终不能抵消现行法律法规的负面效应。

这一轮城市化发动以来，城乡二元未获减轻，反而持续加重。农业部部长孙政才 2008 年 8 月在全国人大常委会会议上称，2007 年全国城乡居民人均收入比扩大到了 3.33：1，绝对差距达到 9646 元，这是改革开放以来，城乡居民收入差距最大的一年。

这已为中国社会敲响警钟，也提醒我们，必须将城市化设计为均衡社会财富，而不是从弱者向强者转移社会财富的工具。否则，这个社会就会断为两半。

从革命走向契约，应是中国城市化倾力破解之题，这关系到地权的再造、人格的养成、权利与义务的平衡、公民社会的发育，也关系到一代代中国人如何重估他们先辈的历史，并从中获取健康的力量。

阅读《南方都市报》同仁们的相关报道，我想的最多的就是以上方面。我理解，他们持之以恒的工作，是围绕上述线索展开的。我感谢他们赐予我灵感，并允许我将它写下来作为这部重要著作的导读。

作为一名记者，我向写作这部书稿的朋友们致以崇高的职业敬意。

本文为《未来没有城中村》序，写于 2010 年 8 月 14 日

伍

营城纪事

《城记》的缘起

新中国成立之初，是因为经济上不可行，才放弃了在北京西部近郊建设中央行政区的计划吗？

《城记》出版已有六载。这本书实属偶得。那是在 2001 年 3 月，我应清华大学建筑学院之邀，为纪念梁思成先生诞辰 100 周年赶写一篇论文，没想到一下笔思绪如大江决堤，终将一篇文章写成一本《城记》。

我是记者，白天要跑新闻，写这本书只能利用业余时间。我经常是晚上九十点钟回到家，打开电脑写作，一抬头，天色已亮。我度过了人生最难忘的半年时光，于 2001 年 9 月完成了《城记》初稿。回想起来，那半年可谓"疯狂"。

在这之前的十年时间里，我四处寻找与这本书有关的第一手史料，采访相关当事人，整理他们的口述。日积月累，我的电脑已录入上百万字相关编年史料，还写了数百条读书笔记——我是一个笨拙的人，面对浩如烟海的文献常感力不从心，索性以最笨的方法应对：一是通读，二是做编

年，三是写笔记。这个方法很是"对症"，使我顺利地走出那半年的"疯狂"。

我是学新闻的，1991 年从中国人民大学毕业，到新华社当记者，跑北京城建口。一跑这个口，就知道了梁思成，还知道了陈占祥，他们二位 1950 年 2 月提出的在北京西部近郊月坛以西、公主坟以东的地区，建设中央人民政府行政中心区的建议，即"梁陈方案"，过去了那么多年，还一直被人提起。许多人一说起这个方案就十分激动，为北京的城墙被拆除、旧城没得到完整保存痛心不已。可也有人说，那个时候，新中国刚刚成立，内忧外患，百废待兴，哪有力量在西郊建一个行政中心区呢？

这是持续了半个多世纪的争论，对"梁陈方案"的不同认识，对今天首都的规划建设产生了深刻影响。我感到，必须对当年的情况作一番了解，

否则，就难以做好手中的报道工作。

我注意到，认为"梁陈方案"在经济上不可行，即新中国成立之初国家没有力量建设新的行政中心区的观点，在很长时间，成为否定"梁陈方案"的代表性意见。甚至"梁陈方案"的同情者也认为，这个方案虽有不少合理成分，但在当时的经济条件下是不现实的。❶渐渐地，人们几乎相信这就是盖棺定论了。

有一天，我捧上了《梁思成文集》第四卷，其中收录了梁思成、陈占祥《关于中央人民政府行政中心区位置的建议》。细细读来，疑心陡起：经济上真的不可行吗？

梁思成和陈占祥是怎么说的

请看梁、陈二位的分析：

首先我们试把在城内建造政府办公楼所需费用和在城西月坛与公主坟之间建造政府行政中心所需费用作一个比较：

（一）在城内建造政府办公楼的费用有以下七项：

1. 购买民房地产费。

2. 被迁移居民的迁移费（或为居民方面的负担）。

3. 为被迁移的居民在郊外另建房屋费，或可鼓励合作经营（部分为干部住宅）。

4. 为郊外居民住宅区修筑道路并敷设上下水道及电线费。

5. 拆除购得房屋及清理地址工费及运费。

6. 新办公楼建造费。

7. 植树费。

（二）在城西月坛与公主坟之间建造政府行政中心的费用有以下四项：

1. 修筑道路并敷设上下水道及电线费。

2. 新办公楼建造费。

3. 干部住宅建造费。

4. 植树费。

在以上两项费用的比较表中，第（二）项的1、2、3、4四种费用就是第（一）项中的4、6、3、7四种费用。而在月坛与公主坟之间的地区，目前是农田，民居村落稀少，土改之后，即可将土地保留，收购民房的费用也极少。在城内建造政府办公楼显然是较费事，又费时，更费钱的。❷

彼时，北京旧城之内，除外城南部的坟场、苇塘、坑洼地带，已基本盖满了房子。"梁陈方案"针对的，是苏联专家在1949年底提出的以天安门广场为中心，在长安街沿线建设行政中心区的方案。后者如付诸实施，

---

❶ 刘小石先生所著《历史城市的保护和现代化发展的杰作——重读梁思成先生论城市规划的著作》是少有的"例外"，该文发表于《梁思成学术思想研究论文集》(中国建筑工业出版社，1996年9月第1版，毫不含糊地指出："政府行政中心建在旧城中心，其费用是更为高昂而并非更为经济可行的。"《论文集》第30页) ——笔者注

❷ 梁思成，陈占祥《关于中央人民政府行政中心区位置的建议》，1950年2月，载于《梁思成文集》第四卷，中国建筑工业出版社，1986年9月第1版，第22页。

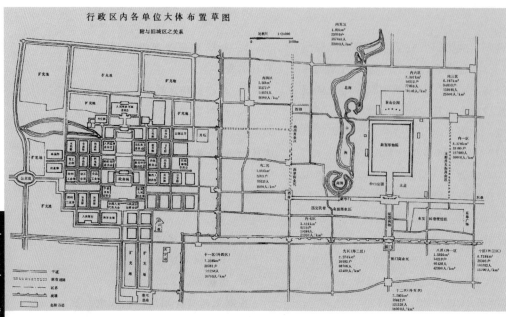

梁思成、陈占祥1950年2月提出的《关于中央人民政府行政中心区位置的建议》
之《行政区内各单位大体布置草图》（来源：《梁思成文集》第四卷，1986年）

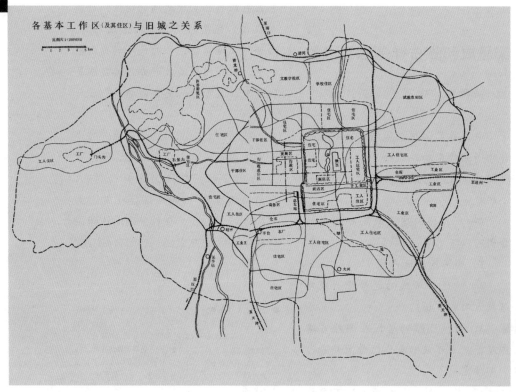

梁思成、陈占祥1950年2月提出的《关于中央人民政府行政中心区位置的建议》之
《各基本工作区（及其住区）与旧城之关系图》（来源：《梁思成文集》第四卷，1986年）

必导致大规模拆房迁民。

梁、陈二位对在旧城内建设行政中心将引发的拆迁问题，作了专门论述：

政府中心地址用地 6.75 平方公里，若要取此面积，则需迁移十八万二千余人，拆房一万二千五百余所或十三万余间（这样计算可能大过于实际要拆改的房屋及内中人口数目）。但无论如何，必是大量人口的迁移。迁移之先，必须设法预先替他们建造房屋，这些房屋事实上只能建在城外，或外城两隅空地上。迁移之后，旧房必须拆除；拆除之后，百万吨上下的废料，必须清理，或加以利用，或运出；地基亦须加以整理，然后可以兴建新房屋。这一切——兴建住宅，迁移，拆房，处理废料，清理地基，都是一步限制着一步，难以避免，极其费时、费事，需要财力的。而且在迁移的期间，许多人的职业与工作不免脱节，尤其是小商店，大多有地方性的"老主顾"，迁移之后，必须相当时间，始能适应新环境。这种办法实在是真正的"劳民伤财"。❶

他们指出在西部近郊建设行政中心区的优点包括：

在空旷的新地址上建造起来，省去建造新房屋，迁移，拆除等等的时间（建新拆旧每所共计至少四个月）与财力，不惊动居民正常生活的安宁，两相比较，利弊很显著。❷

基于以上分析，梁、陈二位提出，"须省事省时，避免劳民伤财"是建设首都行政中心区的重要条件之一，"不必为新建设劳民伤财，迁徙大量居民，拆除大量房屋，增加复杂手续，耽误时间"。❸

改建一两条街怎么这样难

充满戏剧性的是，旨在不劳民伤财的"梁陈方案"，却在日后被指责为劳民伤财。

1996 年，北京市城市规划设计研究院编印该院已故总建筑师陈干的文集，其中即有陈干对"梁陈方案"的评论：

以旧北平市而言，1949 年的国民生产总值只有 3.8 亿元，国民收入仅 1.9 亿元，失业与半失业者超过 30 万人，像龙须沟那样的贫民窟数以十计——那里的居民生活在水深火热之中。如果在这种情况下中央提出来要在那一片空地上大兴土木，建设国家新的行政中心，不但经济上力不从心，政治上亦将丧失民心，所以事情是不能这样做的。❹

❶ 梁思成、陈占祥：《关于中央人民政府行政中心区位置的建议》，1950 年 2 月，载于《梁思成文集》第四卷，中国建筑工业出版社，1986 年 9 月第 1 版，第 27 页。
❷ 同上。
❸ 同上，第 7 ~ 8 页。
❹ 高汉：《云淡碧天如洗——回忆长兄陈干的若干片段》，载于《陈干文集——京华待思录》，北京市城市规划设计研究院编，1996 年，第 224 页。

可略作探究：以当年北京市那样的经济实力，选择在旧城之内的居民区大兴土木，进行大规模拆迁，建设国家新的行政中心，经济上就是可行的吗？

这个疑问在我心中盘桓。我刚到新华社参加工作之时，北京市正在力推十年完成全市危旧房改造的计划，此项工作面临的最大困难，就是在旧城内搞建设，拆迁成本太高。

1997 年，北京市政协向我提供的一项调查显示，旧城区危改的征地拆迁费约占危旧房改造区开发成本的50% 以上。其中，仅拆迁安置用房费用就占 45% 左右；而在新区建设中，征地拆迁补偿仅约占开发成本的14%，要低很多。❶

难道，在 20 世纪 50 年代，情况就是相反的吗？

事实并非如此。1956 年 10 月 10 日，中共北京市委书记彭真在市委常委会上吐露真言：

一直说建筑要集中一些，但结果还是那么分散，这里面有它一定的原因，有一定的困难。城内要盖房子，就得拆迁，盖在城外，这方面的困难会少一些。❷

那时，北京市上报中央的《北京市第一期城市建设计划要点》(下称《要点》)已实施两年。《要点》提出：必须对城区实行重点改建的方针；必须采取坚决措施，坚持由内向外、紧凑发展的方针，逐步扭转分散建筑的局面。

可两年下来，成效不彰。一个重要原因，就是各个单位怕拆迁，不愿进城，而纷纷在城外分散建设。

彭真不满地表示，先改建一两条街的问题，"这个问题过去讲过不止一次，就是没有实现"。❸

1954 年 5 月 6 日制定的《要点》，已估计到计划实施的难度，其陈述的新中国成立后北京城市建设中的"不少缺点"，即包括"在恢复时期为了避免少拆房屋，当时又缺乏总体规划，造成了新建筑十分分散的局面，全市新建的六百七十多万平方公尺的建筑物，约有三分之二是分散在城外广大地区内，城内新建房屋一般也很分散，没有形成一些新的街道和街坊"。❹

1954 年 5 月，北京市建筑事务管理局局长佟铮在华北城市建设座谈会上，介绍新中国成立以来北京的城市建设情况，深为许多单位不愿进城而苦恼。他说："解放以后的新建筑有三分之二建在了郊外，最远的离天安门 16 公里。看来不符合'城市的扩建或改建应由近及远、由内向外的紧凑发展'原则。但当时客观上存

❶ 李坚：《加快北京市的住房商品化进程关键在于理顺北京市商品房价格构成，规范管理手段》，1997 年 8 月 28 日，北京市政协提供。

❷ 彭真：《关于北京的城市规划问题》，1956 年 10 月 10 日，载于《彭真文选》，人民出版社，1991 年 5 月第 1 版，第 311 页。

❸ 同上。

❹《关于改建与扩建北京市规划草案的一些文件》，中共北京市委办公厅印，1954 年 10 月 26 日。

在着不少问题。"❶

佟铮举出的首要问题即"拆房问题":"1952 年国家政务院曾明令公布,要求建设不能影响市民居住。而北京市建筑密度平均为 46%,最高的达 70%。要拆房不可能不影响市民居住。其次是建设单位怕麻烦、怕花钱、怕耽误时间,情愿去郊区建。"❷

同年 10 月 16 日,国家计委就中共北京市委《改建与扩建北京市规划草案的要点》向中央提交的报告中,也有这样的表述:"改建旧城区的主要困难之一,是拆迁与安置居民的问题。旧城内大部分地区建筑密度与人口密度过高。改建时须拆除建筑物与迁移居民的数目很大。据粗略估算,建筑一百万平方公尺的七层楼房,需拆除旧房屋十八万至二十万公尺,迁移居民大约二万至三万人。这不仅要解决迁移居民的居住问题,而且要影响其中许多人的职业问题(如手工业者、商贩等)和生活问题(如子女就业等),这是一个重大的社会问题。所以,以往几年北京市扩建多于改建,是有它的客观原因的。"❸

20 世纪 50 年代,北京的城市建设以较大规模进行。新中国成立以来至 1957 年底,全市新建各类房屋 2100 万平方米,超过了新中国成立前旧城建筑面积的总和。❹

如果改造旧城在经济上是可行的,北京市恐怕已经"从根本上"改变了旧城"古老破旧的面貌",而不必在 1958 年 6 月 23 日写给中央的报告中,再作这番解释:

在 1953 年以前,在国民经济恢复时期,不可能进行有计划的改建,只在一些空地上建了一些新房。从 1954 年起,开始在西长安街、朝阳门大街、宣武区西半部进行重点改建。由于拆房过多,安置居民困难很多,费用也大,从 1956 年下半年起,就基本上停止了改建。有些高等学校和中小型工厂,本来放在城内是合理的,但是要拆大量房子(例如 1952 年至 1953 年间,在西北郊兴建的钢铁、矿业等十个学院,就用地六百多公顷,相当于三十个中山公园,如果拆房修建,就需拆房十八万间左右),只好在城外建设。同时,为了尽量少拆房子,城内改建多是选择房屋密度低、质量差的地段,因而也就形不成比较完整的新街道和住宅区。其结果,虽然解放以来我们盖的新房已经有二千一百万平方公尺,而城内古老破旧的面貌还没有从根本上得到改变。❺

---

❶《1954 年前后的北京建筑管理工作》,载于《党史大事条目》,北京市城市规划管理局、北京市城市规划设计研究院党史征集办公室编,1995 年 12 月第 1 版,第 13 页。

❷ 同上。

❸《国家计委对于北京市委〈关于改建与扩建北京市规划草案〉意见向中央的报告》(摘要),1954 年 10 月 16 日,载于《建国以来的北京城市建设资料》(第一卷 城市规划),北京建设史书编辑委员会编辑部编,1995 年 11 月第 2 版,第 229 页。

❹ 1956 年,北京市规划局《关于城区改建拆房和市民迁居情况的报告》称:"解放前城内原有一千七百五十万平方公尺的房屋。"——笔者注

❺《中共北京市委关于北京城市规划初步方案的报告》,1958 年 6 月 23 日。

《城记》的缘起 | 213

城区改建计划缘何落空

在前述写给中央的报告中，中共北京市委提出一个十年左右完成城区改建的计划：

> 根据中央和主席最近的指示，我们准备从1958年起，有计划地改变这种状况。北京城内80%以上是平房，而且多数年代已久，质量较差，还有相当数量已成为危险建筑，每年都要倒塌几百间以至上千间，比起上海和天津，改建起来是比较容易的。而且从改善城市交通的需要来看，也必须对城区进行改建。我们初步考虑，如果每年拆一百万平方公尺左右旧房，新建二百万平方公尺左右新房，十年左右可以完成城区的改建。❶

北京市随后对旧城改建作详细研究，1958年9月草拟《北京市总体规划说明（草稿）》，提出"故宫要着手改建"、"城墙、坛墙一律拆掉"，对旧城进行"根本性的改造"、"坚决打破旧城市对我们的限制和束缚"。❷

国务院总理周恩来提出不同意见。1960年1月29日，他在听取北京城市规划汇报时表示：故宫保留，保留一点封建的东西给后人看也好。❸

据北京市城市规划设计研究院前副院长董光器回忆，周恩来在1958年北京市总体规划上报前，小范围地听过一次汇报。当听到旧城改建大体需要花费150多亿元时，周恩来说这是整个抗美援朝的花费，代价太高了，"你们这张规划图是一张快意图，我们这个房间就算是快意堂吧！"看到规划方案在中南海西侧副轴终端放了一组大型公共建筑，准备建国务院大楼，周恩来明确表态，在他任总理期

中共北京市委规划小组1953年提出的中央机关所在地（行政中心）位置图（来源：李准，《"行政中心"析》，1995年）

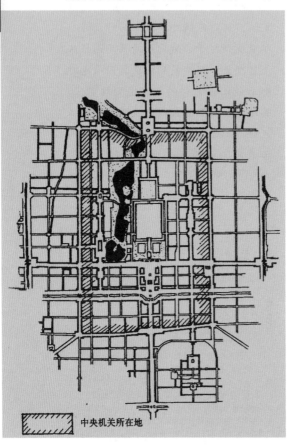

中央机关所在地

---

❶ 《中共北京市委关于北京城市规划初步方案的报告》，1958年6月23日。

❷ 《北京市总体规划说明（草稿）》，1958年9月，载于《建国以来的北京城市建设资料》（第一卷 城市规划），北京建设史书编辑委员会编辑部编，1995年11月第2版，第248～251页。

❸ 《周恩来年谱（1949～1976）》中卷，中共中央文献研究室编，中央文献出版社，1997年5月第1版，第286页。

间，不新建国务院大楼。董光器的感受是："周总理在当时对加快旧城改建持保留态度。"❶

周恩来不支持旧城改建，一个重要原因就是经济上代价太高。后来的情况表明，正是受累于经济因素，十年左右完成旧城改建的计划，在实施中遇到很大困难。虽然 1958 年至 1959 年举全国之力进行的国庆工程加快了北京旧城改建步伐，计划中的国家剧院、科技馆、电影宫也未能完成，国庆十大建筑的内容不得不作出调整。一些民主党派人士对国庆工程提出批评，民革中央委员于学忠（1890 ~ 1964）甚至说，天安门的工程，像秦始皇修万里长城。❷以当时国家的经济实力，确难支撑对北京旧城进行大规模拆除重建的计划。国庆工程结束后，"三年困难"到来，十年左右完成旧城改建的计划被迫搁浅。

1962 年，北京市对新中国成立以来 13 年城市建设进行总结，提及"旧城改建速度缓慢"，仍是"老调重弹"："鉴于旧城空地基本占完，改建将遇到大量拆迁，国家财力有限，改建速度不可能太快。"❸

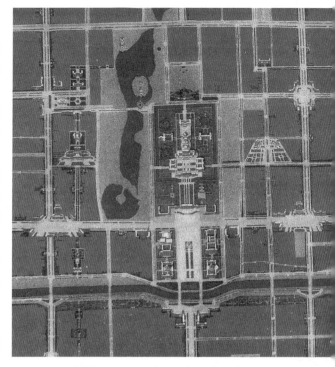

1963 年北京市城市规划管理局提出的《北京城区布局图》局部，可见正阳门、天安门、故宫一带的改建设想。1958 年《北京市总体规划说明（草稿）》提出"故宫要着手改建"之后，规划部门对此进行研究，做出多种方案，此为其一（来源：董光器编著，《古都北京五十年演变录》，2006 年）

当年有关经济可行性的争论

行政中心设在城内或城外，哪一个更为经济？当年梁思成、陈占祥与苏联专家及其支持者，是有过争论的。

1949 年底，苏联专家团在《关于改善北京市市政的建议》中提出："按我们的意见，新的行政房屋要建筑在现有的城市内，这样能经济的并能很快的解决配布政府机关的问题和美化市内的建筑。"❹

这份建议称："认为政府的中心区建筑在城外经济是不对的。在苏联

❶ 董光器：《古都北京五十年演变录》，东南大学出版社，2006 年 10 月第 1 版，第 32 ~ 41 页。
❷ 李锐：《庐山会议实录》，河南人民出版社，1994 年 6 月第 1 版，第 45 页。
❸ 董光器：《北京规划战略思考》，中国建筑工业出版社，1998 年 5 月第 1 版，第 340 ~ 341 页。
❹《建筑城市问题的摘要（摘自苏联专家团关于改善北京市市政的建议）》，载于《建国以来的北京城市建设资料》（第一卷 城市规划），北京建设史书编辑委员会编辑部编，1995 年 11 月第 2 版，第 161 页。

设计和建筑城市的经验中，证明了住房和行政房屋，不能超出现代的城市造价的 50% 至 60%，40% 至 50% 的造价是文化和生活用的房屋（商店、食堂、学校、医院、电影院、剧院、浴池等）和技术的设备（自来水、下水道、电器和电话网、道路、桥梁、河海、公园、树林等）。拆毁旧的房屋的费用，在莫斯科甚至拆毁更有价值的房屋，连同居民迁移费用，不超出 25% ～ 30% 新建房屋的造价。在旧城内已有文化和生活必需的建设和技术的设备，但在'新市区'是要新建这些设备的。❶

1949 年 12 月 19 日，北京市建设局局长曹言行、副局长赵鹏飞提出《对于北京市将来发展计划的意见》，表示"完全同意苏联专家的意见"。

曹言行、赵鹏飞认为："如果放弃原有城区，于郊外建设新的行政中心，除房屋建筑外还需要进行一切生活必需设备的建设，这样经费大大增加（据苏联专家的经验，城市建设的经费，房屋建筑占百分之五十，一切生活必须的设备占百分之五十，如果因新建房屋而拆除旧房，其损失亦不超过全部建设费的百分之二十至百分之三十），且必须于房屋建筑与一切设备完成后始能利用。新建行政中心区一切园林、河湖、纪念物等环境与风景之布置，限于时间与经费，将不能与现有城区一切优良条件相比拟。同时如果进行新行政区之建设，在人力、财力、物力若干条件的限制下，势难新旧兼顾，将造成旧城区之荒废"，"我们认为苏联专家所提出的方案，是在北京

市已有的基础上，考虑到整个国民经济的情况，及现实的需要与可能的条件，以达到建设新首都的合理意见，而于郊外另建新行政中心的方案则偏重于主观的愿望，对实际可能的条件估计不足，是不能采取的"。❷

归纳起来，苏联专家团及曹言行、赵鹏飞认为行政中心设于旧城更为经济的理由是：以苏联的经验看，拆房迁民的费用不会超过新建房屋 25% 至 30% 的造价，而利用旧城内已有的生活服务配套设施，则可省去 40% 至 50% 的建设投资，两相权衡，得大于失。

可问题是，行政中心设于旧城，必导致居民大量外迁，外迁居民安置区同样需要建设生活服务配套设施。这样，行政中心设在旧城可省去的相关投资也就被抵消了。

梁思成、陈占祥对此洞若观火：

我们若迁移二十余万人或数十余万人到城外，则政府绝对的有为他们修筑道路和敷设这一切公用设备的责任，同样的也就是发展郊区。既然如此，也就是必不可免的费用，不如直接的为行政区办公房屋及干

---

❶ 《建筑城市问题的摘要（摘自苏联专家团关于改善北京市市政的建议）》，载于《建国以来的北京城市建设资料》（第一卷 城市规划），北京建设史书编辑委员会编辑部编，1995 年 11 月第 2 版，第 162 页。

❷ 《曹言行、赵鹏飞对于北京市将来发展计划的意见》，载于《建国以来的北京城市建设资料》（第一卷 城市规划），北京建设史书编辑委员会编辑部编，1995 年 11 月第 2 版，第 149 ～ 150 页。

部住宅区有计划，有步骤的敷设修筑这一切。❶

实践印证了他们的判断。20 世纪 50 年代，随着城区改建的推进，外迁居民点生活服务设施的配套问题日益突出。1956 年，甘家口迁居区居民委员会委员等 41 人联名致信毛泽东主席，反映"甘家口新居住区没有一条正式的道路；没有一个诊疗所；没有一个公用电话；也没有自来水，要求增设居民必需的公共设施"。❷对这些被拆迁居民的要求，诚如梁、陈二位所言，"政府绝对的有为他们修筑道路和敷设这一切公用设备的责任"，"既然如此，也就是必不可免的费用"。因此，苏联专家团提出的行政中心设在旧城更为经济的理由，难以成立。

以当时旧城内公用设施的状况来看，其利用价值也不会太高。梁、陈二位写道：

现在城区的供电线路已甚陈旧，且敷设不太科学；自来水管直径已不足供应某些城区（如南城一带）的需要；下水道缺点尤多。若在城外从头做起，以最科学的，有计划的，最经济的技术和步骤实施起来，对于北京的水电下水道都是合理的发展。最近电力公司的一位工程师曾告诉我们，政府中心若在城外西郊，可使供电问题大大的简易化，科学化，比在旧城内增加容易。凡此一切都是我们所应考虑的。❸

那时，旧城内的自来水、电力等也只是在民国时期初步发展，要对这些设施加以利用，也必须改造或新建，同样需要花钱。

20 世纪 50 年代，许多办公大楼进入旧城之后，基础设施接济不力，已成为一大问题。1962 年，北京市在对新中国成立以来 13 年城市建设所作的总结中，陈述了这样的事实：

城区改建中，市政建设与房屋建筑的配套发展还不够，其中最突出的问题是，有些地方盖了一些大楼，但没有埋设相应的供水干管，造成供水紧张。例如，朝内大街、猪市大街两侧盖了许多大楼，如冶金部、文化部、华侨大厦等，用水量较原来平房用水成倍增长，但仍使用原有管径为 100 毫米的管道供水，因而形成由王府井大街北口到南小街的区域性供水压力下降，勉强维持二层楼房有水。全城区在用水高峰季节供水压力不足的建筑约有 350 万平方米左右。城区还有不少严重积水地点，有不少道路卡口交通不畅，热力煤气管道还只是开始建设，远不能满足需要。另一方面，城区已经埋设了大量的市政地下管线，到 1961 年底约有 1750 公里，相

---

❶ 梁思成、陈占祥：《关于中央人民政府行政中心区位置的建议》，1950 年 2 月，载于《梁思成文集》第四卷，中国建筑工业出版社，1986 年 9 月第 1 版，第 27 页。
❷ 中共北京市委办公厅人民来信组，《处理人民来信来访工作简报》第 56 期，1956 年 7 月 16 日。
❸ 梁思成、陈占祥：《关于中央人民政府行政中心区位置的建议》，1950 年 2 月，载于《梁思成文集》第四卷，中国建筑工业出版社，1986 年 9 月第 1 版，第 27 页。

当于解放初期的四倍。在许多地方，为了少拆房，把管线埋设在原有胡同和窄小的便道下，造成管线曲折，将来成片改建时，有些管线还很可能要废弃掉。目前大部分能埋设管线的便道和胡同下面都已挤满了管线，近期再要埋设较大的地下管线势必要拆房或者掘路。❶

如果苏联专家团提出的理由成立，我们就难以解释这一窘境。

"利用旧城"不等于"改造旧城"

可见，"梁陈方案"并非经济上不可行。

相反，在新中国成立之初百废待兴的情况下，大规模拆建人口密集的旧城区，才是经济上不可行的。

行政中心区并非一夜之间可以建成，当时政府机关必然要利用旧城内已有设施办公，但这并不意味着改造旧城就是理所当然的。一些否定"梁陈方案"的文章，均将"改造旧城"混同于"利用旧城"，似乎当初利用旧城是必然的，后来改造旧城就是合理的。这在很大程度上误导了人们对那段历史的认识。

事实上，"梁陈方案"针对的，并不是当时政府机关是否应该利用旧城已有设施一解办公燃眉之急的问题，而是——行政中心在城内改建或在城外新建，哪一个更为经济并有利于全市的发展？

梁、陈二位并不反对利用旧城，他们在方案中甚至提出"留出中南海为中央人民政府"，只是考虑到行政区是"庞大的政府工作的地区"，"既无法在旧城区内觅得适当地点，足够容纳所定人数，亦不宜于在城区内建立主要的重心，集中工作人口"，才建议设在西部近郊建设。❷

他们并不要求短时间内完成行政中心的建设，而是提出"要按实际发展的需要，有计划地逐步进行，以配合财政情况及技术上的问题"。❸

他们对行政中心位置的经济性分析，已为实践证明。我们只能从其他方面来寻找或解释"梁陈方案"未被官方采纳的原因——这是当年我动笔写作《城记》时，内心的强烈感受。

经济问题仅是"梁陈方案"涉及的诸多方面之一。在方案的结论部分，梁思成、陈占祥写道：

我们经过半年缜密反复的研究，依据种种客观存在的事实分析的结果，认为无论是为全面解决北京建设的问题，或是只为政府办公房屋寻找地址，都应该采取向城外展拓的政策。如果展拓，我们认为：

❶《北京市城市建设总结草稿(摘录)》，1962年12月15日，载于《建国以来的北京城市建设资料》(第一卷 城市规划)，北京建设史书编辑委员会编辑部编，1995年11月第2版，第359～360页。

❷梁思成、陈占祥:《关于中央人民政府行政中心区位置的建议》，1950年2月，载于《梁思成文集》第四卷，中国建筑工业出版社，1986年9月第1版，第22～23页。

❸同上。

政府行政中心区域最合理的位置是西郊月坛以西,公主坟以东的地区。

因此我们很慎重的如此建议。

我们相信,为着解决北京市的问题,使它能平衡地发展来适应全面性的需要;为着使政府机关各单位间得到合理的,且能增进工作效率的布置;为着工作人员住处与工作地区的便于来往的短距离;为着避免一时期中大量迁移居民;为着适宜的保存旧城以内的文物;为着减低城内人口过高的密度;为着长期保持街道的正常交通量;为着建立便利而又艺术的新首都,现时西郊这个地区都完全能够适合条件。❶

后来,梁思成向彭真直言:"在这些问题上,我是先进的,你是落后的","五十年后,历史将证明你是错误的,我是对的"。❷

1971 年底,"文革"中遭到迫害的梁思成,在生命的最后旅程里,对前来探望他的陈占祥说:"不管人生途中有多大的坎坷,对祖国一定要忠诚,要为祖国服务,但在学术上要有自己的信念。"❸

1994 年 3 月 2 日,77 岁高龄的陈占祥先生接受我采访,谈及"梁陈方案"两度落泪。

2001 年 3 月底,《城记》动笔后不久,我想请教陈占祥先生一个问题,打电话过去,得知先生刚刚于 3 月 22 日病逝。

这使我加快了敲击电脑键盘的速度。

2009 年 7 月 5 日

❶ 梁思成、陈占祥:《关于中央人民政府行政中心区位置的建议》,1950 年 2 月,载于《梁思成文集》第四卷,中国建筑工业出版社,1986 年 9 月第 1 版,第 24 页。
❷ 梁思成:《大屋顶检讨》,1955 年 5 月 27 日,林洙提供。
❸ 陈占祥:《忆梁思成教授》,载于《梁思成先生诞辰八十五周年纪念文集》,清华大学出版社,1986 年 10 月第 1 版,第 52 页。

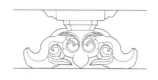

从 "东方广场" 说起

土地财政模式成为中国高速城市化的战略工具——这正是 1994 年至 1995 年我调研北京市土地开发时梦寐以求之事。可是，一些愿望未能实现。

1995 年 1 月 16 日，《瞭望》发表我撰写的长篇新闻分析《城市建设如何走上法制轨道——北京东方广场工程引发的思考》。这之后，83 岁的国家级建筑设计大师张开济 (1912 ~ 2006) 在一次会议上拍了拍我的肩膀："我们是战友啦！"

因为这篇文章，他所在的北京市建筑设计研究院——当时承担北京地区半数以上大型公共建筑设计任务的设计机构——将《瞭望》订阅至支部，我的工作极大地方便起来，建筑界一些难以约访的人物往往因为我是这篇文章的作者"破例"接受我采访。

"关于东方广场项目这件事，想采访我的境内外媒体有一百多家，但我只接受你的采访。"一位对东方广场项目负有重要责任的官员，在他的办公室里对我说。

他指了指右手边的书柜，"那里

面就摆着登你那篇文章的《瞭望》"。

走出他的办公室，已是深夜。行走在王府井大街上，我的身边正是东方广场工地。由香港长江实业集团等投资的东方广场大厦项目，将集商业、写字楼、酒店、娱乐设施为一体，它占据了北京王府井南口至东单南口的黄金地段，施工中已拆出一大片空场，却被中央高层勒令停工。

与这片空场擦肩而过，我心中滋味复杂，东方广场项目和它所代表的北京城的命运，仍然扑朔迷离，让我心生不安。

较一下"法制"的真儿

张开济是 1994 年 8 月 23 日就东方广场项目设计问题上书高层的六位建筑专家之一。

其他五位是：两院院士、清华大学教授吴良镛，两院院士、原建设部副部长周干峙，北京市建筑设计研究院总建筑师赵冬日，国家历史文化名城保护专家委员会委员郑孝燮，北京市规划局顾问李准。

"按该项设计方案看来，这一建筑东西宽 488 米，高 75～80 米；比现北京饭店东楼宽度 120 米要宽四倍，比规划规定限高 30 米高出一倍多。"六位专家在意见书中说，"如照此实施，连同北京饭店将形成一堵高七、八十米，长六百多米的大墙，改变了旧城中心平缓开阔的传统空间格局和风貌特色，使天安门、大会堂都为之失色，同时，带来的交通问题也难以解决。"

1993 年由国务院批复的《北京城市总体规划 (1991 年至 2010 年)》提出："以故宫、皇城为中心，分层次控制建筑高度。旧城要保持平缓开阔的空间格局，由内向外逐步提高建筑层数"，"长安街、前三门大街两侧和二环路内侧以及部分高层建筑，建筑高度一般控制在 30 米以下，个别地区控制在 45 米以下"。

1995 年停工后的东方广场工地　王军摄

国务院认为："《总体规划》确定的保护古都风貌的原则、措施和内容是可行的，必须认真贯彻执行"，"要坚决执行规划确定的布局结构、密度和高度控制等要求，不得突破"。

可是，《总体规划》刚刚实施，即被东方广场大厦设计方案全面突破，后者由北京市主要负责人以一言堂方式拍板定案。

东方广场项目与故宫和天安门广场相距不远，地段极其敏感。它一旦以巨大的体量建成，必将对故宫、天安门、人民大会堂、人民英雄纪念碑等体现首都城市性质的建筑物造成影响，使其尺度变小。甚至有专家担心，它还将导致城市重心偏移，打乱以天安门广场为中心的首都城市格局。

据专家测算，开发商并非遵守了首都规划就无钱可赚。如按照规划要求进行开发，投资回报率可以超过100%。相比之下，香港的房地产投资回报率为10%至12%，悉尼为6%，新加坡为5%，日本为2%。在这样的情况下，还要突破规划要求，不惜破坏故宫环境，是可忍，孰不可忍？

1994年底，《瞭望》一位编委知我对东方广场项目进行了深度调查，就约我写上一篇。几经周折，刊登出来，旋即引来一场轩然大波。

许多人都来打探这篇文章的背景，境外媒体更试图将其政治化。其实，这篇文章，文如其题，不过是想较一下"法制"的真儿。

"这组文章有背景"

我的工作尚未结束。在我看来，东方广场事件暴露的土地财政问题，更值得分析。

1992年5月北京市实行土地有偿使用制度之后，土地开发迅猛发展。我作东方广场项目调查之时，北京市供不应求的写字楼，创造了每平方米售价3490美元的纪录，各城区写字楼的月租金也达到45至110美元的水平。北京市写字楼的价位已跃居世界第五，仅次于东京、香港地区、纽约和伦敦。

从1992年下半年至1994年底，北京市批租土地280余幅，总面积14至15平方公里。这一数字相当于香港地区同期批租土地的26倍，新加坡24年批租土地总量的7倍。

如此大规模的土地批租量给政府带来多少收益呢？我在调查中了解到，北京市这一时期土地批租的合同金额为106亿元，可实际政府土地收益仅25亿元。与此形成对比的是，仅批租1平方公里土地，香港地区政府就可获得近300亿元人民币的土地收益，新加坡政府也可获得100亿元人民币的土地收益。

为什么北京市的写字楼价达到了世界级商贸城市水准，可政府部门的土地收益与这些城市相比，差距却如此悬殊呢？我决意展开调研。

说实在的，当时我入行不到四年，在新华社尚属"菜鸟"级，欲完成这样的调研如同蛇吞大象，幸而得道多助。

《瞭望》编辑部给了我许多指点，一再敦促我尽快完成任务，而我交出稿件时已至年底。

1996年第一期、第三期《瞭望》，分别以《兴旺背后的沉痛代价》《不该放弃的宏观调控手段》为题，连续刊发我撰写的"北京市土地开发评析"文章，总字数逾万。

这组文章提出的一个核心观点，即应该建立由政府垄断的土地一级市场，以此为宏观调控手段，获取充足的土地出让收益，依法实施城市规划。

在调研中，我看到，北京市是直接将未开发的土地以各种方式划拨给国有房地产公司，形成了政府批地，开发公司进行土地开发的格局。由于政府出让的土地大多是未经开发的生地或不完全具备七通一平条件的毛地，土地价格难以提高。

根据北京市黄金地段土地价格分析，未开发成熟的土地批租价格只占开发成熟的土地价格的10%，即：一块开发成熟的土地的价格，一般包含10%的土地出让金，30%的基础设施及基地处理投资，60%的土地增值费。出让生地或毛地，政府只能得到10%的土地出让金，而60%的土地增值费就让开发商拿走了。

政府未垄断土地一级市场还造成土地的招商总量难以控制的局面，大量土地通过各种形式和渠道，分散地进入市场，供大于求势难避免。各部门为了能拉到投资商，不得不压低土地价格，结果内部相争，外方得利。土地只能通过讨价还价、协议批租的方式成交，而最能体现土地价值的拍卖批租方式难以进行。以协议方式成交土地，不能真实反映市场供求状况，无法形成土地的市场价格，必然造成国有土地资产的巨大流失。

文章刊发后，又一场"轩然大波"

2000年开始投入商业运营的北京东方广场大厦　王军摄

东方广场大厦建成后对紫禁城的环境造成影响　王军摄

到来。有人甚至抽调写手，组织班子，欲展开论战。说实在的，在关系公共利益的重大问题上，任何公开的讨论都是好事。可是，这样的局面并未到来，有官员声称我的文章严重失实，我即奉呈事实来源——皆北京市政府部门的工作报告，我不过是从中得出了一个所以然。

那时，我在新华社北京分社工作，迅速感受到压力。一次，我采访北京市政府部门的一个会议，不被允许进入会场。据闻，某领导亲翻记者签名册，看到我的名字，大发雷霆。

又有人来打探这组文章的背景。"没有背景，"我说，"就是记者敢写，编辑敢登。"

"小王，这组文章有背景。"分社社长张选国对我说。

"什么背景啊？"我颇感意外。

"党中央！"张社长的话，斩钉截铁。

未能实现的愿望

五年之后，由政府垄断经营土地一级市场的模式，伴随着中央政府及相关部门一系列文件的出台，得以建立。

2001 年 5 月，国务院发出《关于加强国有土地资产管理的通知》，提出："严格控制土地供应总量是规范土地市场的基本前提"，"坚持土地集中统一管理，确保城市政府对建设用地的集中统一供应"，"为增强政府对土地市场的调控能力，有条件的地方政府要对建设用地试行收购储备制度"，"为体现市场经济原则，确保土地使用权交易的公开、公平和公正，各地要大力推行土地使用权招标、拍卖"。

2002 年 7 月，国土资源部《招标拍卖挂牌出让国有土地使用权规定》施行，要求"商业、旅游、娱乐和商品住宅等各类经营性用地，必须以招标、拍卖或者挂牌方式出让"。

2004 年 3 月，国土资源部、监察部《关于继续开展经营性土地使用权招标拍卖挂牌出让情况执法监察工作的通知》提出，"各地要严格执行经营性土地使用权招标拍卖挂牌出让制度"，"要加快工作进度，在 2004 年 8 月 31 日前将历史遗留问题界定并处理完毕。8 月 31 日后，不得再以历史遗留问题为由采用协议方式出让经营性土地使用权"。

由政府垄断经营的土地一级市场，使城市政府获得了充足的土地收益。土地财政模式成为了中国高速城市化的战略工具——这正是 1994 年至 1995 年我调研北京市土地开发时梦寐以求之事。

可是，一些愿望未能实现。《不该放弃的宏观调控手段》一文建议，用拿来主义的方式，借鉴新加坡重建局的经验，推进土地开发模式改革。现在看来，只学到了人家的一半——学会了强制性低价征收土地，再行招、拍、挂；还有一半没有学到——新加坡是在土地财政的基础上，大规模提供保障性住房（组屋）等社会福利，中国的城市却陷入高房价与低福利的漩涡，使得土地财政模式为千夫所指。

我在同一篇文章中还提出，由政府垄断经营土地一级市场，公开招标拍卖土地，有利于增强城市规划的主动性、严肃性、法制性，避免开发商向规划部门讨价还价，或层层找关系、请领导批条子。

可是，今日站在太和殿的平台上，人们能够看到，紫禁城外，一幢幢高大的建筑物纷纷探出头来，大有逼压故宫之势。

那个东方广场，方案后来做了调整，由一整幢楼变成一组楼群，密密麻麻挤在一起；它的建筑高度虽有降低，仍与《总体规划》不符。

但这并不妨碍它矗立在紫禁城的左前方。

2011 年 4 月 20 日

白颐路忆旧

这是一条有着六排高大杨树的道路，两排杨树为一组，共三组；两排杨树之间是一道不深不浅的沟，沟是露土的，雨水可以回灌大地。

像我这三十来岁的人，提起笔来就忆旧，确有让人笑话之嫌。但是，说到白颐路，就是从白石桥到颐和园的那条路，我确是有资格来忆旧的，相信北京的许多年轻人，包括比我还小的，也都有这个资格，因为那条老白颐路的消失，只是在八年之前，它被拆宽成了一条车流滚滚的大马路，现在很多行车人是怕去那儿的，因为一堵起来就成了停车场。

去年3月，我在旧金山遇到华盛顿大学的艾丹先生，他曾在北京作城市研究多年，我们说着说着就说到了老白颐路。艾丹说，这条路被收入了一本谈世界各大城市著名街道的学术著作，被拆掉了真是可惜。

老白颐路，世界著名？国人恐怕多觉诧异，一般人或许会说，世界著名的还不得像新白颐路这样，双向几车道，中间立着隔离栏杆，再架上过街天桥？其实，在艾丹这样的学者看

来，指望通过拓宽道路鼓励小汽车发展的市政工程只会南辕北辙，隔离栏杆、过街天桥是非人性的，只照顾车行速度；降低道路与周边社区的联系，是一种典型的郊区模式，这将削弱城市经济的发育能力。

想想，是这样啊。现在，大家多是路过白颐路而已，而且希望路过得越快越好。这条街已没有了逛头，因为堵还让人讨厌，大家情愿把它忽略掉。

那么，那条老白颐路呢？我在人民大学读过四年书，从1987年到1991年，那条老白颐路就在我眼前。这是一条有着六排高大杨树的道路，两排杨树为一组，共三组；道路中间是一组，道路两侧又各有一组；每一组是这样安排的——两排杨树之间是一道不深不浅的沟，沟是露土的，雨水可以回灌大地。北京的地下水已严重超采了，是多么需要这样的路啊。

扩建后的白颐路人气尽失，呈现出车辆匆匆路过，减少与两侧建筑联系的郊区形态　王军摄

所以，老白颐路成了"世界著名"，可它终还是成为历史。有人说这是没有办法的事情，因为它不够宽。而在我看来，它已经很宽了，上下车行道各宽 12 米，加起来就是 24 米了。如今的新白颐路宽六七十米，还堵成那样，它又够宽了吗？

说到底，解决城市的交通，单靠马路的宽度是不能成功的。北京是想在一个高密度的城市环境里，通过拓宽道路使小汽车成为城市交通的主导，这是犯大忌的。如果这是城市发展的真理，恐怕欧洲所有的古城都要被拆光，因为它们的道路也都"不够宽"。那么人家是怎么解决交通问题的呢？就是以公共交通为主导。我在法国的波尔多看到，人家把道路面积的三分之二辟作公交专用线，靠的是这个。

如果北京能够像波尔多那样，老白颐路和城市里积淀着市民情感的那些老街，或许都能留存。这样做，还能提高城市的效率，成为真正的"节约型"。

想到这儿，我真是特别怀念那条记忆中的老白颐路，怀念校门口的那个书报亭、那家海丰餐厅、那个小酸奶铺……那个时候，男同学是可以约女同学到那里散散步的，那个林荫道，那个美，醉人啊。

如今，这一切都不存在了。上个月，巴黎市总建筑师贝蓝度到北京约我见个面，我定在北大附近，可到那儿傻眼了，居然一餐馆难求，都被拆光了，这可是白颐路啊。

新白颐路让我找不到北，我就成了老白颐路的追魂者。今年4月，国家图书馆请我作演讲，国图就在白颐路之侧，我自然老生常谈。年近八旬的胡亚东教授坐在台下，纠正道："你说的老白颐路还不够老。"我吃了一惊。胡老接着说："那条老老的白颐路才叫美呢，石块砌路，两侧垂柳。五十年代改建了，石块被拿去修天安门广场，柳树伐掉了，成了杨树。"

回去查清代《日下旧闻考》，可不是吗，上面写着西直门外"修治石道，西北至圆明园二十里。每岁圣驾自宫诣园"。这条皇家御道，出西直门经高梁桥，在魏公村与现在的白颐路相汇，直通西郊苑围。

《日下旧闻考》还描绘了高梁桥一带的景致："水从玉泉来，三十里至桥下，夹岸高柳，丝垂到水，绿树绀宇，酒旗亭台，广亩小池，荫爽交匝。岁清明日，都人踏青，舆者、骑者、步者，游人以万计。"

明代《帝京景物略》载有顺天王嘉谟《白石桥》诗："纷衍石桥路，西山野望初。中流白鹭起，两岸绿杨疏。泉贮团仙籁，钟鸣隐佛庐。所嗟尘市远，不得更踟蹰。"

再查20世纪50年代白颐路的改建工程，梁思成曾为一处小庙的留存大动肝火，他在1957年说："把民族学院前面的一座小庙也拆除了，这我也不同意。我认为把小庙留在上下行道中间，不但增加风趣，而且可以利用它的十一间房，作为公共汽车乘客候车室，或者做自行车修理站，这对群众也是有好处的。"

即使梁思成成功了，这处小庙留下来了，它又能躲过八年前的第二次改建吗？好了，不写了。真希望像我这样年纪的人，没那么多旧可忆；事实上，我所忆的还不够旧。白颐路从胡亚东教授的旧，到我的旧，再到今天这般模样，不过50来年光景，它反映的是不同时代这个城市的价值观。伊利尔·沙里宁说："让我看看你的城市，我就知道你的人民在文化上追求什么。"他讲得很有道理。

2006年10月14日

下水道的记忆与启示

中国的城市化仍在快速进行之中，此次城市大涝向它暗示了什么？

说起城市的下水道，人们都会说巴黎的是最好的。1853 年，奥斯曼男爵出任法国塞纳省行政长官之后，掀起了长达 17 年的巴黎大改造工程，把整个城市拆得天翻地覆。今天，提起这项大改造工程，有人指责奥斯曼毁掉了大量文化遗产，有人指责他"动机不纯"——开大马路是为了方便进城镇压市民的骑兵队，有人指责他把穷人从市中心拆到了郊区，为日后巴黎的骚乱埋下了祸根。但有一件事，让批评者们闭上了嘴，那就是奥斯曼建设了一个"地下巴黎"——高 2 米、宽 5 米、四通八达的下水道工程。巴黎正是拥有了这个深藏于地下的工程奇迹，才不会在暴雨之中沦为"泽国"。

2011 年夏季，北京、武汉、杭州、南昌等城市受暴雨袭击出现大涝，使得人们纷纷称羡巴黎的下水道。其实，早在唐代，中国的城市就部分出现了像巴黎那样的排水设施。唐代扬州城的排水涵洞，宽 1.8 米，高 2.2 米，可容人自由穿行，即为一例。中国古代城市重视沟渠建设是一个伟大的传统，这些排水设施如能得到很好的保养，是应该能够让今人受惠的。可是，古人善治沟渠的经验，今天几乎被国人遗忘。

2011 年 6 月 24 日，北京市水务局有关人士在解释"6·23"大涝的原因时，所列事项包括"排水设施的建设滞后于城市发展，现在北京市中心城区的排水管网最早还有明代的设施，属于老古董了"。这容易产生误导，因为北京此次出现大涝，集中在西三环、西四环地区，那一带的地下管网多在 20 世纪 90 年代和本世纪初与环路工程一并完成，并不在明代排水设施管辖的范围。明代的排水设施分布在北京二环路以内的古城区，主要集中在前三门大街以北的内城。6 月 23 日，这一范围并未出现西三环、西四

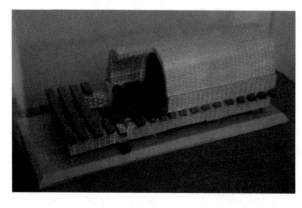

扬州唐城遗址博物馆展示的唐代排水涵洞原大模型　王军摄

环那样可怕的水淹情形，如此让古人替今人受过，值得商榷。

沟渠营造与自然而然

中国唐代的城市出现了像巴黎

扬州唐城排水涵洞示意模型　王军摄

那样的下水道设施，有实物为证。1993 年，考古工作者在扬州大学办公楼东侧，唐代罗城南偏门西侧约 30 米处，发现了一座形制独特、规模壮观的唐代排水涵洞遗址，这处排水涵洞为券顶长条隧道形砖木混合结构，洞宽 1.8 米，高 2.2 米，残长 12 米。涵洞为砖砌双层券顶，底铺枕木作为地栿，内有双层木栅栏装置，既能排水，又具有防御功能，这在中国古代城址考古中尚属首次发现。

扬州地处江淮，少旱多雨，加之在唐代时城市繁荣，人口密集，又是一座“水郭”，所以十分重视城市排水设施的建设。城内排水系统一般设在道路的两侧，采用木质排水设施，不仅适应扬州的地理环境，

拾年

营城纪事

230

而且具有取材便利、施工便利、维修便利的特点。1997年底至1998年初，考古工作者在扬州唐代罗城范围内，又发现一条东西流向的唐代排水沟，排水沟两侧沟壁和底部均用木板铺砌而成，沟宽东西不等，西部接近唐代市沟处宽约1.7米，东部宽约1.2米，共先后发掘出排水沟长150米，沟深1米左右，排水沟上未见有盖板，可能是唐代路道旁的一条排水明沟。

综上所述，唐代扬州城的排水系统，至少包括两大部分，一是道路两侧的排水沟，深约1米，宽1.2～1.7米，规模可观；二是大型排水涵洞，宽1.8米，高2.2米，规模惊人。这个排水系统虽不如巴黎在19世纪建设的那般浩大，但比后者早了一千年，实在不可等闲视之。

中国古代城市的排水系统，还包括那些最易被今人忽视的自然而然之处。一是城市多与河流、湖泊相伴，像扬州的瘦西湖、北京的什刹海，既是宜人的城市水景，又可在暴雨倾盆时，发挥蓄洪之功用；二是中国古人选址建城乃至建屋，都讲究"负阴抱阳"、"背山面水"，就是要把城市或者房屋建在后面有山、前面有水的坡地上，这特别有利于雨水的宣泄；三是注重自然渗水，所有房屋皆以院落布局，每一处黄土露天的院落就是一个渗水场，讲究点的人家用青砖墁地，它也是渗水的。这样，市区之内，地下水可以得到经常的补养，再通过井水还诸市民。中华先辈如此倾入心力与智慧的城市营造经验，是值得我们理解与继承的，不应简单地以一句"属于老古董了"加以遮蔽。

筑沟与掏沟

古代北京城的排水设施真是那么不堪吗？以故宫为例，它显然没有所谓"现代化"的排水设施，但它何曾被淹过？夏季游览故宫赶上大雨倾盆时，是不必害怕积水难返的，相反，正可欣赏一下三大殿三重台基上1142个龙头排水孔，瞬间将台面上的雨水排尽，而形成千龙吐水的壮丽景观。这些被排之水，通过北高南低的地势泄入内金水河流出。故宫的排水，正是综合了前文所述的各种排水法，既有地下水道，又有地面明沟，这些精心设计建造的或大或小、或明或暗、纵横一气的排水设施，能够使宫内90多个院落、72万平方米面积的雨水通畅排出，实为工程史上的伟大成就。

即使是在坊间，排水设施的建设也是纲目并举。明代北京内城的前身是元大都，元大都的规划建设恪守了"先地下、后地上"的工序，根据地形、街道、河湖的情况，先铺设下水道，分明渠、暗渠两种，以暗渠为主。张必忠先生在《北京下水道的变迁》一文中记载，明初营建北京城时，把下水道的建设与皇城、城垣、街道的营建，并列为四大工程。内城大街小巷都埋设了暗沟，排水系统得到进一步完善。为管好下水道，还设置了专门的官吏。如明朝内城的沟渠归五城兵马司管理，并由锦衣卫、五城兵马司、巡街御史共同负责巡视。清初由工部街道厅管理内城的下水工程，康熙年间又归步兵统领管理，乾隆时则专门设置了隶属于工部的"值年河道沟渠处"。乾隆五十二年（1787年）曾做过一次丈量，内城沟渠总长

128633 丈，其中，大沟 30533 丈，小巷各沟 98100 丈。为保持下水道的畅通，不时进行掏挖。明代是"仲春开沟"；清代又分"年修"和"大修"，年修一年一次，大修数年一次。乾隆三十一年（1766 年），大修一次用银十七万多两。光绪年间每次年修也要用银一万多两。当时，掏沟实行"官督商办"。清代在下水道掏挖完工时，

紫禁城下水道系统示意图（来源：《建国以来的北京城市建设》，1986 年）

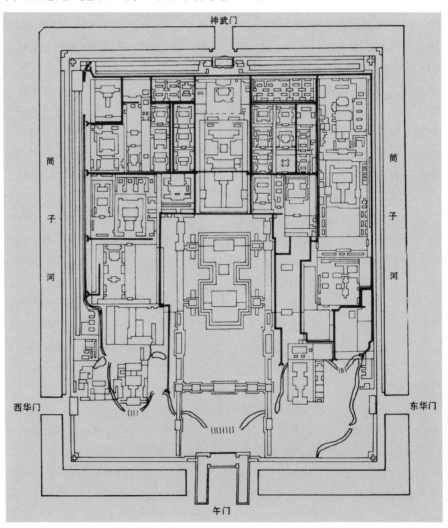

还要进行验沟，即让一个人当众从沟管的这一头钻进去，从另一头钻出来，以示将沟挖通。

可是，如此严格的养护制度，也难敌官商勾结、徇私舞弊。就拿验沟来说，居然会出现钻进去的是一个人，钻出来的是另一个人的情况，验收官睁只眼、闭只眼就放过了。所谓挖沟，就是挖挖两边的泥而已，中间部分根本没有挖通，主事官商借此分掉工程款了事。嘉庆皇帝（1760～1820）感叹："京城修理沟渠，向来承办之员，多不认真经理，甚或支领工料钱粮，从中侵扣，以至渠道愈修愈坏，于宣泄全无实裨。"光绪十六年（1890年）五、六月间，京城连降大雨，由于下水道不通，不仅前三门一带的不少民房被淹倒塌，连大清门左右的部院寺各衙门也被浸泡。

以上情况，并不表明北京古代的排水设施是落后的，它折射的是制度文明的落后。连一言九鼎的皇帝也奈何不了掏沟之事，这是怎样一种制度文明呢？

谋全局与谋一域

奥斯曼建设庞大的"地下巴黎"，所耗资金甚巨，其融资手段即"土地财政"。据记载，整个巴黎大改造工程耗资25亿法郎，奥斯曼只向政府要了1亿法郎作为启动金，其余则向银行和私人基金举债，再通过土地增值后的收益偿还。其做法与今天中国

讽刺奥斯曼为"拆房大师"的法国漫画（来源：方可，《当代北京旧城更新》，2000年）

的城市很像——搞"一街带几片"的开发，一条大马路开过去，就把两边的街区拆除，让房地产商参与沿街开发，以此补贴基础设施投资。

巴黎的被拆迁居民为下水道付出了代价。大改造工程摧毁了城市的多样性，将大量贫困的市民逐出市中心，而穷人一旦被大规模地集中到郊区居住，贫困就会在那里"世袭"，因为低收入者无法提供充足的税收，郊区的公共服务就无法改善，这个问题再与日后的移民问题相混杂，使得巴黎郊区的骚乱不断上演，至今未绝。所以，在称羡巴黎豪华的下水道之时，还须明察它惹出了多大的麻烦，这也警示我们：对一个已建成的城市作如此伤筋动骨的大手术，副作用何等惊人，如果先谋而为之，不必如此返工，何其善哉。

此次国内诸座城市惨遭水淹，暴

大改造中的巴黎（来源：Le Figaro, 2000 年 5 月 27 日）

奥斯曼建设的巴黎下水道示意图（来源：Le Figaro, 2000 年 5 月 27 日）

露出排水设施标准不高、保养不力的问题。北京市防汛办的有关负责人向媒体介绍，北京市排水系统的设计标准是一到三年一遇，这个标准能够适应每小时 36 到 45 毫米的降雨，但是 6 月 23 日的强度达到 128 毫米，远远超过这个标准，"如果要提升排水能力，需要综合多方面的条件，比如最初的管网建设、城市规划等等"，"城市排水设施和排水能力也决定了积水的程度，目前相关部门正在研究，希望将最低排水标准从最低一年提高到最低三年，达到三到五年一遇的标准。但是仍在研究过程中"。

2004 年夏季北京市区出现内涝时，就有专家指出，排水不畅与北京路桥增加有关，因为路面和桥面的材

清洗中的巴黎街道　王军摄

清洗街道的淙淙"小溪"向巴黎城市道路下部的排水道自然流去　王军摄

料本身是防水的，它的防水作用导致了在降雨时桥面路面上的雨水渗不下去，就导致桥下积水，"北京道路桥梁在材料选择上对外观的注意较多，对渗水注重不够，随着北京立交桥、柏油马路建设速度的加快，排水不畅的问题也就越来越突出了。排水管道的堵塞也是一个突出的问题，大量塑料袋和其他垃圾阻塞了管道，水就排不下去了。有一些建筑设施为了方便或者美观，私自把地沟盖上或堵死，这就导致了排水渠道的减少，影响了排水通畅"。

中国的城市化仍在快速进行之中，此次城市大涝向它暗示了什么？如果说，在已建成的市区，改造排水设施存在很大难度，那么，在那些正在或即将新建的市区，该不该早为之谋呢？"不谋全局者不足以谋一域，不谋万世者不足以谋一时"，古人的话，发人深省啊。

2011 年 6 月 26 日

元大都与曼哈顿

城市的平面比立面重要，街道比建筑重要，交通政策比交通工程重要；人性化的尺度是一种重要的城市遗产形式。

在美国国家建筑博物馆，一位听众向我提问："你认为中国的城市与西方的城市，有什么不同？"

"这不是一个好问题，"我回答，"真正的好问题是：汽车产生之前的城市，与汽车产生之后的城市，有什么不同？汽车产生之前的城市，是步行者的尺度；汽车产生之后的城市，是汽车的尺度。这之前与这之后，东西方的城市在尺度上没有太大的差别，而尺度是城市最重要的东西。"

我用电脑演示了两张地图，一是元大都的胡同，二是纽约曼哈顿的街道，"你看，它们都是矩形路网，从平面上看，几乎是同一个城市，代表了汽车产生之前人类城市的一种理想状态。可是，汽车产生之后，这种高密度的路网和宜于步行的街道，就在许多城市消失了。"

2008 年 4 月，我应美国国家建筑博物馆之邀赴华盛顿演讲，题为《向老城市学习》，其中提及元大都与曼哈顿的故事引起了听众们的兴趣。比较这两个城市的想法始于 2005 年我第一次踏上曼哈顿的街道时，发现这里的路网与老北京惊人地相似，都是横平竖直的方格状，而且"格子"的大小也差不多。

曼哈顿的标准路网是：东西向的街道(street)长 244 米，南北间隔 61 米；老北京的标准路网是：东西向的胡同长 700 多米，南北间隔 70 多米。这两个城市，路网匹配的功能也高度一致：横向排列的街道或胡同，以居住为主，闹中取静；纵向排列的街道(曼哈顿称 avenue)，以商业为主，车水马龙。中国古人追求的"结庐在人境，而无车马喧"，并非胡同独有，在曼哈顿的横街里，也是寻得到的。

曼哈顿的路网比老北京要密一些。其实，北京也有 200 多米长甚至更短的胡同，但它们都不够"标准"。

1943 年由美国第 18 航空队摄制的北京航拍拼贴图，显示了鼓楼以东、北城墙以南的城区面貌，可见横平竖直的胡同街巷　傅熹年提供

700 多米之所以成为胡同的标准长度，是因为元大都的宫城就是这么宽（明紫禁城东西宽 753 米，比例承自元大都宫城，因包砖面，宽度可能加大）——以宫城为"模数单位"规划都城，是中国古代皇帝"化家为国"意志的表现。

1267 年，忽必烈营建元大都，历二十余载而成。此前，中国城市在北宋年间（约 11 世纪中期）经历了一场变革——废除了战国（公元前 475 ~ 公元前 221）以来封闭的里坊制，拆除坊墙，沿街兴办商业，形成了《清明上河图》描绘的繁华都市景象。作为中国古代在平地上创建的唯一一座街巷制都城，元大都的路网不同于过去的里坊制城市（坊内采用十字形或一字形内部道路），它以南北等距离的胡同横贯街坊，直通两侧的干道。

曼哈顿的矩形路网规划于 1811 年，是欧洲殖民地城市的后继之作，其鼻祖可追至 1573 年的墨西哥城规划。那一年，西班牙国王腓力二世（Philip Ⅱ，1527 ~ 1598）以法令规定墨西哥城以方格路网布局，奠定了西班牙殖民地城市的模式。这种路网在 17 世纪、18 世纪被英法殖民者广泛应用于北美城市——1682 年威廉·潘恩（William Penn，1644 ~ 1718）设计建造的费城即为代表。

忽必烈、腓力二世以方格路网给元大都、墨西哥城打底子，是因为这种路网十分方便切割与售卖土地。以元大都为例，胡同内以 8 亩为标准住宅面积，等分起来，易如反掌。高密度的方格路网，还能提供大量的临街面，增加商业与就业机会，提高土地利用价值。1900 年，纽约第三产业就业人数占全市就业人数的比重超过 50%（那时纽约尚以制造业为王），1980 年上升至 81.8%（其中，金融、管理和专业服务部门占 34.6%），即与这种路网相关。1949 年，北京 62.5 平方公里的老城区能够供养 130 万人口，就有这种路网的贡献。

1913 年，福特公司以流水线装配 T 型汽车，小汽车开始进入家庭。这之后，扩大街坊、减少十字路口、建设快速路，成为欧美城市规划的新潮。这股力量险些毁掉了曼哈顿的街道——20 世纪五六十年代，经市民抗争，高速路才没有被插入市中心。取而代之的是发展地铁等公共交通的计划，这使曼哈顿的传奇得以延续。在这里，城市的立面（建筑高度）不断攀升，城市的平面（街道肌理）却依然如故，城市的品质（充足的就业机会、街道上的乐趣等）一如既往；摩天大楼还与地铁保持着良性关系，前者为后者

纽约曼哈顿帝国大厦一带的矩形路网（来源：Google Earth，2006 年 9 月）

被称为世界最大的超级购物中心——北京金源时代购物中心，矗立于北京的市区。
而在美国，这类设施多在郊区发展　王军摄

从帝国大厦俯瞰纽约曼哈顿城区，尽管摩天大楼越盖越多，但城市的路网依然如故　王军摄

提供了客流，后者支撑了前者的生长。

北京则步"汽车城市"的后尘。1950 年代以来，它在兴建高层建筑之时，以宽大的路网，对城市的平面进行了改造：街道两侧的围墙又被修了起来，如同北宋之前的坊墙；沿街商业不再被鼓励，它们被点状分布的大型购物中心"收编"，后者如同唐代长安城的东市与西市——城市形态似乎回到了一千年前的里坊制。如此大拆大建旨在方便交通，却使北京沦为世界上最拥堵的城市之一。在这颗星球上，还没有哪个城市能以小汽车交通为主宰而获得成功。

"北京与曼哈顿的故事告诉我们一个道理，"在美国国家建筑博物馆，我得出这样的结论，"城市的平面比立面重要，街道比建筑重要，交通政策比交通工程重要；人性化的尺度是一种重要的城市遗产形式。"

2010 年 1 月 3 日

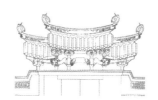

陆

岁 月 留 痕

"规划性破坏"

一个伟大的城市并非为一个所谓的"伟大设计"所决定，而是诞生于一个伟大的机制。

故宫缓冲区道义存焉

经过八成网民的热烈支持，故宫缓冲区的大方案被送到世界遗产大会表决。缓冲区内一度欲大幅拓宽的德内大街工程，或许将胎死腹中。但北京市文物局称"缓冲区内尽管禁止大拆大建，但对于基础设施建设不会禁止"，这会不会又使这个工程起死回生？

在这个时候提出这个问题，正是因为在去年苏州召开世界遗产大会期间，曾有 19 位文化界人士向大会提出：停止对德内大街的拓宽，同时也停止对钟鼓楼附近旧鼓楼大街的拓宽。这两项工程均在目前的缓冲区内，德内大街工程停滞至今，旧鼓楼大街工程依然故我，经拆房伐树，已成一条大马路。

扩建这样的大马路到底是好还是不好？即使完全抛弃历史文化名城保护的因素，我们得出的结论仍是糟糕。为什么？因为去年完成的《北京城市总体规划》的修编工作已经明确，北京的交通拥堵是因为城市功能过度集中于以旧城为核心的地区。仅占规划市区面积不到 6% 的旧城区，承载着城市三分之一到二分之一的主要功能以及三分之一的交通流量。为解决这样的问题，必须通过发展新城向外疏解功能。《总体规划》据此提出在保持旧城传统街道肌理和尺度的前提下，"建立并完善符合旧城保护和复兴的综合交通体系"，"积极探索适合旧城保护和复兴的市政基础设施建设模式"。因此，北京的交通拥堵并非马路不宽，而是因为有太多的人在郊区居住却在中心区上班，城市的结构出了问题。

在目前城市功能未能疏解、公交优先政策未能落实的情况下，一味地在旧城区扩路，只会把外围的交通洪流直接引入并泛滥其中，如同大江决堤，旧城将被"淹没"为一个汽车与尾气的"海洋"，这与《总体规划》确定的"宜居城市"目标背道而驰。从这个层面来看，真正按照国际惯例推进故宫缓冲区的保护工作，意义已超出保护本身。

长期以来，"不能让死的拉住活的"主宰着这个城市的命运。1953年北京市政建设局及市各区委在审议城市规划时提出"把故宫丢在后面，并在其四周建筑高楼，形成压打之势"。1958年甚至还有改建故宫的提法。由于思想上把发展与保护对立起来，行动上自然是在旧城上面盖新城。结果呢？中心区成了一个死疙瘩，引发一系列城市问题。

由于拆迁耗资甚巨，新建筑势必往高处生长，可旧城中心又是一个大

2006年6月，扩建前的德胜门内大街保持着明代街道宜人的尺度　王军摄

扩建后的德胜门内大街，如同在城市里开辟的公路　王军摄

故宫，高度必须控制，于是故宫让一些人特别头疼，如何突破故宫周围的规划控高让一些人绞尽脑汁。近十多年来，王府井一带，高楼纷纷盖出来了，这倒真正形成了对故宫的"压打之势"。可这样的"压打"，又使新北京陷入困境，因为如此高密度的功能聚集，已伤害了整个城市。于是，《总体规划》提出了城市结构调整命题，力图实现老城与新城的分开发展。人们终于理解：原来新的和老的，是共生的而不是相克的。

正是在这样的情况下，故宫缓冲区的方案提出了。这个方案能否高质量地实现，可谓道义存焉。所谓"道"，即城市可持续发展之"道"；所谓"义"，即民族文化传承之"义"。

2005 年 7 月 16 日

城市岂能有路无街

北京越聚越多的城市问题，已表现出特征明显的"小汽车综合征"。

面对不堪重负的路网交通压力，北京市交管局近日开始削减占路停车泊位，以"疏浚"道路交通。此举却引发一些商家的不满，因为"门前不让停车，生意损失太大"。而交管局的回答斩钉截铁——沿街商户损失的利益与城市交通利益没有可比性。

商家的抱怨不难理解，小汽车已成为这个城市重要的交通方式，没有充足的停车泊位就难有充足的客源。

交管局的坚持也自有其道理，因小汽车的发展，这个城市的交通大潮已越发汹涌，承担"泄洪"重任的城市道路哪还容得丝毫的阻塞？

这是一场耐人寻味的博弈——同样是因为城市对小汽车交通的倚重，商家与交管局出现了戏剧性的对立：一个是希望小汽车停一停，一个是希望小汽车赶快走。

没有人会赞同交通拥堵是一件好事情，交管局自然是一言九鼎毫不松口。单纯从提高道路通行能力着眼，车辆与两侧街区的联系当然是越少越好，马路当然是越宽越好，行人穿行当然是越少越好，道路中央的隔离栏当然是越多越好。

不知不觉之中，"全副武装"的道路已如同一堵堵平躺着的墙，将这个城市隔成了一片片"孤岛"。守在道路两侧的商家，徒见车流不见人流，即使身处黄金宝地，也只能望洋兴叹。

人们开始感叹，这个城市的路是越来越多，街却是越来越少。市中心新开出的大马路宛如郊区的公路，都市气象尽失，逛街乐趣全无，人气没了，商机何来？

面对商家的诉求，交管局以城市交通利益优先回应，但我们还是希望实现交通利益与商业利益的双赢，因为它们共同孕育着城市的活力。

从积极角度分析，交管局削减占路停车泊位也有着让驾车人停车不便而迫使其减少使用小汽车的意义。如果限制小汽车使用能够成为城市的交通政策并获得成功，就无需再耗巨资扩路了，老街道的商气也可得以维持——从目前的情况来看，路修得越宽，越是刺激小汽车的使用，越是促进交通的增长，费而不惠。

但是，交管局削减占路停车泊位能够在多大程度上减少人们对小汽车的使用呢？可以肯定的是，如果公共交通不能真正优先，公交车依然拥挤在小汽车的海洋里如蜗牛般爬行，人们仍会对小汽车保持着高度的依赖。

虽然北京市在一些路段划出了公交专用车道，但与国外一些城市相比差距明显，后者是将道路面积的大部分辟作公交专用，在限制小汽车使用的同时，将公共交通发展到极致，人

们就不再开车出行了。实践证明，这样的做法符合真正的"城市交通利益"，它减少了车流，还把街道还给了步行者，满足了商家的利益。事实上，这些城市的汽车保有量并不算低，只是人们不再以驾驶小汽车作为上下班通勤的方式了。

2006 年 5 月 22 日

前门是拆还是保

前门商业区，东为鲜鱼口，西为大栅栏，均是北京市公布的第一批历

与广渠门内大街拓宽工程同时建设的"北京大都市"商厦无法摆脱低迷的状态，飞速行驶的车辆卷走了这里的人气　王军摄

2005年5月，拆迁中的前门大栅栏煤市街　王军摄

史文化保护区。如今要在这两片保护区中各拆出一条大道南北纵穿，鲜鱼口的叫前门东街，大栅栏的叫煤市街。这样的做法，到底该叫"拆"还是"保"呢？

近些年来，"路网加密"工程在北京古城内实施，旧有的绿树成荫、安静并宜于步行的古街巷，相继被拆成车流滚滚的大道，古城氛围已是脱胎换骨，如果还要在仅占古城面积21%的保护区中继续开路，恐怕就该"集体失忆"了。

与"集体失忆"相对应的是"集体失语"。在北京的城市规划中，建筑高度、容积率控制屡被突破，但开大马路的道路红线规划却无人能撼，一遇到这类工程大家便会"失语"，

虽然路已开到了保护区里面。

鲜鱼口、大栅栏是北京古城著名的传统商业区，商品交易集中在熙熙攘攘的前门大街两侧，鲜鱼口与大栅栏的腹地则是胡同幽长、趣味横生、闹中取静的场所，会馆、戏楼、客栈、小寺庙星罗棋布，将安静的四合院民居点缀为生动的社区；大栅栏内的多条斜街见证着13世纪北京城市的一次重大变迁——元大都新城建成后，金中都旧城一直保留至明朝中叶修筑外城城墙之时。彼时，旧城与新城人口流动，踏出了大栅栏内的这些街巷。

以上这些认识，应该是筹划前门商业区工程的前提。既然已将这个地区划入保护范围，整个工程就应该把发掘、复兴、继承其历史文化作为方

世界遗产城市法国波尔多通过建设先进的城市轻轨，使道路交通与古城保护相得益彰　王军摄

向。可是，当下的"路网加密"却是往保护区里引入大量城市交通，如同让公牛闯入瓷器店。

有人会说，这些地区已是破破烂烂，哪还配称"瓷器店"？鲜鱼口、大栅栏内的房屋确已危破了，但问题是：为什么在过去数百年间，这些地区的房屋尚能总体保持健康，而在近几十年却迅速衰败了呢？过去的居民敢真金白银地修缮房屋，关键在于产权清晰、权利稳定、市场流通；可在后来的政治运动中，大量合法的私房遭到侵占，产权与市场关系被破坏，公房又成为政府的负担，终致目前困境。

查清了这个"病灶"，就应该考虑：能不能修复已有的产权与市场关系，依靠民众的力量实现保护区的复兴呢？能不能腾退并归还合法的私房，恢复产权人的信心，让他们按照保护区的要求自我修缮房屋呢？能不能考量公房住户多为贫困人口这一现实，加大廉租房建设力度，疏散人口并为保护争得空间，不让低收入者因不得不贴钱购房而"怕危改"呢？

北京的古城保护就应该多做做这种"舒经活血"的实事，掸去尘埃、重现光彩是需要投入的，这自然是政府的责任，可目前却是把钱先花到开马路上面去了。

在鲜鱼口、大栅栏内开路，据称是为了让出前门大街作步行街。但能不能找到一种办法，既能保持前门大街的商业气氛，又无须使保护区伤筋动骨呢？国际成功的经验是：限制小汽车，发展"步行＋公交"。比如，法国的波尔多近年建成先进的城市轻轨系统，大家就不再开车出行了，整个古城成为步行者的天堂，商业迅速繁荣，快速高效的公交又满足了出行需要；巴黎的地铁及地面公交四通八达，使其古老的玛黑区无须为小汽车开路仍能保持小巷格局，并聚得人气；作为发展中国家的城市，哥伦比亚的波哥大，从1998年至2000年，仅用三年时间就建成世界上最先进的地面快速公交系统，没花多少钱就摘掉了

"堵城"的帽子。

中世纪形成的城市，是步行者与马车的尺度，街道窄、人口密度大。欧洲城市正是顺应这个特点，通过发展"步行＋公交"，走出了一条"双赢"之路。这是北京应该借鉴的。北京作为高密度的中世纪古城，它的胡同、街巷体系同样是适应"步行＋公交"的坯子。

可是，眼下北京的倾向却是向"汽车＋快速路"的美国城市看齐，殊不知一旦选择这种模式，城市就应该是低密度、大尺度的，而这正是北京所

美国的"汽车城市"图桑被小汽车拉散了身架，其市中心如同郊区　王军摄

不具备的。美国的"汽车＋快速路"模式因其浪费和非人性已备受诟病，北京在高密度城市环境下用此做法，已使得宽阔的城市道路，甚至包括未设红绿灯的快速环线，出现严重拥堵，教训亟须总结。这种开大马路的方式，不仅耗资甚巨，还拆掉了城市里大量简单就业的场所，对社会生态的负面影响是全方位的。

基于这种认识，前门商业区又该作何选择呢？以目前的情况来看，这个地方是既要"步行＋公交"又要"汽车＋快速路"，而世界上还没有哪个城市是把这两者占全而取得成功的。从北京已有的实践来看，我们也得不出这个结论。

2004 年 12 月 26 日

2006 年 3 月，张贴在前门草厂地区一户四合院门上的促迁信 王军摄

公民财产权的信心动摇不得

在北京崇文区辖内的前门地区，私房户们近日收到一份令他们左右为难的宣传材料。

落款为"崇文区'一号工程'指挥部宣传动员组"的这份材料，称前门历史文化保护区修缮整治后，私房户必须按规定承担道路、胡同等市政基础设施建设的相关费用；保留下的私房院将按国家相关标准对其进行修缮，费用自理；私有住房不得擅自出租，凡出租者必须经过有关部门的严格审批；居民区内将实行统一的物业管理，居民需承担相应的物业管理费

用，等等。

材料最后说："我们劝您一定要仔细考虑，是搬迁，还是留下，您全家一定要合计合计，慎重选择。还是那句话，早搬迁，早受益。"

私房户们这下犯了难：这是让我们走还是留呢？不过，能够争取到这样一份宣传材料已属不易。早些时候，保护区内的私房户们，包括那些独门独院、质量尚佳的保护院落的产权人，就有遭遇强制搬迁的情形，后者的名义是"保护历史名城，再现古都风貌"。

这般状况实难与国务院去年批复的《北京城市总体规划》的精神相合，《总体规划》的要求正是私房户们的

期待："明确房屋产权，鼓励居民按保护规划实施自我改造更新，成为房屋修缮保护的主体。"

经社会各界呼吁，北京市领导作出指示，要求在保护古都风貌中，对私房、公房不同房产，要运用不同政策方法加以解决。这之后，私房户们接到了这份宣传材料，仍感不安，因为意思在上面明摆着："还是那句话，早搬迁，早受益。"

宣传材料罗列了私房户们未来需要负担的一系列费用，可具体是多少？依据的法律法规何在？产权人的权利何在？未予明示。

宣传材料列出的一些费用并非无中生有。比如《北京旧城历史文化保护区房屋保护和修缮工作的若干规定（试行）》，就有"政府投入和房屋产权人或使用人合理负担相结合"的表述，可为什么"合理负担"及"相结合"的精神不在宣传材料中写出来呢？

《城市房屋租赁管理办法》规定，房屋租赁当事人应当遵循自愿、平等、互利的原则，房屋租赁实行登记备案制度。房屋所有人须依法出租房屋也是众所皆知。可为什么宣传材料却表述为"不得擅自出租"、"必须经过有关部门的严格审批"呢？

四合院地区是否需要或怎样进行物业管理是一个新课题，《物业管理条例》明示物业管理是由业主和物业管理企业按照物业服务合同约定的活动，这是业主——包括留存下来的私房户们的——权利，岂是工程指挥部即可规定的事项？

历史文化名城保护只有以房屋产权人对其合法财产的权利和信心为基石，他们才会自觉地成为房屋修缮保护的主体。在中国城镇房屋私有率已超过 80% 的今天，这样的权利和信心更是动摇不得。

2006 年 8 月 18 日

"规划性破坏"确该悬崖勒马了

全国政协委员冯骥才在全国"两会"上提出了一个引人瞩目的概念——"规划性破坏"，针对的是北京古城保护的现状，他深为仅在古城内划出若干片历史文化保护区，随后便在保护区之外大拆大建的情况忧虑，认为文保区"基本都成了孤岛式"，"这就是在没有确定城市的文化个性之前就进行规划的后果"。

冯委员的发言引人深思：北京城市的文化个性是什么？与此脱节的保护规划将造成怎样的后果？这种情况任其持续，北京古城会不会因"保护"而被葬送？

上述疑问并非危言耸听，因为已经或正在发生的事实告诉我们，问题可能比我们想象的还要严重。最近国务院批复《北京城市总体规划》，将"做好北京历史文化名城保护工作"作为专项提出，并明确了"加强旧城整体保护"的原则，在此背景之下，及时审查、纠正"规划性破坏"已事关大局。

北京古城被誉为"人类在地球表面上最伟大的个体工程"。之所以称"个体工程",就是这个城市是经过统一规划从平地上建造起来的,是和自然蔓长型的西方城市所不同的,这正是北京的一个鲜明的文化个性,决定了北京古城必须作为一个整体加以保护,不能照搬西方城市孤零零地保护历史街区的模式。

这些年,北京市相继公布了两批历史文化保护区,分散在古城区内,仅占古城面积的21%,最近又新增三片保护区,但"孤岛式"的状况无法逆转,因为保护线划到了哪儿,拆除线也就划到了哪儿。保护区之外,红星胡同、东堂子胡同一带正在被拆除,推土机仍在咆哮,古城惨遭肢解,谈何整体?

保护区之内,南池子被拆除重建为"假古董",南长街的大部分被夷为平地,什刹海保护区内的旧鼓楼大街被大面积拆除,鲜鱼口、大栅栏将各拆出一条25米宽的大马路。以上工程均被冠以保护之名,它们倒是不折不扣地对应着冯委员提出的概念——"规划性破坏"。

打开《北京旧城二十五片历史文

2004年11月12日,拆除中的北京东堂子胡同。这片典型的元大都街坊未被划入保护区范围,即面临被拆除的境地   王军摄

化保护区保护规划》，"规划性破坏"充斥其中。这个规划名曰保护，但在面积已少得可怜的保护区内仍划出了一个可拆范围：保护区被分为重点保护区、建设控制区两部分。其中，建设控制区是可以"新建或改建"的，占保护区面积的37%。看来，保护区也是不能保全了。

令人诧异的是，大马路工程也借着这个保护规划，在保护区内大行其道。皇城东北部的东板桥、嵩祝院北巷，将开出一条20米宽的城市道路；国子监、雍和宫地区，将把安定门内大街、雍和宫大街各拆至60米宽、70米宽，并东西横贯一条25米宽的城市道路；雍和宫保护区要开出一条柏林寺东街，南北向打通一条北接二环路的道路；南锣鼓巷保护区要新拆出一条南北向的30米至35米宽的城市次干道；什刹海保护区，将拓宽德胜门内大街，在钟鼓楼以北拆出一条东西向的城市次干道，开出一条大道从鼓楼东侧钻入地下，过什刹海，再从柳荫街以西钻出来……

在做出这些规划之前，有关部门是否对现代城市的交通政策作出过必要研究？难道适应古城现有路网格局、节约而高效的"步行+公交"模式，非得让位于耗费而低效的"小轿车+大马路"？难道要让滚滚车流将宁静的胡同淹没？难道历史文化保护区的保护也必须服从拆除与改造的需要？对照国务院批复中提出的"建设节约型社会"、"积极探索适合保护要求的市政基础设施"的要求，这些"规划

性破坏"确该悬崖勒马了。

2005年3月6日

勿让老城在"保护"中消失

东四八条拆迁事件在舆论的持续关注之下，终于获得了"暂时停止"的回应（《新京报》，2007年5月28日），虽然媒体被指"过度报道"，但《北京历史文化名城保护条例》规定"任何单位和个人都有保护北京历史文化名城的义务，并有权对保护规划的制定和实施提出建议，对破坏北京历史文化名城的行为进行劝阻、检举和控告"；国务院2005年批复的《北京城市总体规划》在历史文化名城保护的相关条款中也列出"遵循公开、公正、透明的原则，建立制度化的专家论证和公众参与机制"。

正是有了舆论的关注和媒体的介入，在东四八条拆迁事件的处理中，"公开、公正、透明的原则"才得以遵循，政协委员、开发商、当地居民、项目论证专家、文物与规划主管部门相继登台，不同意见的沟通和事态的解决才获得了可能。

人们看到了更多的真相：2002年当拆迁公告被贴到这条胡同之后，正觉寺在一夜之内遭到拆除（中国新闻网，2007年5月16日）。《顺天府志》载："八条胡同有承恩寺、正觉寺"，正觉寺为"明正统十年建"。东四八条在明代称正觉寺胡同，正是因这处古寺而

2002年11月28日，北京西裱褙胡同于谦祠被拆破的屋顶上，一幢"欧式古董"拔地而起　王军摄

得名，可它已被夷为平地。

人们也看到：在《北京城市总体规划》提出"坚持对旧城的整体保护"之后，过去的分片保护计划仍被一如既往地推行。分散而不能成为整体的历史文化保护区仅占旧城面积的29%。保护区之外，大规模的拆除仍在进行；保护区之内，还有一个可拆范围，其中的建设控制区仍可"新建或改建"。

人们还看到：《北京城市总体规划》已要求"推动房屋产权制度改革，明确房屋产权，鼓励居民按保护规划实施自我改造更新，成为房屋修缮保护的主体"，"积极探索适合旧城保护和复兴的危房改造模式，停止大拆大建"。可是，以开发商为主体的改造活动仍在保护区内发生，那些渴望自我修缮房屋的居民仍在被拆迁困扰。

四合院年久失修、趋于危破是不争的事实。正是看到受《宪法》保护的房屋产权失去了稳定、市场交易机制长期缺失，导致"谁也不敢修、谁也不敢买"，造成旧城房屋大面积衰败，北京市近些年才大力腾退"标准租"私房，制定了《关于鼓励单位和个人购买北京旧城历史文化保护区四合院等房屋的试行规定》，并起草《北京旧城四合院交易管理办法》。

居民渴望改善居住条件也是不争的事实。正是看到住房保障体制不完善、拆迁补偿机制不健全，使得许多低收入家庭和被拆迁居民的愿望难以实现并激化了社会矛盾，北京市才在去年制定了扩大廉租住房保障政策范围，转变经济适用住房供应模式、由销售为主过渡到租售并举的《北京住宅建设规划》。

可以说，在历史文化名城的保护方面，北京市的政策、法规已趋于系统，甚至还走在了全国的前面。可是，老城区仍在消逝之中。从南池子、南长街、鲜鱼口、大栅栏，再到现在的东四八条，保护区内的工程仍未走出大拆大建或房地产开发的老路，成片成片未被划入保护区内的胡同更是被轻易地推倒。

吴良镛院士近期发布的报告显示，根据卫星影像图解读，北京旧城传统风貌街区面积只占旧城总面积的四分之一左右，"旧城城市道路规划与大面积土地合并开发造成城市肌理模糊化，历史文化保护区的划定向开发需求与城市现状妥协，历史文化保护区不断被蚕食，文物保护单位与历史文化保护区被孤立"。难道，这就是"整体保护"的结局？

2007 年 5 月 29 日

公正规划孕育伟大城市

美国规划协会全国政策主任、院士级注册规划师苏解放（Jeffrey L. Soule），8 月 15 日在《瞭望》新闻周刊发表《北京当代城市形态的"休克效应"》一文，在业界内外引发强烈关注。

这篇文章痛惜北京作为一座独具特色的历史城市，"正在有系统地被重置为在任何地方都可以看到的城市形态"，"而涌现出来的东西又没有解决任何城市化难题"，"一个有着最伟大城市设计遗产的国家，竟如此有系统地否定自己的过去"。

文章感叹，"人性化的城市应该以绝大多数建筑作背景，由此界定城市的公共属性，就如同一支军队需要成千上万名优秀士兵排成整齐威严的队列，却只有几个将军一样。北京却几乎被改变为一个充满了'建筑将军'的城市，每个将军统领着只有一个士兵的军队"，其结果就是"城市的自我'休克'，毫无个性可言"。

文章呼吁中国城市应建立公正规划程序，"政治家、决策者、开发商、居民、学者，无论老少和贫富，都有均等机会参与"，必须改变的情况是"建筑师和评审者在玩着同一个游戏，而不得不生活在他们选择的后果中的人们却被排斥在外"。

读罢此文，人们不难得出这样的认识：城市形态是"果"，公正规划程序是"因"。一个城市如因果倒置，所谓对"伟大城市形态"的追求也只能南辕北辙了。

苏解放是美国规划政策制定的重要参与者，以他为代表的美国规划师们早已摒弃了仅把城市规划作为一个单纯的物质形态问题来对待的学说，认为社会、经济、文化等非物质因素有着更为决定性的作用。因此，城市规划应该追求一个事情怎样发生，这也就是公正规划程序问题。有了这样的程序保障，"伟大城市形态"也就自然生出了。

相比之下，国内许多城市的决策者，考虑的最多的是"我们要干什么事"，而不是"我们要怎样来做事"，优质规划程序中最为宝贵的制约与制衡机制往往被视为障碍，于是，荒诞之事能轻易发生。这方面的教训可谓比比皆是。

谁也不会否认城市化是当前中国经济发展的必然趋势，可城市化的公正程序是什么？受城市化影响、面临失地的农民，应怎样参与到这个过程之中？这些都缺乏明确而细致的规范。于是问题出来了，失去制衡的权力部门"跑马圈地"，虽经中央政府三令五申仍难以禁止，不但引发大量征地矛盾，导致严重的土地浪费，而且衍生"泡沫"危机。

城市改建也是如此。受改建工程影响的城市居民应以何种方式参与到决策之中？他们的社区主人身份应如何实现？也无明确而细致的程序设定。于是，许多居民在不知情的情况下，自己的房子就被规划给开发商了，他们所能等待的只是拆迁政策的"宣判"，几无盘旋的余地。一些城市虽为此设置了专家咨询程序，可那些专家有何资格去论证别人的房屋应怎样处置？难道居民们就没有自主的权利？

也许有人会说，要是被程序拴死，城市建设的速度又怎样保证？可他们恰恰忽略了越是高速就越需安全。如

2009 年 6 月 17 日，在北京新建设的菖蒲河公园，保安人员看守着"严禁踩踏坐卧"标志　王军摄

果失去了公正程序的制约，强者就能轻易地让弱者走开，均富与和谐又怎能实现？贫富分化又怎能消解？"泡沫"防范又怎能落实？宏观经济质量又怎能保障？而这一切的一切，均关系社会的前景与安全。

20世纪五六十年代，美国曾掀起城市更新运动，以房地产开发方式大规模拆除老城，由于未设立公正规划程序，导致严重社会问题，时至今日仍余波未平。出于这样的反省，美国规划师们把程序问题放在了首位，相信手段比结果更重要，相信一个伟大的城市并非为一个所谓的"伟大设计"所决定，而是诞生于一个伟大的机制。这是经历无数生命损失之后的觉醒，是值得尊敬的职业态度。反求诸己，我们又该有何作为呢？

2005年8月23日

2007年10月，北京菜市口北大吉巷墙上的"拆"字
王军摄

被视为城市规划的专业范畴。

1998年停止住房实物分配之后，城市规划的社会环境发生了巨变。建设部的数据显示，2005年中国城镇住宅私有率高达81.62%。房产已成为普通居民家庭价值量最大的财产。2004年《宪法》修正案作出"公民的合法的私有财产不受侵犯"的规定。《物权法》草案数易其稿，确立了私有财产与公有财产的平等地位。今年6月，国土资源部下发《地籍管理"十一五"发展规划纲要》，提出"积极参与推动不动产统一登记立法和土地权利立法"，"初步建成'权责明确、归属清晰、保护严格、依法流转'的现代土地产权制度"。以财产权为基础的不动产税（物业税）的开征也在筹划之中。

城市规划不能只见物不见权

正在稳步推行的以财产权为基础的公共政策和法律体系建设，是当前中国社会经济生活的一件大事，城市规划如何与之衔接很值得深思。

在过去福利分房时代，成片规划并供应土地是城市建设惯用的模式，由于大多数被拆迁人不拥有房屋产权，拆迁安置房以分配方式获得，城市规划的施行所引发的社会矛盾相对较少，规划工作多着眼于物质空间的设计，财产权及其相关的公共政策不

以上情况表明，财产权已是城市规划必须面对的问题。由于住房产权已高度私有，并严格受《宪法》保护，不动产积淀着最为巨量的社会财富，它们将要且应当成为国家

258

重要的税收来源，城市规划就理所当然地要把财产权的安全和增值作为一项重要内容了。

但是，目前的城市规划多还停留在物质设计层面。对财产权的习惯性忽视，使规划师面对城市如同面对荒地，规划师笔落何处推土机就推到何处，房屋产权人无法参与到规划程序之中，又不得不承受财产权被强制处分的结果，加之拆迁补偿机制尚不健全，城市规划的施行必然引发过多的社会矛盾。

财产权的安全和增值是现代土地产权制度和不动产税开征的重要基础。以美国为例，由于不动产税是城市政府税收的主要来源，城市规划的首要任务就是通过区划法规的编制，明确社区属性，规定哪些事情不能发生或怎样发生，公众参与被视为健康力量并纳入法定程序，潜台词不言自明——只有这样，财产权才有保障；既然不动产是政府的"金饭碗"，它的安全又符合公众的利益，城市规划就必须以此为核心。

而我们的城市规划较少关注此类程序问题，规划编制只是建筑设计的放大，多是只见物不见权。由于产权人对城市规划难以知情，难以参与决策，难以自主处分名下资产，财产权就失去了稳定。显然这无助于与财产权相关的改革目标的实现。看来，城市规划如何做到以财产权为基础，推动理论与实践的创新，已十分紧迫。

2006 年 12 月 7 日

喜闻四合院酒店联盟

2011 年 10 月 11 日，北京 42 家四合院酒店及特色酒店自发组成了北京市首个非星级酒店联盟。成立仪式上，商界、政界、学界人士济济一堂，向初生的联盟表示祝贺，并为它所代表的北京文化的顽强再生备感欣慰。

北京的胡同、四合院承载着悠久而灿烂的历史文化，可在过去的几十年里，它们却经历了令人痛心的衰败。昔日规规整整、工艺精良的四合院得不到应有的保育，纷纷沦为房危屋破、人口拥挤的大杂院。而在非星级酒店联盟的成立仪式上，与会来宾看到加入联盟的四合院酒店及特色酒店，无比骄傲地呈现着北京胡同、四合院应有的风采，一个个"天棚、鱼缸、石榴树"的庭院复活了，向人们呈现着一份份久违了的美丽。

2008 年北京奥运会是四合院酒店发展的转折点。奥运会召开之前，北京的这类酒店只有三四十家，以国有为主，多是用于接待官员、来宾，或作为备选的旅游项目。借奥运会召开之机，由多元化社会力量参与投资的这类酒店在北京如雨后春笋，迅速发展至上百家，成为备受国外游客欢迎的高档旅游项目。许多酒店的入住率常年保持在 90% 以上，房费翻番，供不应求。其喜人的发展势态，反映出近年来北京市旧城保护政策调整的功效，也给一些地区仍然存在的拆除行为以有力回应——在文化发展已被

北京南锣鼓巷的一家四合院宾馆　王军摄

从北京西城区一家修缮后的四合院宾馆屋顶，眺望元代妙应寺白塔　王军摄

提升至国家战略的当下，人们确实应该从四合院酒店的成功中收获更多的启示。

2005 年经国务院批复的《北京城市总体规划》确定了整体保护旧城的原则，明令停止大拆大建，积极探索适合旧城保护和复兴的危房改造模式，加强对具有历史价值的胡同、四合院的保护和修缮。参与四合院酒店建设的各方社会力量，正是对上述规定的有力执行者。这些酒店的开发，最成功之处，是复兴了四合院财产权的公平租售之道。投资方不是以强制性拆迁开道，而是充分利用房地产交易平台，不惜资金、时间与耐心，或租或购，再行修缮，将一个个大杂院还原为魅力独具的院落，其信心来源，

既有对北京历史文化的热爱，更有对财产权稳定的预期。非如此，不会有这般耗心耗力的投入，也不会换来丰厚可人的回报。

酒店联盟的成立也告诉我们，基于不被袭扰的产权明晰、公平交易的环境，建设性的行业自治、有序参与，才会自然而真实地流行，并对社会管理形成有益的补充。走向繁荣的四合院酒店提醒我们，并不是要把所有的四合院都变成酒店，而是每一片屋宇的兴衰荣败都与其财产权的状况密切相关，拆字旗被拔掉了，市场的信心才会恢复，真金白银的修缮与利用才会发生，城市的生命才会延续。

2011 年 10 月 14 日

酒仙桥与798

我们须认同这样的理念：社会的文明正体现在对弱者的关怀之中。人们会把目光投向公权方，希望它为共同的利益践行。

关注酒仙桥危改的意义

在开发商的动员下，北京酒仙桥危改项目涉及的居民，2007 年 6 月 9 日就危改政策进行了一户一票的"投票表决"。结果显示，在总共 5473 户居民中，收回选票 3711 张，1762 户未参加投票。其中，赞成票 2451 张、反对票 1228 张、无效票 32 张。赞成危改政策者虽占参与投票者的六成以上，但不及危改区住户总数的一半。

一时间，社会热议此起彼伏，焦点包括：谁有资格来组织这样一场"民主拆迁"？多数人是否就能够决定少数人的财产或居住权利？"投票表决"是否将开发商与被拆迁居民的矛盾转移到居民与居民之间？在危房改造工作中政府应扮演怎样的角色？房屋危困的居民该获得怎样的救济？

在这一系列论争的背后，是危改区内的房屋质量不堪的现实。它们多

建于 20 世纪 50 年代，与生活在这里的人们一同耗尽了青春。据有关部门鉴定，一般损坏房、严重损坏房占总建筑面积的 71.02%。寓居于此的居民，多是电子工业行业的离退休老职工和下岗工人，他们曾为新中国电子工业的发展贡献了力量，又随着社会的转型、企业的改制成为困难群体；他们当中的许多人还租住在面积狭小的公房内，承受着社会转型的"成本"；他们渴望着这样的"成本"能够有一个回报。

在这个时候，开发商揣着红头文件来到了他们的身边，与他们共谋解危解困的大计，一场利益的博弈就由此展开，并在"投票表决"中被演绎到极致。

在酒仙桥危改区发生的事情在许多方面已有改进：居民代表已能产生并表达意见，不再是一贴拆迁公告就要来扒房子；社会舆论已有了更多的

介入，"投票表决"毕竟不同于暗箱操作……可是，这些改进带来的结果，是整个项目陷入了困境。

从社会舆论的反映来看，对涉及财产权与居住权的危改进行"投票表决"难获认同。在公民的基本权利领域适用的是自由原则，即在法治框架内，权利人权利自主。民主有多数原则也有少数原则，多数原则对应的是可供选择的公共事务，少数原则对应的是不受侵犯的基本权利；多数原则不能排斥少数原则，因为后者是社会安全的底线，当一个社会保护不了少数人的正当权益时，它同样也保护不了多数人的正当权益。

具体到酒仙桥的这片区域，是不是71.02%的房屋成为了一般损坏房和严重损坏房，其他基本完好的房屋也要跟着一块推倒重来呢？也许在决策者看来，不这样做，危改在技术上就难以推行。果真如此，应该怎样补偿那些不危不困也无意参加危改的居民呢？应该怎样使他们的权益不因危改而受到伤害呢？这些问题的解决，需要一个公正的程序来应对。

从正面着眼，"投票表决"已表现出在危改中引入公众参与机制的努力。可是，公众参与机制更应在决策之初发生，并伴随着决策的始终。而眼下，供居民"投票表决"的只是一个由操办方"为民做主"的结果，这个结果甚至使那些对危改持拥护态度的居民也无法满意——他们一方面渴望危改，一方面又不支持这样的危改。

在民主社会里，建设项目遵循公众参与程序是政府的法定职责。酒仙桥的"公众参与"还很不完整。事实上，在付诸"表决"之前，一系列行政行为已经发生。公众参与未能提前充分介入，不同意见的沟通与危改政策的优化就失去了机会。

酒仙桥危改执行的是《北京市加快城市危旧房改造实施办法（试行）》(京政办发 [2000]19 号)，根据这一办法，危改区居民将视不同情况，或按房改成本价、相应的优惠政策和经济适用房价格购买安置房，或进行产权置换；危改区居民就地安置的，一律自行解决周转用房。

办法还规定："危旧房改造工作由各区、县人民政府组织实施，各区、县危旧房改造办公室负责具体落实，市危旧房改造办公室负责有关的协调工作。"

可在酒仙桥危改项目中，政府部门组织实施、具体落实与协调的结果是，开发商成为了操盘手，政府授权其进行土地一级开发，并将项目中的经营性用地部分，通过市场方式 (招标、拍卖、挂牌) 供应。

开发商向居民作出解释："居民交纳的回迁购房款只是建设资金的一部分，其余部分需要按政府规定入市交易地块回收的资金来平衡。没有成功的入市交易，就没有危改资金的平衡；没有危改资金的平衡，危改工作就无法顺利实施。"

这样，具有住房保障性质的危改就被捆绑着进入了市场。居民代表对此的回应是："出让土地收益是百姓减少安置面积换来的，应拿出一部分贴到百姓回迁款上。"并直言有"三怕"："一怕拆迁致贫，二怕回迁后生活负担更重，三怕安度晚年的夙愿随着拆迁变成泡影。"

危改应以何种方式进行，是否要开发商介入，是否以卖地来平衡资金，均关系当地居民的利益，但在相关行政决定作出之前，他们未能发出声音。

开发商历经周折，办理了一项项前期建设手续之后，面对的却是居民代表的诘问："政府把危改推给开发商进行市场运作就万事大吉了，这是认识上的谬误。认为市场可以解决一切，是灵丹妙药，那么，房价居高不下，是市场应有的吗？这是富人的市场，是资本的市场，而不是大多数劳动人民的市场，更不是弱势困难群体

的市场。"

在社会贫富差距拉大、住房供应体系畸形发展的今天，围聚在酒仙桥危改区的矛盾，使人们深思：大庇天下寒士俱欢颜，政府有怎样的责任？

这些年来，大量危改拆迁引发的社会矛盾，多与住房保障的缺失有关。那么，一个友善的、可持续的住房保障体制应该如何建立？

1998 年推行住房制度改革之后，国家对不同收入家庭实行不同的住房供应政策——最低收入家庭租赁由政府或单位提供的廉租住房；中低收入家庭购买经济适用住房；其他收入高的家庭购买、租赁市场价商品住房。

国务院还在通知中要求，调整住房投资结构，重点发展经济适用住房，加快解决城镇住房困难居民

2007 年 6 月，被划入酒仙桥危改区的老楼房　王军摄

的住房问题。

可各地执行政策的结果是，商品住房建设成为了主力，经济适用住房供应严重不足，廉租住房更是捉襟见肘。

地方政府一方面对具有保障性质的经济适用住房和廉租住房的建设缺乏动力，一方面又热衷于危改拆迁。许多低收入居民就这样被卷入了房地产市场，拆了你的房你就是砸锅卖铁也得去买房，这样的被动性需求成为了房地产业的兴奋剂，其背后却是不合理的利益输送。长此以往，社会分化必将加剧，经济发展难以持续。

现在，是到了必须认真思考如何建立住房保障制度的时候了。在这方面，政府责无旁贷，因为只有政府能够在市场与保障之间，搭建一条利益转化的通道——通过良善的税收与财政政策，将市场的收益合理地转移到增进社会安全的方面，而不是相反。

从发达国家的经验来看，住房保障的建设并非只能靠国家财政支撑，通过政府的有效介入，多可实现资金的良性循环。比如，可发展住宅合作社等非营利组织，由政府直接资助或向其提供信用，通过银行或市场融资建设可负担住房，由低收入者租住，真正做到市场归市场，保障归保障；当承租者的财富积累到一定阶段时再向其出售住房，逐步回收资金。英国政府就是用这样的办法促进了居住和谐。伦敦 2004 年的规划更是将 2016 年可负担住房的理想目标提高到占

住房总量的 50%，现实目标确定为 35%。

住房保障涉及诸多技术问题，具体方案不一而足，但只有通过正确价值观的领引才能够找到答案。我们须认同这样的理念：社会的文明正体现在对弱者的关怀之中。这正是关注酒仙桥危改的意义。

2007 年 6 月 24 日

为了"798艺术区"的留存

一边是租赁方：艺术家的苦心经营，终于把 798 闲置的厂房打造成生机盎然的文化乐土，在这里，他们倾注了太多的情感，不愿让推土机将它碾碎。

一边是产权方：七星集团肩负着近两万名离退休工人和下岗职工的衣食冷暖，这个城市涌动着的商机使他们寻得了自救的可能，他们要改造厂房，为"企业的发展"服务，并认定这是他们自主的权利。

一边是公权方：北京市、区政府要员多次明察暗访，调研、论证相继展开。最终结论虽未作出，但"798艺术区"的命运已被纳入城市整体利益的范畴加以考量。这个计划之外的"新北京文化标志"，虽让官员们感到突然，但已能面对。

租赁方、产权方、公权方所代表的三种利益，就这样纠缠在一起。目前似已闹大了的租赁纠纷，不过是大

经各界人士呼吁，798 艺术区得以留存，成为独具魅力的场所　王军摄

变化的前夜。故事因此而充满戏剧性，围聚在"798 艺术区"的各方，随着情节的发展，实已冲向了或分或合的高潮。

先从"分"的角度来看。产权方主张自己的权利无可厚非，一个完整的产权当然包含使用之、收益之、处分之，财产权的稳定也正是社会进步的基石。产权方或提高租价，或解除租约，如均按合同办理，那是自然之事；因自身的需要，在制度允许的框架内，自主处分名下的资产，也无他人干涉的道理。由此进一步推演，租赁方当然无权决定不归属自己的财产，公权方当然要防止在此类民事活动中滥用公权。

故事似乎该就此打住，可问题为何趋于复杂了呢？看来，道理并非如此简单。很有必要再从"合"的角度作一观察。

不容否认，"798 艺术区"已大大提升了北京的城市形象，它是这个城市意外的惊喜，是一个自然"长"出的当代艺术区。美国《新闻周刊》曾评出"世界城市 TOP12"，北京因 798 的空间重塑入选；《纽约时报》甚至将这里与纽约当代艺术家聚集区 SOHO 并论；"798 艺术区"也无疑是中国发生文化转型的一个标志。正是出于这样的背景，才有了当前公权方的积极介入，才有了规划师对规划调整的认同。从这一层面来看，租赁方与公权方应是天然的同盟。

那么产权方呢？谁也无法否认，对近两万名工人的救济也符合城市整体的利益，对完整产权的尊重也是城市发展的方向。既然这些问题的指向，都通往城市的福祉，这三种利益的周旋，又怎能不争取共赢共生的结局？

高潮将起之时，人们会把目光投向公权方，希望它为共同的利益践行。"798 艺术区"的留存，如能造福每一位公民，大家皆应向任何一方的牺牲施以最温暖的援手。而以目前的情况看，如能整体运作统筹，牺牲似可避免。这需要智慧，更需要关怀城市的立场。

2005 年 5 月 31 日

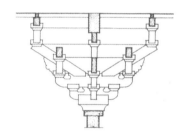

历史的见证

我们如不能对先辈怀有正常的情感，又怎能正常地面对自己？对自己尚不能负责，又何谈对后人负责？

请保留曹雪芹故居遗址

北京广渠门内大街 207 号四合院，在近一年时间里，来访者络绎不绝。这个已有些衰败的院落去年被学术界认定为一代文豪曹雪芹（约1715～约1763）的故居遗址，经媒介披露后，骤然成为社会关注的热点。

"太激动了！当我们知道曹雪芹曾在这里居住过，都感到特别骄傲。"207 号院居民马孝贤说，"这个院子虽然有些破旧，但完全能够整治好。《红楼梦》不要说在我们中国，就是在世界都是有重要地位的啊。"

207 号院现挤住着 20 多户居民，已搭建了许多临时建筑，但旧时的院落格局清晰可见。院落东侧的夹道旁，立着四扇屏门，上书"端方正直"，这四个字在《红楼梦》里出现过，据专家考证，这极可能是曹氏家训。

可是，发现曹雪芹故居遗址的消息披露后不久，这个院子就在道路工程中面临被拆除的境遇。最近一家报纸说，曹雪芹故居"当初的院落已不复存在，房屋几经翻建，失去了四合院的原貌，存在的仅仅是地基。路面上的建筑已失去了保留价值和意义"，"现在的故居遗址恰恰位于路中央，所以有关部门决定在旧居附近选址，重建一座纪念物"。

"不能说当初的院落已不复存在。能够找到这个院子，就是因为它的格局仍保存完整，能够与历史记载对应上。"曹雪芹故居遗址的发现者、中国第一历史档案馆研究员张书才认为，"尽管院子里的房屋后来翻修过，但四合院建筑的样式不会有太大变化。重要的是，这里是曹雪芹生活过的院落，拆掉之后，再建一个就是假的了！"

1982 年，张书才在中国第一历

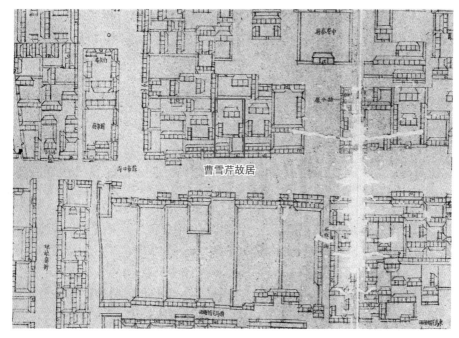

据张书才考证，乾隆《京城全图》显示的蒜市口地区，唯有一处三进宅院为"十七间半"（如图所示），结合相关史料与现场调查，可认定此院为曹雪芹故居

史档案馆现存清代内务府档案中，发现一件雍正七年(1729)的《刑部移会》，其中载明江宁织造隋赫德曾将抄没曹家的"京城崇文门外蒜市口地方房十七间半、家仆三对，给与曹寅之妻孀妇度命"。由此可以确定，曹氏在蒜市口地区有十七间半老宅，曹雪芹从南京回到北京后，就是在这个老宅里，开始了新的"历尽离合悲欢、炎凉世态"的人生旅程，并在家庭和自身的兴衰际遇中磨炼成长为中国历史上最伟大的古典小说家。

张书才将档案记载与清代乾隆《京城全图》对照，发现了乾隆时期蒜市口地区唯一一所有18间房的宅院。在乾隆《京城全图》上，此院是一个三进宅院，如果按照过去计算房屋间数多以门房为"半间"，则此院的房屋间数恰与"房十七间半"的曹宅相合。据现场查看，今207号院与乾隆《京城全图》记载的院落形状、大小规模完全一样。

张书才在调查中发现，此院存留的遗迹、遗物，与曹寅、曹雪芹有联系。在乾隆《京城全图》上，这个宅院的后院空旷无房屋，似为花园，今查确有一口古井及石制井口遗物。有关记载表明，曹家蒜市口旧宅有名为"谢园"的花园，正与此院的后院是个小花园相合；此院现存"端方正直"四扇屏门，在《红楼梦》第二回介绍贾政时，脂批甲辰抄本、高续本，皆称贾政"为人端方正直"；而所有版本中，第二十二回的贾政"砚台"谜语"身自端方，体自坚硬，虽不能言，有言必应"，亦寓有贾政"端方正直"之意；中院堂屋正中上方曾悬挂"韫玉怀珠"横匾，"文革"初期被毁。《红楼梦》第二回写贾政、王夫人有二子，长名贾珠，次名宝玉，而所以取名宝玉，原是因他"一落胎胞，咀里便衔下一块五彩晶莹的玉来"。显然，贾珠、宝玉之名，恰与此"韫玉怀珠"匾额所含字、义相合。

张书才最后认定：今广渠门内大街 207 号院，是他考察过的西起高家胡同东至缨子胡同的院子中，唯一一处有档案可据、有地图可证、有遗迹可寻的与曹氏有一定关联的宅院，应该就是曹雪芹的故居遗址。

张书才的发现引起学术界极大的关注。北京市政协文史委员会、北京市崇文区政协、中国红楼梦学会1999 年两次联合召开研讨会，一致认为：清代雍正七年的这份《刑部移会》是认定曹氏在京旧居的重要文献

资料，档案中所说的"十七间半"房即为现广渠门内大街 207 号或邻近的两个院落。

中国红楼梦学会会长冯其庸认为，红学界认定蒜市口这"十七间半"旧宅为曹雪芹旧居是实事求是的，这一点没有争议。曹雪芹在世界文学史上，是比巴尔扎克（1799～1850）、托尔斯泰（1828～1910）还要早的伟大文学家，我们应该把他的旧居很好地恢复起来，有个供世人瞻仰的地方。著名红学家周汝昌提出，"十七间半"房是曹雪芹旧居，这是有文字可考的，应很好地利用这一宝贵文化遗产，"中国有大学生提起莎士比亚（1564～1616），没有不知道的；但对外国的大学生提起曹雪芹几乎没有知道的。我们开会隆重纪念普希金（1799～1837）诞辰 200 周年，但有谁来纪念曹雪芹？这说明我们对自己的文化宣传不够"。

学术界刚刚形成共识，207 号院

2000 年 12 月 30 日，北京广渠门内大街 207 号曹雪芹故居遗址考古现场。地面建筑被拆除后，考古人员发掘清理出的建筑基础有一米多深，可知这是一个古老的院落。发掘完毕后，这处遗址即被拆除筑路　王军摄

就处于拆还是留的命运抉择之中。曹雪芹故居遗址南侧，一条从广渠门至广安门的道路将拓宽至70米，近期就要开工。有关部门已提出将故居遗址拆除，在附近选址重建一座纪念物的计划。

"曹雪芹故居遗址一挪动就价值全无了，要保留下来，技术上并不复杂，道路稍稍拐个弯就可以了。"考察此院的西北大学历史文化名城研究中心主任罗亚蒙表示，"北京的北海团城，就是这样保下来的。对于像曹雪芹这样在世界文学史上有重要影响的人物，道路拐个弯有什么不可以呢？"

"我们给文物局打电话呼吁保护这个院子，但他们说这条马路是城市干道，是不能拐弯的。我们真着急啊！其实，平安大街不就给文物让行了吗？眼前的这条道路为什么不能效仿平安大街呢？"马孝贤说。

"现在广渠门到广安门的道路就不是直的，拓宽的道路弯一点又有何妨？你要展宽并非不可，但是到曹雪芹故居遗址这里朝南展宽不就行了？这个院子并不影响道路工程。"张书才坚持道。

还有一些学者提出，并没有必要将马路拓宽为70米，将现有道路辟为单行线，在其南侧或北侧再利用现有的胡同辟一条相反方向的单行线，即可解决交通问题，这是国际通行的办法，还可节约投资。广渠门内大街现在仍保持了明清道路的尺度，将曹雪芹故居遗址保留下来，整修附近的

卧佛寺，并与北京宣武区大观园公园联系，就完全可以形成一个红楼梦旅游景观，促进北京南城旅游经济的发展。有学者说，保留这处遗址和广渠门内大街风貌，并把《红楼梦》里贾府的美食在这一带开发出来，就是一个不小的产业。

2000年4月

恭王府腾退大修须举一反三

2005年12月5日，恭王府大修工程启动。此次大修工程，主要是腾退修复王府的府邸部分，工程告竣后，恭王府将以完整的面貌呈现在世人面前。国务院原副总理谷牧为工程的开工发来贺信："遵照周恩来总理生前的指示和嘱托，我对恭王府的保护修复工作也一直极为关注。"为实现周恩来总理的生前遗愿——全面开放恭王府，谷牧在任内积极部署，离休后仍再三垂询，曾有恭王府不全面开放自己死不瞑目的誓言。如今，这位可敬的老人终于迎来了令他欣慰的时刻。

北京拥有着中国最为丰富的王府建筑遗存，可在众多的王府中，迄今对外开放的仅是恭王府的花园部分，王府的府邸长期被一些单位占用，国家在过去较长时间内虽采取了许多腾退的措施，但恭王府仍无法净身而出。1982年以前，恭王府被9家单位占用。1982年在人大代表紧急呼吁和国务

2007 年 3 月，修缮中的恭王府府邸　王军摄

2007 年 3 月，占据恭王府府邸部分地段建设的中国音乐学院附属中学大楼已被腾空，正等待拆除　王军摄

院领导的指示下，占用恭王府的单位和住户开始搬迁。这些单位当时都被拨给了专款和地皮。至 2002 年，据不完全统计，二十年来国家累计投资 3 亿元用于恭王府占用单位的搬迁。可是，除个别单位按时完成搬迁任务外，其余单位都不同程度地遗留了问题。在这样的情况下，经有识之士的奔走呼号，2002 年新华社的一篇调查引起了高层关注，这才有了后来的腾退与今日的大修。

周总理的遗愿实现得并不轻松，部门利益至上曾使恭王府的腾退历尽周折。在恭王府"百年大修"的喜庆气氛中说说这样的事情是必要的，因为北京仍有众多珍贵文物被一些单位不合理地占用着。就在前些日子，北京市文物局就向大高玄殿、孚王府、崇礼住宅、皇史宬、段祺瑞执政府旧址、宁郡王府、万寿寺东路等七家文保单位，下达了《责令限期改正通知书》，要求对区域内的严重安全隐患进行整改。北京市文物局局长称："重要文保单位却破烂不堪，有的甚至违反法律擅自转让产权，让人痛心！"北京现存不可移动文物有 3500 多项，其中区（县）级、市级和国家级的文物保护单位 1000 多项，未被列入文物保护单位的普查登记项目 2500 多项。这些不可移动文物的 60% 被单位和居民不合理使用。大量被占用文物的现状堪忧，有的被占文物，连文物工作者去调查也屡被占用单位拒之门外。

2008 年 10 月，全国重点文物保护单位清代孚王府院内私搭乱建的情形。这处王府被多家单位占据，并被插建了楼房　王军摄

难以想象，如果每一处被占文物的保护都像恭王府那样历经漫长而曲折的过程，北京的文物保护事业将面对何种情形？恭王府腾退的背后，是部门利益与国家利益的较量，我们遗憾地看到，在过去较长时期内，部门利益竟然占据上风，占用文物的单位想方设法向国家索要腾退经费，在它们看来，被占文物简直就是摇钱树。好在最终国家利益的胜出改变了恭王府的命运，但是，同样的较量目前仍在其他被占文物中上演着，情况依然不容乐观。

全国重点文物保护单位、明清两朝皇家道观建筑——北京大高玄殿，因管理使用不当破损严重，古建筑的石栏板和兽头被车辆撞坏，一些殿堂濒临倒塌亟待维修，安全隐患众多。

北京市文物局、北京市政协曾多次采取措施并呼吁解决这一问题，可与占用单位的协调工作每每陷入困境。同样的事例还能举出许多，以世界文化遗产颐和园和天坛为例，颐和园被占用的附属建筑有六处之多，占地达4万平方米。天坛外坛用地被三十多个单位占用，面积多达3.74平方公里。这些问题的产生虽有其历史原因，情况错综复杂也难一时解决，有的占用单位也有其具体困难，但这些都不是置问题于不顾的理由。

《文物保护法》规定，文物建筑的使用单位负有维修文物建筑的法律责任。可见，即使一时无力腾退被占用的文物建筑，占用单位也应履行其维修文物的法律责任。文物建筑不是个别单位独占的资产，遵守国家

2010年7月，全国重点文物保护单位、明清两朝皇家道观——北京大高玄殿院内情形。可见部分古代建筑构件已被严重损坏　王军摄

法律保护文物是每一位公民和部门义不容辞的责任。从这一意义出发，恭王府腾退大修的经验实有举一反三的必要。

2005 年 12 月 7 日

文物异地迁建事关政府诚信

近年来，北京"异地迁建"文物的故事被演绎到极致。

2004 年 4 月，位于东长安街南侧麻线胡同 3 号的意园——被列为东城区文物保护单位的一处罕见的私家园林，被弄得砖瓦狼藉，院内东部的游廊被拆出一个大窟窿，小桥、假山、亭子惨遭破坏。"对这么美的园林这么动手，于心何忍？"曾考察过这个院子的清华大学教授陈志华心如刀绞。后来才知，这是在"异地保护"这处文物。而对这样的"异地"，人们已不陌生。

1998 年 9 月，在菜市口南大街工程中，粤东新馆、观音院过街楼两处文物被"异地保护"了，"保护"的方式是，粤东新馆被民工们拆下来售卖砖瓦木料，观音院过街楼则是推土机一铲了之。时至今日，人们也不知道它们被迁往何处。

粤东新馆是戊戌变法前夕康有为成立保国会的地方，1998 年又是戊戌变法 100 周年，罗哲文、俞伟超、郑孝燮、谢辰生曾发出"刀下留馆"的呼吁，得到的答复是"异地保护"，后来的事就是他们没有料到的了。

2003 年 7 月，即将被拆除的北京东城区文物保护单位麻线胡同 3 号意园
王军摄

1998 年 9 月 24 日，粤东新馆遭到拆除　王军摄

"100 年前，六君子血溅菜市口，唤起了民族的觉醒；100 年后，粤东新馆和一大批文物建筑捐躯菜市口，我们什么时候觉醒？"学者杨东平在《菜市口的悲剧》一文中，发出惊世长叹。

2000 年 10 月，东城区文物保护单位蔡元培故居告急，一个房地产项目计划在此建设，居民动迁开始。故居倒座房的顶被拆了，墙被砸了，名义也是"异地保护"。有官员称，故居的房屋翻建过了，不是原来的了，但地点是真实的，所以保护的不是它的房子，而是它的地点。还有官员说，故居周围起高楼了，故居摆在那儿就不协调了，所以"异地"

才是最好的"保护"。好在侯仁之等老学者的话还有人听得进去，故居得以留存至今。

接下来的故事就是东岳庙了。这个始建于元代的道观，是国保级单位。2002 年 11 月，东岳庙二期修缮工程开工，媒体对此报道说，修缮的是东岳庙西路，包括鲁班殿、眼光娘娘宝殿等。可 2003 年 8 月，人们在这里看到，这些庙宇被"修"成了大坑、大土堆。一打探方知，它们也被"异地保护"了，一个房地产项目正在此兴建。于是，又是读书人的一次次上书，一次次呼吁。

故事有点像"捉迷藏"。主管部门终于松了口，说要把东岳庙的那几个殿再修回去。但不知工程何时剪彩。

观音院过街楼 1998 年在菜市口大街工程中遭到拆除
岳升阳摄

2000年11月23日，北京东城区东堂子胡同蔡元培故居倒座房残状　王军摄

"捉迷藏"又"捉"到了意园。政协委员查明情况提意见，主管部门拍胸脯：一定会按文物迁建的规矩办事，把这处文物迁建好！

似乎就该皆大欢喜了，可政协委员质问：凭什么让文物迁走？凭什么不把大楼挪到别处去建？文化遗产所代表的公共利益跟商家和部门的利益比，哪个大？

问题一下子变成了两个：一、"异地保护"只是虚晃一枪的那种吗？诚信还要不要了？二、政府部门应该站在公共利益这边，还是站在商家和部门的利益那边？

在"异地保护"的博弈战中，我们已能听到真实的社会舆论，这是时代的进步。可为什么还会一而再、再而三地以"异地保护"之名行拆除之实呢？为什么各方面的声音总是难以对明明白白的事情产生有效的制衡，使之朝着正确的方向发生转折呢？

说到底，这是一个政治文明建设

经社会各界呼吁，蔡元培故居免遭拆除并被修缮，开发商在其东侧盖起了一幢欧式大厦　王军摄

2003年9月，全国重点文物保护单位北京东岳庙西路建筑被拆除后，原址被挖成一处大坑　王军摄

的课题。我们要求官员们要像爱惜自己的眼睛那样爱惜政府的公信力，这当然要靠命令，要靠教育，同时更需要制度。

我们需要建立一种程序，让官员的权力清楚地得到公众的授予；我们需要把问责制引入文物保护领域，真正做到有错必究，举一反三；我们需要创建公开透明的决策机制，让公众参与到文物保护的各项事业中去；我们需要鼓励对文物保护工作的社会监督，珍视人们对祖国文化的炽热之爱，清醒地认识到这才是国家利益所在。

必须停止所谓的"异地保护"了，因为这个城市已经失去了太多，再也

陈列在东岳庙内的东岳庙建筑模型，其西路建筑清晰可见　王军摄

2004 年 12 月 8 日，南海会馆被焚房屋情况　王军摄

经不起这般折腾了。

2004 年 8 月 8 日

"康有为故居未发生火灾" 存疑

北京市宣武区米市胡同 43 号旧宅院，大门北侧墙上嵌有石牌，上刻"北京市文物保护单位康有为故居"字样，一入大门正对着的高大木构瓦房 2004 年 12 月 3 日上午发生火灾，当日即有一家晚报以"康有为故居上午失火"为题作出报道。北京市文物局、宣武区人民政府迅速反应，称报道"与事实不符"，"康有为故居未发生火灾"。次日媒体将此声明公布，让人感到这不过是虚惊一场。

两家单位的声明称，"米市胡同 43 号院内部分建筑失火，发生火情的建筑不属于任何级别的文物保护单位。康有为故居为米市胡同 43 号院内北部的一个院落，是北京市人民政府于 1984 年公布的市级文物保护单位，并于 1987 年划定其保护范围，四至为现状故居院落（原七树堂）。目前该文物保护单位保护范围内的所有建筑都没有发生火情。"

按照这一说法，作为市级文物保护单位的康有为故居，只是米市胡同 43 号的一个"院中院"，虽然大院内有建筑失火，但这个"院中院"没有失火，就不能说康有为故居失火。话题到这里似乎就该结束了。可人们又难免生疑：既然康有为故居只是一个

"院中院"，可为什么刻有"北京市文物保护单位康有为故居"字样的石牌，偏偏是嵌在整个大院的门房上呢？

米市胡同43号到底是什么？声明只字未提。倒是北京市文物局编辑的《北京名胜古迹辞典》(1989年第一版)给了一个说法。其"康有为故居"词条称，康有为故居"在宣武区米市胡同43号。即南海会馆。是一个分四路的四进院大会馆建筑。康有为居住在北跨院的中间院子里"。由此看来，康有为虽居住在一个"院中院"里，但康有为故居"即南海会馆"，"是一个分四路的四进院大会馆建筑"。

北京市宣武区建设管理委员会与北京市古代建筑研究所合编的《宣南鸿雪图志》(1997年第一版)的表达更为明确，其"南海会馆（康有为故居）"条目下的说明是："位于米市胡同43号，北京市文物保护单位。保护范围以原会馆墙为界，南北63米，东西70米。"同时绘出南海会馆总平面图，显示康有为居住的"七树堂"位于会馆北部一小院，此次被焚的房屋与会馆"中轴主院"的"一进院主堂"对应，属"礼仪部分"。如此说来，虽然"七树堂"未失火，但失火的房屋仍在保护范围之内。

南海会馆是康有为领导戊戌变法、起草"公车上书"之"万言书"、创办北京出版的第一种民办报刊《中外纪闻》的所在地，康有为在此活动甚多，将整个会馆列为康有为故居的保护范围理所当然，北京市文物局、宣武区人民政府当然负有保护责任，

可为什么现在的口径变了呢？

2004年12月10日

裴盛戎故居的考问

在北京前门西河沿街，京剧大师裴盛戎(1915~1971)的故居虽然挂着"保护院落"的牌子，还是被划入了道路扩建的范围，又引起一场拆与保的争论（《新京报》，2009年11月13日）。针对这一事件，北京历史文化名城保护专家顾问组成员、中国考古学会前理事长徐苹芳再次强调，必须认真执行整体保护旧城的《北京城市总体规划》，"旧城不能无限制地被拆迁"。这样的观点，在2009年7月梁思成、林徽因故居的保护问题上，被社会各界人士一再提起。北京旧城区仅占规划市区面积的5.76%，实属弹丸之地，目前仅残存约四分之一。对这最后的部分，尽管《总体规划》已明令"停止大拆大建"，各城区的拆除活动却依然故我，实在是值得深究的现象。

上次跟梁思成、林徽因故居发生矛盾的，是开发商的楼盘；这次跟裴盛戎故居发生冲突的，是道路扩建工程。前者是不折不扣的商业利益，后者或曰"公共利益"。商业利益与文化遗产保护这个公共利益孰重孰轻？在梁思成、林徽因故居的保护问题上，相关政府部门已作出基于常识的回答。那么，这一次呢？

拾年

岁月留痕

2003 年，即将被爆破拆除的全国总工会大楼。竣工于 1950 年代的这处建筑，紧邻车辆飞驰的长安街西延长线——复兴门外大街。横贯市区的这条大马路，为保障机动车的速度，以栏杆和过街天桥将行人与车行道分离，并挂上醒目标语："进一步将受到谴责，退一步将得到尊重。"王军摄

也许在一些人看来，这一次冲突跟上一次相比，有着本质的不同，因为道路扩建"为的是公共利益"。但是，如此无止境地扩建道路，能真正保障这个城市的公共利益吗？北京扩马路已扩了半个多世纪，金代的双塔寺、明代的地安门、天安门前的东长安门和西长安门，还有巍峨壮丽的明城墙，等等，这些重要的文化遗产之所以被拆除，据称都是因为它们碍了大马路的事儿，可是，北京的交通因此得到根本的改善了吗？

北京的城市建设史告诉我们，宽马路不但改善不了交通，往往还会恶化交通，因为它引来了更大的交通流量——长安街 120 米宽，也经常被堵

得严严实实。北京的几条环路，包括外围的五环路，也经常是这般惨状。为什么？有人给出"答案"：道路增长速度赶不上机动车增长速度。可在这个世界，哪个城市的道路增长速度赶得上机动车增长速度呢？还真找不出一个。人家又是怎么做的呢？以曼哈顿为例，它的路网跟北京旧城惊人相似，都是高密度的棋盘式，也都是在汽车时代到来之前规划的。可曼哈顿没有像北京这样大规模地拆，它就是不扩建马路，就是让小汽车开起来不痛快，同时大力发展地铁和其他公共交通，鼓励步行，结合自身的路网特点施行单向交通，事半而功倍。

反观北京，随着大马路的蚕噬，

步行者的空间被日益缩减。大马路是为小汽车服务的，它扩建到哪里，哪里的人气和商机，还有街道上的乐趣就消失了。世界上还没有一个城市的交通，能够以小汽车为主导而成功，北京欲挑战这个法则，教训是明摆着的。好在这个城市正在大建地铁，可它的交通政策不甚明朗，似乎任何一种交通方式都将得到鼓励——北京就这样成了举世罕见的各种交通方式"均衡发展"的城市：小汽车的出行率、公共交通的出行率、自行车和步行的出行率，均为百分之三十多，如此"三分天下"，换来的却是任何一种交通方式都不方便了。

即使北京根本不存在一个旧城，不存在任何文化遗产保护的问题，以目前这种宽大的路网来刺激小汽车的发展，实现对城市交通的"统治"，也是无法成功的，更何况我们还拥有如此宝贵的文化遗产——伟大的元明清旧城呢？

2009 年 11 月 13 日

请留下这处中国现代建筑的纪念塔

北京儿童医院大门内侧，已屹立了半个世纪的被誉为"中国现代建筑的纪念塔"的一处不同寻常的建筑，正在被拆除。这处建筑的不同寻常之处在于，它将烟囱包裹在水塔的塔楼之中，使可能因烟囱而产生的"景观污染"变成了"景观标志"。这处标志与整个儿童医院建筑融为一体，被载入当今世界最为著名的《弗莱彻建筑史》第二十版之中。

《弗莱彻建筑史》将北京儿童医院列为 20 世纪 50 年代中国现代主义的经典建筑，与之同样被载入史册的是它的建筑师华揽洪。1951 年，已在法国取得杰出成就的华揽洪，抛舍自己的建筑事务所回到祖国，在梁思成的提名下出任北京市都市计划委员会第二总建筑师，随后执笔北京儿童医院的创作。当年波兰、罗马尼亚、保加利亚、东德等国的建筑代表团参观北京时，盛赞儿童医院的设计具有国际水准。梁思成 1957 年评价道："这几年的新建筑，比较起来，我认为最好的是儿童医院。这是因为建筑师华

拆除前的北京儿童医院水塔烟囱　王军摄

揽洪抓住了中国建筑的基本特征，不论开间、窗台，都合乎中国建筑传统的比例。因此就表现出来中国建筑的民族风格。"

这是一处真正的现代建筑，又是一处真正的具有中国风格的建筑。华揽洪认为建筑之美，在于比例与尺度，也正是"少就是多"。于是，他只是将儿童医院的屋顶，包括水塔烟囱的屋檐，四角微微起翘，再与下部开窗的比例配合，就产生中国建筑飞檐的神韵，再辅之传统格饰的栏板，古朴而简洁，又充满现代气息。而对那处烟囱，更是通过匠心独运的设计，使之成为儿童医院的标志，并在外墙上安装时钟，为市民服务，成为长久以来人们心中的地标。

在 20 世纪 50 年代建筑大批判的氛围中，这个中国现代主义建筑杰作的诞生，历尽艰难。1950 年代初，苏联专家发起对"结构主义"的批判，针对的正是现代主义建筑。1955 年，中国民族风格建筑又被批判为"复古主义"。风雨飘摇之中，华揽洪不舍信念，虽然被迫检讨"不能说没有由于追求形式而造成的浪费，例如水塔的处理，多余的窗子"，但儿童医院建筑终还是得到世人的认可。在 1957 年反右风潮中，华揽洪因为对苏联专家指导完成的城市规划提出意见，被划为右派，在那个时候，儿童医院建筑成了他的罪证。正是这样的批判，致使中国现代主义建筑长期不能发育。1979 年华揽洪获得平反，而在此前，他已携全家迁居巴黎。那

场大批判的背后，是一位天才建筑师二十多年光阴虚度。

儿童医院建筑，见证着中国现代主义建筑的坎坷历程。它的杰出设计，与新中国儿童医疗事业的卓越迈进，是那样的匹配。保存它的完整性，是当仁不让的责任。可如今，这处"中国现代建筑的纪念塔"，就要被拆掉了！这是因为一个拆除城区内废弃烟囱的计划所致。可是，孩子与洗澡水怎能一起倒掉呢？

这一事件折射出相关部门对新中国优秀建筑保护的乏力。北京是历史悠久的古都，也是有着半个多世纪历史的新中国的首都。北京的文化遗产保护，不仅要涵盖古老的历史遗存，还应珍视新中国前进的脚步。以目前的情况看，如何将新中国时期的优秀建筑纳入文物保护范畴，还存在诸多空白，必要的普查与基础性研究亟须跟进。否则，我们不仅将失去一个个像儿童医院水塔烟囱这样的"建筑教科书"，还将遗失一处处历史演进的见证。举一反三，已事不宜迟。

2005 年 9 月 16 日

保护近现代
建筑呼唤理性史观

《中华人民共和国文物保护法》列出的受国家保护的文物包括"反映历史上各时代、各民族社会制度、社会生产、社会生活的代表性实物"，

2007年3月17日，中国国家博物馆改扩建工程开工。位于天安门广场东侧的这个博物馆，建成于1959年，是为迎接新中国成立十周年而建设的"十大建筑"之一。在这次改扩建工程中，这处建筑只被留下南、北、西三个立面，其余部分被整体拆除　王军摄

这表明对文物价值的认定，不能仅仅以其年代是否久远论英雄，能够真实反映近现代社会发展的代表性建筑理应受到国家保护。

但是，近现代建筑遗产保护一直面对很多困难。近日北京市西城区政协会议传出消息：上世纪九十年代，由清华大学等单位拟定的西城区58处优秀近代建筑，除有5处已被列为文物保护单位外，能辨认原貌的仅存11处，其余的或被修改原貌或被完全拆毁。民盟西城区委的调查指出，优秀的近现代建筑只有极少数得到了保护，在北京市现行的文物保护规划制度中，还没有一个可以对近现代优秀建筑进行保护的。

对近现代建筑遗产保护的忽视，已使北京这个在近现代风云激荡的城市，失去了许多宝贵的历史见证。

为庆祝新中国成立十周年而建设的"十大建筑"如今已不完整，"十大建筑"之一的华侨大厦在20世纪90年代初被拆除重建；2003年9月，建于1955年的中华全国总工会大楼被爆破拆除；2005年9月，被载入《弗莱彻建筑史》的新中国优秀现代建筑北京儿童医院的标志——"水塔烟囱"遭到拆除，激起建筑界抗议而获残存；❶建于1957年的中国第一座天文馆——北京天文馆前些年也险被拆除。保护北京近现代建筑遗产已刻不容缓，再这样拆下去这个城市的实物历史将出现一个巨大的断层，历史的连续性和完整性将难以见证。

---

❶ 这处建筑2008年1月在"为北京奥运会而进行的'净空'工程"中被彻底拆除。——笔者注

近些年来，从中央到地方对近现代建筑遗产的保护均倾入较多的力量。今年公布的全国重点文物保护单位名单中，就包括了中国营造学社旧址、南通近代工业建筑群等近代文物建筑。回顾起来，北京市1995年将东交民巷使馆区建筑公布为市级文物保护单位是一大突破。当时，如何评价这些见证中国近代屈辱史的建筑遗迹是见仁见智，但北京市力排众议将其列为保护单位，彰显以史为鉴的宽容姿态。这种理性对待历史的态度，今天很值得继承和光大。

长期以来，对文物价值的认定有两种倾向值得商榷。一是"厚古薄今"，忽视历史的连续性。即使是修复古物也是要将其"恢复"到所谓的鼎盛时期，古物之中的晚期史迹常被视为异类而加以革除，一些重要的历史信息因此而遗失。在此种"保护理论"之下，近现代建筑遗产更是难获重视；二是将文物保护单位视为光荣榜，忽视历史的完整性。这在近现代文物价值的认定上尤为突出，具体表现就是重点选择革命文物而忽视其他方面。

革命文物当然重要，但是，历史发展是辩证的过程。近代以来，中国既走过一段屈辱历程，又经历了民族的奋斗和崛起。基于这一史实，对近现代建筑遗产的保护就不能只选择被认为是正面的实物，留存"反面教员"也很重要，这能够为我们提供丰富的历史镜鉴，并留下时代兴替的完整见

证。事实上，全国重点文物保护单位的划定已增加了这方面的内容，比如，中美合作所、上饶集中营等已进入国保单位名单，这样的历史观很有必要普及。

我们不能否认中华民族在近现代还创造了大量优秀的建筑遗产。诸多建筑大师、诸多建筑流派在近代以来相继涌现，筑造了具有鲜明时代特征的物质文化遗存，它们是中国历史转折与演进的印记，是值得珍视的"建筑教材"，在中华文明的殿堂里，它们应有的席位不容漠视。

2006 年 12 月 11 日

舍不得北大的"第一记忆"

我虽非北大学子，但看了《南门宿舍被拆，北大学生不舍》（《新京报》，2007年8月24日），心中同样是不舍之情。

南门宿舍我还记得真切，因为它是北大留给我的"第一记忆"。十多年前，我在人大念书时，乘公交车或骑自行车去北大访友，走南门最方便。一进南门便看见青砖灰瓦的宿舍区，它们多是三层高的中式硬山坡顶建筑，以半围合的院落布局，散落在林荫大道两侧，洋溢着斯文而质朴的校园气息。

北大人肯定有着比我更为真切的感受。莘莘学子到北大报到，几年前，还是走南门最方便，一进门扑面而来

的就是这样的景象。相信那一刻，在他们人生的旅程里，便诞生了一个里程碑式的映像，这正是母校留给他们的"第一记忆"。南门一带又多是学生宿舍，有多少青春的梦想是在那里积淀的啊。

这样的情感已堆积了半个多世纪。1952年，北京大学从老城区的沙滩迁到燕京大学校址，老北大演变为新北大，校园扩建随即展开，南门宿舍区被列入首批工程。为表达"社会主义内容、民族形式"，为与燕园故有建筑取得协调，又不因大屋顶样式抬高建筑造价，建筑师们殚精竭虑终获成功。1954年南门宿舍建成，当之无愧地成为新北大的"第一记忆"。

就像1916年至1918年在沙滩建造的红楼见证了老北大的发展，南门宿舍也见证了新北大的风雨历程。北大著名的"三角地"就镶嵌在南门宿舍区的北部，那里起伏着的思想波澜，有多少是从南门宿舍里荡出来的啊。

可如今，南门宿舍危矣。27号楼已被拆成一堆瓦砾。北大校方称，南门一带的16号至27号楼，不属于文物，已过了经济使用期，经国家建筑工程质量监督检验中心鉴定为危房，存在多种严重安全隐患，将按统一规划重建为教学科研用房。（《新京报》，2007年8月24日）

针对27号楼被拆，北京大学新闻发言人表示，破土拆迁主要是因为该楼已确实无法使用，尽管此前已多

北京大学南门宿舍区一角　王军摄

次进行内部整修，但是当初设计的电容和供暖系统，目前根本无法满足学生们住宿的需要。（《新京报》，2007年8月25日）

电容和供暖系统无法满足需要，不是将建筑物整体拆除的理由；没有被列为文物保护单位，也不意味着拆你没商量。从工程质量方面看，只有建筑结构失去了安全，才是拆除建筑物的理由。南门一带的宿舍真的出现了危及生命安全的建筑结构灾害？如果是这样，为什么那些还没有动手拆的已被列为拆除对象的宿舍楼现在还住着师生呢？看来，校方还需要为他们的行为提供更多的证据。

拾年

岁月留痕

今年 4 月，我到哈佛大学访问，在校区的小广场上看到了那个著名的书报亭。波士顿修地铁的时候把它拆掉了，在一些人看来，它又小又破，没有任何价值，可这件事却让哈佛的校友们伤了心。在第二年的校庆活动中，校友们发现这个书报亭没有了，竟为之哗然，一致认为没有了它，哈佛广场就不成其为哈佛广场了。后来，波士顿当局不得不照原样把书报亭恢复，虽然它不属于任何一级登记在册的文物。

哈佛的故事让我感动，我却希望北大不要给我这样的感动，因为这毕竟是亡羊补牢。南门宿舍区被列为拆除对象的楼号共有 12 个，一拆就是一大片。拆光了这些房子，北大的记忆就不完整了。难道这是必须付出的代价？

2007 年 8 月 26 日

该怎样对后人负责

2006 年 6 月 10 日，中国迎来了第一个"文化遗产日"。虽然我们已拥有各种各样的专题纪念日，但"文化遗产日"的到来仍显得不同寻常。

在我们这个有着从未间断的文明史、对世界文化的发展和进步产生过重大影响的国度，在对待自身传统的问题上，社会认识曾是千差万别。如今中央高层顺应民意，以设立国家纪念日的方式，将文化遗产的保护上升到全民族意志的高度，这无疑是一个

2007 年 11 月 21 日，菜市口大吉片危改区内，京剧艺术家张君秋故居已被毁为废墟　王军摄

历史性时刻。

我们为此万般欣喜，同时又万般忧虑：文化遗产在经济建设的名义下遭到破坏，已是许多国家的"伤心史"，如此对文化遗产的破坏已远甚于战争，正值大建设时期的中国会重蹈他国覆辙吗？

作这样的省思是基于我们已有太多的遗产被湮没于建设之中，在有的地方，对文化遗产的"建设性破坏"愈演愈烈。在新旧对立的狭隘意识之下，一些人以为文化遗产的消亡是时代进步的"必然"，他们看不到这些遗产之于民族繁衍发展的巨大作用，甚至还理直气壮地高呼：难道要让死人拽住活人吗？

笔者曾耳闻如此怪事：某历史文化名城在审批文物保护单位时，一位长官竟称：搞文物保护的同志要为子孙后代负责，我们总不能为今后的发展添钉子吧，所以，能不划定就不划定了，要不然，这不能动那不能拆，今后的发展怎么办？

这样的"发展"论调可谓登峰造极。围绕文化遗产的存废，正是不同发展观的较量。近代以来的中国曾积贫积弱难敌列强坚船利炮，人们便纷纷从自身文化上找原因，彻底否定传统在很长时间成为一股潮流。可是，以情绪取代理智，以物质消灭取代科

2007 年 11 月 16 日，大吉片危改区内，林则徐居住过的莆阳会馆已被涂上"拆"字　王军摄

距奖励期结束还有1天

2011年4月8日，一位中学生从北京达智桥胡同12号杨椒山祠（松筠庵）前走过。位于金中都故城之内的这片区域，尚未被列为历史文化保护区，正面临拆迁的威胁。杨椒山祠是明嘉靖年间提出弹劾权臣严嵩（1480~1567）而被处死的进士杨继盛（号椒山，1516~1555）的故居。1895年，康有为等举人在此聚集，反对在甲午战争中败于日本的清政府签订丧权辱国的《马关条约》，要求变法　王军摄

学探索的反传统，并未使我们走出思想的中世纪，狂热的"破四旧"换来的是整个社会的大倒退。

历史告诉我们，怎样对待过去，就会怎样对待现在和将来。我们如不能对先辈怀有正常的情感，又怎能正常地面对自己？对自己尚不能负责，又何谈对后人负责？

文化遗产是最可宝贵的国家利益，它在为我们铺垫站在前人肩上继续迈进的基石，并立下指示牌：此路不通，或此道可行。留存并珍视文化遗产，我们便可看清过去的足迹，收获创新的灵感，增强对家国的认同，民族凝聚力因此而澎湃，这岂是在为发展添钉子？

将既有的文化资源视为死物，将既有的文明成果视作障碍，我们就会开倒车走回头路。真实的发展不是以精神家园的沦落为代价的。一个失去了灵魂的族群，怎能自立于世界民族之林呢？

2006年6月13日

不能再失去的"城墙"

"它们从任何意义上说都不是由我们任意处置的财产,我们不过是后代的托管人而已。"

孟端胡同四十五号

2004 年 11 月 30 日夜,北京西城孟端胡同 45 号,一处罕见精美的四合院,光绪年间辅国公载卓府第的一部分,开始拆除了,说是要迁到历代帝王庙东侧。12 月 3 日上午,笔者前去探访,在围墙外能看到的倒座房,屋顶之椽、檐、望板等,正在被工人用铁钎猛撬,或整或折,抛之房下,一片狼藉,未见有原拆原建之编号,砖墙则以铁锄捣之,急得同往的清华大学教授陈志华大声怒斥,可没人理他,工人们只顾埋头干活儿。后才见有人拿笔墨往梁柱上抹字……

此时,施工的塔吊在空中盘旋,院子里已长成森林般的大树、翠竹,企图以苍老的生命与这些冰冷的铁器作最后的相持。这样的场景,连附近工地上来自江苏南通的工匠们都不忍目睹:"太可惜了,这么好的老宅子真是太少了,它应该是文物了,可为什么还要拆呢?"

拆这个院子听说是经过专家论证的,论证的结果是让它给一个房地产项目腾地方。这段时间,在北京古城里,同样在给开发商腾地方的,还有东城的红星胡同、东堂子胡同,等等。大规模的拆,仍在兴头上。拆东城的叫金宝街,拆西城的叫金融街,这两个"金",已准确描出了资本的模样。

在社会各界以这样或那样的方式,甚至不惜力把永定门修起来,以此表达对北京古城墙怀念之情的时候,说说眼前的这些事是必要的。因为胡同、四合院,是我们正在失去的第二座城墙。当年拆城墙的时候,人们多不觉可惜,现在后悔了;现在拆胡同、四合院,同样是不觉可惜,那么将来呢?难道在古城的问题上,我们留给后人的,永远只是伤逝?

我们这一族令人尊敬，是因为祖先曾创造了伟大的文明，它分明是存在的，至今还有实物为证。我们这一代，身上流淌着的分明是这一族的血，那么，对待先辈们的文化观瞻，是不是该留有一些起码的温情呢？

可是，总有人问：这些古物留之何用？就是这一问，当年把城墙问倒了。留下古物，促进旅游，拉动经济，该是最合人胃口的回答了。今日吾辈似乎仅存欲望，能从器用方面看重古物已属难得，还敢作何高企？但笔者仍想反问：先辈既然已授吾辈以身体发肤，那么，留下他们还有何用呢？这时，你该骂我不孝子孙了。可有人接着又问：孝有何用？当下，这也真算是一个问题了。

笔者曾访问过美籍华裔建筑大师贝聿铭先生。他说，二十多年前，他头一次来到北京，古城还好好的呢。那时，城墙虽已被拆尽，但也就是扒了一层皮，古城之壮丽仍存。贝先生登景山瞰京城，激动得不得了，转过身来跟美国建筑师同行们说："我是一个中国人！"可现在呢？贝先生直叹："拆得太厉害了！四合院应该成片成地地保留啊！"后来，在一次会议上，笔者听到贝先生在谈论北京建筑问题时发言："我是一个外国人，不好说！"心中真是万般滋味。

这个故事或已能回答那个古物留之何用的问题了。我们是多么需要一点文化与情感的自觉啊。爱我们的国，爱我们的族，不是空的，我们首先得爱我们的家，爱我们的城啊。

你看，刚刚举办了奥运会的雅典，是如此珍爱自己的文化，为保护卫城，整个城市的建筑高度受到严格控制。只要走在雅典城中，一抬头就能看到卫城如慈父般俯视着你，并自然想起一位希腊诗人的礼赞："雅典娜在我心中。"可我们呢？走进故宫，一抬头就看见高楼在边儿上围着，虽然对故宫附近的建筑高度，我们也有控制性法规，可就是不济事。

我们伟大的古城，就这样渐行渐远了。十多年前，笔者头一次听说北京的二环路是拆城墙修出来的，心中就不停地问："当年拆的时候，为什么没征得我的同意？"这自然是妄想，拆城墙时笔者还未呱呱坠地呢。可还是会这样来问。后来，读到英国古建筑保护先驱威廉·

莫里斯（William Morris, 1834～1896）的话，终于明白了："这些建筑绝不仅仅属于我们自己。它们曾属于我们的祖先，也将属于我们的子孙，除非我们将其变为假货或者使之摧毁。它们从任何意义上说都不是由我们任意处置的财产，我们不过是后代的托管人而已。"

这确是醒世之言。我们这一代"托管人"，不应该失职啊。北京元明清古城 62.5 平方公里，现已被拆除逾半。留下来的，连同公园和水面在内，较完整的历史风貌空间已不足 15 平方公里。就这么一点面积了，我们这一代总该容忍了吧。我们已把自己拆到了做人的底线，停下来想一想没有害处。

2004 年 12 月 7 日

2004 年 12 月 3 日，孟端胡同 45 号在房地产开发中被拆除　王军摄

陈志华先生和他的两部新著

陈志华先生的著作《文物建筑保护文集》《北窗杂记二集》最近出版，捧在手中，我又不禁想起他的恩师梁思成先生 1932 年写给东北大学建筑系第一班毕业生的信："因建筑的不合宜，足以增加人民的死亡与病痛，足以增加工商业的损失，影响很大，所以唤醒国人，保护他们的生命，增加他们的生产，是我们的义务"，"非得社会对于建筑和建筑师有了认识，建筑不会得到最高的发达"，"为社会破除误解，然后才能有真正的建设"。

梁思成先生 1901 年生，陈志华先生 1929 年生，他们是两代人。他们倾其一生所求，正是唤醒国人，破除误解，求得建筑的最高发达。不幸的是，皆落入屡战屡败、屡败屡战的困境。

梁思成先生 1950 年与陈占祥先生共同提出完整保护北京古城的方案，随后便陷入复杂的人生境况。在《文物建筑保护文集》里，陈志华先生记下了"文革"中他与梁思成先生的最后一次见面："那一天，他（梁思成——笔者注）被他早已当上大学教师的学生们逼迫着穿上建筑系作为文物珍藏了多年的古式戏装，胸前挂着黑牌，戴上用废纸篓糊的高帽，敲打着铁皮簸箕游街。此后大约就一病不起了。一位先哲曾经说过：爱什么，就死在什么上。想不到梁先生最后竟以文物当做了十字架。这是求仁得仁吗？"

2003 年 7 月 17 日，陈志华在西裱褙胡同于谦祠内接受媒体采访，谴责在居民搬迁中对这处北京市文物保护单位的破坏行为　王军摄

2004 年 12 月 3 日，北京孟端胡同清代辅国公载卓府第被拆，我去现场察看，竟遇陈志华先生。拆这处精美的府第是为开发商腾地方，美其名曰"异地迁建"。迁建文物是有规矩的，建筑构件要编号，原拆原建……可是，拆除者哪管这套，他们径自爬上屋顶抡圆铁锄。陈志华先生急得大叫，隔着工地围栏厉声怒斥，可没人理他。

滚落下来的建筑残骸激起刺鼻的尘埃，飘落在他花白的头上。他直跺脚，却不得入内；他双手紧握冰冷的铁栏杆，直勾勾地看着眼前的悲剧；拆除者的每一锄，分明是锄在他心上……梁思成先生 1957 年所言"拆掉一座城楼像挖去我一块肉，剥了外城的城砖像剥去我一层皮"，那种痛，该是如此吧？

1947 年陈志华先生到清华大学求学时，念的是社会学系，因崇拜梁思成先生和林徽因女士，便到建筑系看展览，一下子被"住者有其房"的口号深深吸引。到了 1949 年，社会学系念不下去了，他就去敲梁思成先生家的门，紧张得前言不搭后语地提出转读建筑系的请求，还谈了他对建筑系那次展览的看法，立即获得梁、林二位的赞赏，成功转读。这两位大师真是好眼力啊。

1952 年，陈志华先生毕业后留校任教，讲授外国古代建筑史等课程，此后 40 余年一直研究西方建筑。1989 年他 60 岁了，竟一头扎入中国的乡村，二十载如一日地与时间赛跑，抢救乡土建筑的瑰宝。谈及"暮年变法"，陈志华先生跟我讲，是因为他的心被刺痛了。他在意大利看到人家一条小胡同就有十来部专著研究，而我泱泱之中华，矗立在广袤大地上的乡土建筑，竟是如此沉默地死去。这样的反差使他无法在书斋里清谈，他索性扑向田野阡陌，决心把自己的老命豁出去，不让中国的历史留下空白。

他和清华大学建筑学院乡土建筑研究组的同事们，在这二十年的时间里，在全国范围内调查研究了 26 个聚落，出版了 30 多部著作，完成了 2000 余张测绘图，指导学生完成了 130 篇毕业论文。陈志华先生在这方面已出版的专著包括《楠溪江中游乡土建筑》《诸葛村乡土建筑》《新叶村乡土建筑》《婺源县乡土建筑》《古镇碛口》《福宝场》等。

"乡土建筑的价值远远没有被正确而充分地认识。"在《北窗杂记二集》中，陈志华先生写道，"大熊猫、金丝猴的保护已经是全人类关注的大事，乡土建筑却在以极快的速度、极大的规模被愚昧而专横地破坏着，我们正无可奈何地失去它们。"

他大声疾呼："乡土文化是中华民族文化中还没有充分开发的宝藏，没有乡土文化的中国文化是残缺不全的，不研究乡土文化就不能真正了解我们这个民族。"

20 世纪三四十年代，梁思成、林徽因和中国营造学社的同仁们，在兵匪满地、行路艰难的旧中国，以艰苦卓绝的实地调查奠定了中国建筑史的学术基石。如今，陈志华们仍在这条道路上苦苦跋涉。说他们苦，是因为直到 2006 年，他们的研究经费才有了保障。这之前，用陈志华先生的话来说，"跟要饭的差不多！"

所以，这两本新著的每一行字，都深深地打动着我。捧着它们，我在想，这样的书，子孙后代是看得见的。

2009 年 2 月 14 日

柒

梁 林 故 居

请留下中国建筑史的摇篮

这处院落无时不在提醒我们对待本国文化应该怀有的情感，我们本该因其残破而更加倍地爱护它，而不是因其残破而更加冷酷无情地抹掉它。

不应被毁灭的记忆

尽管《北京城市总体规划》已规定停止大拆大建、整体保护古城，拆迁通告还是贴到了东城区北总布胡同的墙上，对建筑学家梁思成、林徽因夫妇的故居已经开始拆除。

笔者近日在现场看到，位于北总布胡同 24 号的梁思成、林徽因故居，门房、西厢房已被拆毁，正房、倒座房尚存。❶这里本是一处精美的四合院，大约在二十多年前，庭院内插建了一处住宅楼，垂花门、东厢房不复存在。后来，正房的瓦顶被揭换，其面貌保持至此次拆迁。24 号院北侧，仅一墙之隔的 12 号院，是梁思成、林徽因的挚友——哲学家金岳霖（1895 ~ 1984）的故居。

---

❶ 今查，经房产分割出售，该院倒座房的门牌号改为北总布胡同 26 号。——笔者注

未盖公章、落款写着"北京市东城区房屋管理局"字样的拆迁通告称："北京富恒房地产开发有限公司于 2007 年 9 月 30 日，依法取得了京建东拆许字 [2007] 第 516 号《房屋拆迁许可证》，在北总布胡同、前赵家楼胡同、先晓胡同及弘通巷部分门牌进行弘通科研大楼项目建设，并实施拆迁工作。"

不知写作此文之时，故居是否已被夷为平地，笔者还是要振臂一呼：请留下梁思成、林徽因故居，因为它铭刻着一段中国人应该记住的历史。

1930 年，协助梁思成创办东北大学建筑系的林徽因，患肺病离开沈阳回北平治疗，梁思成便把家搬到北总布胡同的这处院落（旧门牌为 3 号）。1931 年，梁思成回北平加入中国营造学社，任法式部主任，从此开始对中国古代建筑进行系统的调查研究。

北总布胡同梁思成、林徽因故居倒座房残状。这处故居的部分房屋 2009 年在房地产开发中遭到拆除，经社会各界呼吁，院落得以残存，至 2011 年底被彻底拆毁　王军摄

　　在兵匪满地、行路艰难的旧中国，他们一次次从这里出发，到地僻人稀之处寻找中华建筑的瑰宝，发现了世界上最古老的敞肩桥——河北赵县的隋代赵州桥、世界上现存最高的木构建筑——山西应县的辽代佛宫寺木塔、中国现存最伟大的唐代建筑——山西五台的佛光寺……1937 年"七七事变"爆发，不愿做亡国奴的梁思成、林徽因举家迁离北平，再也没有搬回北总布胡同的这处院落。

　　他们在这条胡同度过六年多的时光，那是他们人生中难得安宁的日子，中国人应该感谢他们在那个时候竭尽全力所做的一切。在此之前，能够见证中华辉煌古文明的建筑史一直面目不清，梁思成、林徽因心急如焚，与刘敦桢（1897～1968）等中国营造学社的同仁们，马不停蹄地踏访 15 个省、

200 多个县，测量、摄影、分析、研究了 2000 多个汉、唐以来的建筑文物，终于在 1943 年写出中国人自己的建筑史，并有能力在抗日战争时期的 1945 年 5 月、解放战争时期的 1949 年 3 月，给作战方开出两份沉甸甸的中国文化遗产保存名录。

　　这两份名录由梁思成执笔，给枪炮安上了眼睛，否则，中国的文化遗产不知会是何等惨况。1945 年写出第一份名录时，梁思成还建议保护日本的古都——京都、奈良；1949 年写出的第二份名录，成为 1961 年新中国颁布第一批全国重点文物保护单位的依据。最近有消息传出，为感谢梁思成当年保护京都、奈良，日本方面正在酝酿为他修建一处纪念碑。可就在这时，梁思成、林徽因在北总布胡同的故居——这处中国建筑史的摇

1933年梁思成发现隋代安济桥（赵州桥）并作详细的调查与测绘　清华大学建筑学院资料室提供

篮，就要被荡为平地了！

　　这应该是所有中国人都不能接受的事实，除非我们对本国文化已不存在集体的认同。拆除方、批准方或出于无知——根本不知道北总布胡同还有一个梁思成、林徽因故居，或者根本不知道梁思成、林徽因是谁。笔者愿在此告诉他们：梁思成、林徽因还是中华人民共和国国徽的设计者、人民英雄纪念碑的设计者，中国建筑设计的国家奖就叫"梁思成奖"。

　　即使不知道这些，他们也应该明白：分别于2004年11月和2005年1月，由北京市人大常委会和国务院审议通过的《北京城市总体规划》，是具有法律效力的文件。在北京古城历经持续拆除已残存不多的今天，所有热爱祖国文化的中国人，都应该不折不扣地遵守和执行致力于保存北京历史文化名城的总体规划；所有热爱祖国文化的中国人，包括他们的子孙后代，都会保留追究践踏中华文化遗产者的法律责任。

2009年7月10日

北京还能不能保护名人故居

　　2009年7月10日，得知北总布胡同24号梁思成、林徽因故居遭遇拆迁之事，北京市规划委员会有关负责人专程赴现场察看，叫停了对故居建筑物的继续拆除，决定进一步研究其存废问题。规划委员会和开发商均表示，事先并不知道24号院就是梁思成、林徽因故居。

　　这处故居迄今未被列入任何一级文物保护单位，按照以往的做法，拆这样的房子是不需要文物部门审批的，即所谓"不违法"。在这样的情况下，规划委员会当仁不让地叫停，开发商在现场表示"听政府"的，已属难得。

　　规划委员会的不知情，暴露出文物保护工作的缺失。《北京市实施〈中华人民共和国文物保护法〉办法》（下称《实施办法》）规定："本市建立文物普查制度。市人民政府定期组织开展文物普查工作，区、县人民政府负责定期对本行政区域内的不可移动文物进行普查登记，并向市文物行政部门备案"，"区、县人民政府应当对本行政区域内未核定为文物保护单位的不可移动文物建立档案；定期对其历史、艺术、科学价值进行鉴定，根据鉴定结果，对核定为区、县级文物保护单位的，每三年公布一次"。显然，梁思成、林徽因故居未被纳入此项工作的范围。

北京市文物局网站显示，1991年至2006年，北京古城之内，仅1996年公布了一处区级文物保护单位"清代邮局旧址"。2005年《实施办法》颁布之后，在"每三年公布一次"的要求之下，有的城区才于2007年公布了一批。而在此之前的十多年间，古城经历了两次大规模改造，曹雪芹故居、赵紫宸赵萝蕤故居、张君秋故居、奚啸伯故居等的大量名人故居被"合法"地拆除，它们与梁思成、林徽因故居一样，未被列为任何一级文物保护单位。虽然2005年11月，北京市政协《关于北京名人故居保护与利用工作的建议案》指出，名人故居"是北京历史文化名城的重要组成部分"，"大多是北京四合院住宅街区的精华所在，是北京历史文化的物化载体，是一项无法再生的宝贵遗产和资源"，并列出包括北总布胡同梁思成、林徽因故居，金岳霖故居在内的308处名人故居的基本情况，仍不能改变名人故居被继续拆除的命运。

20世纪80年代至90年代中期，中共中央、国务院三次发文强调"少宣传个人"和"严格控制纪念设施建设"，以防止在党内不适当地"突出个人"并由此造成铺张浪费、脱离群众。其中，有关"已故近代名人的故居，除经党中央、国务院批准的以外，一律坚持正常使用，不得专门腾出作纪念馆"的表述，让北京市文物部门的有关人士顾虑重重。20世纪80年代中期以后，北京市基本没有再批准过名人故居类的文物保护单位，造成目前北京名人故居保护工作滞后于其

1937年7月初，林徽因测绘佛光寺经幢。梁思成、林徽因发现唐代木构建筑佛光寺东大殿时，"七七事变"爆发。为躲避战乱，中国营造学社将一批调查资料存放于天津英资麦加利银行的地下室。1939年8月，海河洪水冲入天津市区，这批资料严重受损，经抢救的这张照片可见被水浸泡的痕迹　清华大学建筑学院资料室提供

他一些省市的局面。

上述中央文件的规定，并不意味着名人故居不能被纳入文物保护工作的范畴。事实上，被列为文物保护单位的名人故居，在"不得专门腾出作纪念馆"的情况下，仍可"坚持正常使用"。基于这一认识，北京市政协建议案提出"正确理解和贯彻中央有关文件精神"，"保护名人故居可以采取多种类型、多种形式的措施，并不一定都修建成纪念设施，总之不应将中央强调的'少宣传个人'与我们做好名人故居工作对立起来"。

对政协的这些建议，今日大有重温与讨论的必要。否则，北京能不能保护名人故居，还真成为一个问题了。

2009 年 7 月 11 日

期待古都保护的转折点

对北京城来说，梁思成、林徽因的名字有着特殊的意义，在这个城市里，他们以悲剧人物的形象被人记住。"拆掉一座城楼像挖去我一块肉，剥去了外城的城砖像剥去我一层皮"，1957 年梁思成写下的这句话，不知让多少人扼腕长叹；"保护文物和新建筑是统一的"，1953 年已病入膏肓的林徽因，为保护北京的古建筑大声疾呼，竟至喉音失嗓。

1949 年 3 月，梁思成编制完成《全国重要建筑文物简目》，以为解放军作战参考，其中列出的第一项文物，

即"北平城全部"。1950 年 2 月，梁思成与陈占祥共同提出在北京西部近郊建设中央行政区的方案，旨在另辟新城，保护旧城，平衡发展全市，避免将城市功能过度集中在以旧城为中心的区域以造成全市性交通紧张。1951 年 4 月，梁思成发表《北京——都市计划的无比杰作》，指出"北京是在全盘的处理上，完整的表现出伟大的中华民族建筑的传统手法和在都市计划方面的智慧与气魄"，"这是一份伟大的遗产，它是我们人民最宝贵的财产，难道还有人感觉不到吗？"

"在这些问题上，我是先进的，你是落后的"，"五十年后，历史将证明你是错误的，我是对的"，当年梁思成向北京市一位官员直言。他与陈占祥提出的方案未被采纳，取而代之的是改造旧城的规划方案，数十年实践下来，其弊端无一不被他们言中。

面对市中心功能过度集聚，大量人口被迫到郊区睡觉、到中心区上班，由此引发全市性交通拥堵的严峻局面，2005 年 1 月经国务院批准的《北京城市总体规划(2004 年至 2020 年)》(下称《总体规划》)提出调整城市结构、整体保护旧城、重点发展新城的方针，回到了 50 多年前梁思成的立场，成为新世纪北京城市科学发展的里程碑。

但要把《总体规划》变为现实还面对诸多困难。其一，《总体规划》修编前，北京旧城内已批准 131 片危改项目。2005 年 4 月，北京市政府作出调整，决定 35 片撤销立项，66

片直接组织实施，30片组织论证后实施。这些项目仍沿用高强度开发模式，对整体保护旧城构成巨大冲击；其二，旧城内文物普查工作长期滞后，甚至对近年来旧城保护难得的"亮点"——政府投巨资进行的文保区房屋修缮工程造成消极影响。由于家底不清，大量未被普查登记的有文物价值的建筑只会落入两种结局：拆没了，或修没了。

梁思成、林徽因故居当下的情形，就是以上问题的总爆发。目前政府部门已暂停对故居建筑物的继续拆除，但何时叫停（哪怕是暂停）对"人类最伟大的个体工程"北京旧城的继续拆除？君不见，有着深厚文化积淀的菜市口一带，大规模的拆迁改造又在推进。这样的消息，正不时从旧城的不同角落传来。难道北京历史文化名城——"我们人民最宝贵的财产"——就注定要在整体保护的旗帜下被肢解

为无法复原的记忆？难道我们已经认识到的在老城上面建新城而导致的城市功能问题，竟会在城市结构调整的战略目标之下，无休止地恶化下去？

现在，是必须回答这些问题的时候了。因为中国古代都城的最后结晶、仅占北京中心城面积5.76%的旧城，历尽持续的拆除，据2006年清华大学的报告，仅残存约四分之一的面积。于情于理于法，我们都不能再折腾了。那么，就让梁思成、林徽因故居成为一个转折点吧。

2009年7月14日

保护梁思成林徽因故居岂是一个噱头

《中华人民共和国文物保护法》第二条规定，在中华人民共和国境内，

1936年，梁思成测绘山西太谷万安寺大殿　清华大学建筑学院资料室提供

1937年6月，梁思成、林徽因、莫宗江、纪玉堂前往山西五台县豆村调查佛光寺。此行他们从北平出发，赴太原途经榆次时，发现了宋代建筑永寿寺雨花宫，鉴定其建于宋大中祥符元年（公元1008年），为唐宋两代木结构建筑过渡形式的重要实例　清华大学建筑学院资料室提供

受国家保护的文物包括"与重大历史事件、革命运动或者著名人物有关的以及具有重要纪念意义、教育意义或者史料价值的近代现代重要史迹、实物、代表性建筑"。

以此衡量北京北总布胡同梁思成、林徽因故居，将其作为文物保护并非于法无据。这处院落虽已残破，但它见证了20世纪30年代，中华民族的有识之士与日本侵略者的铁蹄赛跑，展开艰苦卓绝的文化抢救行动；让我们感受到了梁思成、林徽因，和以他们为代表的中国营造学社的同仁们，为救亡图存、唤起民族文化自觉而探索中华文明史的不屈精神。

"我从小就以为自己是爱国的，而且是狂热地爱我的祖国。"1968年10月，晚年梁思成写下当年他居住在北总布胡同时的心境，"'九一八'以后，日帝对我国的侵略行动越来越凶，……我看到整个华北必然不免被日寇侵占，而古代木结构建筑在华北存留的比南方较多，所以抓紧时间，每年尽可能多地外出调查，否则日本鬼子来了，这工作就不能做了。"如此急迫的爱国情怀，驱使他和林徽因一次次从北总布胡同出发，到广袤的中华大地上抢救濒临绝境的文化遗存，奠定了中国现代文物保护事业的基石。正是出自对他们当年所为的敬意和感激，社会各界人士最近才高度关注房地产商业开发在北总布胡同的作为，呼吁尽最大努力使梁思成、林徽因故居得以保存。

让人意想不到的是，在北京市规划委员会叫停对故居建筑的继续拆除，开发商表示"听政府的"之后，北京市文物局文保处有关负责人却提出"不能凭借简单的口口相传，就认定其应受到文物法保护"，所举理由包括"林梁故居里曾经盖起过一座红砖楼，显然已不是当年的样子"（见《北京晚报》，2009 年 7 月 21 日）；"一位资深文物工作者"的言论同时见诸报端："林梁故居只是一个噱头，拿名人说事儿的现在可不在少数"，"所谓'故居'如今多已沦为大杂院，破败拥挤，上厕所要走出 200 米，曾经的文化是否能让这里的居民感到自豪？"

不知这位负责人是否亲往故居调查过？因为插建在故居庭院内的住宅楼并非"红砖楼"。笔者愿把他的"判词"增加一字——"不能凭借简单的口口相传，就认定其不应受到文物法保护"，这正是对文物保护负有重要责任的官员，应该秉持的职业立场；文物保护与民生并不是对立的，这已

为北京市近年来在旧城内施行的"修缮、改善、疏散"政策所证实，不知那位"资深文物工作者"为何偏偏将其本职工作置于民生的对立面？

他们的言论，倒使笔者想起几年前陪同一位外国艺术家探访这处故居的情景。看到故居院落保存不善，这位艺术家当场伤心落泪。不知这样的眼泪，在这位文保官员和那位"资深文物工作者"看来，"'含金量'到底有多大"（《北京晚报》报道语）？可以肯定的是，正是因为这样的文保官员、那样的"资深文物工作者"的价值取向，才反衬出保存梁思成、林徽因故居的紧迫意义，因为这处院落无时不

1940 年至 1946 年，梁思成、林徽因流亡至四川宜宾的李庄居住，在贫病交加的情况下，坚持研究中国古代建筑。在此期间，梁思成完成《中国建筑史》和《图像中国建筑史》（英文）的写作。图为梁思成在李庄的中国营造学社工作室　清华大学建筑学院资料室提供

在提醒我们对待本国文化应该怀有的情感。我们本该因其残破而更加倍地爱护它，而不是因其残破而更加冷酷无情地抹掉它。

2009 年 7 月 22 日

立法保护名人故居须有新思维

早在 2005 年，北京市政协就提出"应抓紧制定《北京市名人故居保护与利用管理办法》等地方性法规，对名人故居依法实行保护"，这个呼吁终于获得政府部门的积极回应——在北京市文物局日前拟定的《"人文北京"之文博行动计划 (2010 年至 2014 年) 征求意见稿》中，《名人故居保护管理办法》的立法调研工作赫然在目。虽然这个回应迟到了整整四年，仍是大快人心之事。

说它大快人心，是因为曾经如此艰难。一段时期以来，北京市文物部门对中央有关文件表示"已故近代名人的故居，除经党中央、国务院批准的以外，一律坚持正常使用，不得专门腾出作纪念馆"存有顾虑，以致 20 世纪 80 年代之后，北京市基本未再批准过名人故居类的文物保护单位，其间，又正是北京市危改加速进行之时，大量珍贵的名人故居惨遭拆除，不被视作文化遗产。

2009 年 7 月，国家文物局就梁思成、林徽因故居保护问题明确表态：开辟名人纪念馆等纪念设施与保护名人故居是两个概念，属于不同范畴。中央关于名人故居的有关规定无疑是十分正确的，应当坚决执行。同时，从文化遗产保护的角度出发，将名人故居纳入《中华人民共和国文物保护法》的保护范畴，是文物工作的重要组成部分，是文物保护的应有之意。把名人故居列入文物保护单位，并非必须"专门腾出作纪念馆"，完全可以不影响故居的"正常使用"——这才使北京市名人故居保护工作有了改观。

北京有着 3000 多年建城史、800 多年建都史，拥有大量名人故居，它们的价值，正如北京市政协建议案所言——是北京历史文化名城的重要组成部分，是北京四合院住宅街区的精华所在，是北京历史文化的物化载体，是一项无法再生的宝贵遗产和资源。可是，北京的名人故居保护滞后于国内其他省市。究其原因，还包括相关部门对名人故居保护的意义认识不清，存在着"居民要改善居住条件不能保"、"难度太大不好保"、"反面人物住处不必保"等片面认识，甚至一些人唯建筑物的价值论存废，只见物不见人，看不到普普通通的一砖一瓦包含着的文化价值。过去，北京的四合院住户不时会进行房屋的翻修，但多不会伤害院落格局，房屋的翻修也多是偷梁换柱，这本是基因的传递。可有些人认为，房子一旦翻修，就不是"原物"，就没有保护价值了——蒜市口的曹雪芹故居，2000 年就因此而被拆除，尽管它仍然保持着清廷档案记载着的十七间半院落格局。

严峻的形势告诉我们，必须针对北京传统民居的特点，将院落格局（包括树木等）而不仅仅是房子，也视为重要的历史文化信息载体，来充实名人故居保护的立法及专业研究工作。须知，中国人是活在院儿里的，这是与西方居住方式最大的不同。立法保护名人故居，须建立新思维，结合中国实际，鼓励多学科介入、公众参与，最忌一叶障目、只见树木不见森林。

2009 年 11 月 19 日

梁思成林徽因故居保护的公众参与

2009 年 7 月，北京北总布胡同24 号梁思成、林徽因故居在房地产开发中的存废之争，引发一场规模可观的公众参与活动，最终导致国家文物局、北京市规划委员会、北京市文物局作出决定，使这处故居得以保留，北京市着手《名人故居保护管理办法》的立法调研工作。这次公众参与活动的特点包括：

一、中央、地方各级新闻媒体广泛介入。《新京报》率先报道并跟踪这一事件；《人民日报》《中国青年报》《光明日报》等随后跟进报道或发表评论，要求保留这处故居。《北京日报》《北京晚报》等提出或刊登不同意见，甚至认为保护这处故居"只是一个噱

头"。两派意见交锋，成为一大景观。

二、互联网深度介入。博客成为最先披露这一事件并发表评论的场所，直接引起相关政府部门及媒体的关注。各大门户网站、论坛不断刊发相关报道及评论。新浪网结合这处故居的保护，展开《你如何看待北京旧城的拆除改造？》的调查，网友以压倒性的多数，支持保留北总布胡同梁思成、林徽因故居并恢复原貌（占76.7%），支持加大对北京名人故居的文物普查力度（占80.5%），支持扩大保护范围，对全城的胡同四合院"应保

1940 年抵达李庄后，林徽因肺病复发，始终未能康复。图为 1943 年林徽因在李庄寓所的病榻上 清华大学建筑学院资料室提供

尽保"（占 80.4%）。

三、非政府组织、民间文保人士积极参与。2009 年 7 月 13 日，北京文化遗产保护中心在其网站上就这处故居的保护公开发表意见，认为"由于北京市文物局的冷漠和不作为，北总布胡同 24 号院落没有被公布为任何层级的文物保护单位"，"我们要求国家公诉机关追究北京市文物局负责人的法律责任"；8 月 25 日，这家非政府组织召开"梁思成、林徽因故居保护与公民社会建设讨论会"，议题为：公众如何主动地积极地采取行动保护文化遗产？7 月 12 日，中国古迹遗址保护协会会员、中国文物学会会员曾一智向北京市东城区文化委

1937 年梁思成、林徽因发现的唐代建筑佛光寺东大殿侧影　王军摄

员会提交《关于将北总布胡同24号、12号梁思成故居纳入第三次全国文物普查范围的建议》。

四、公众参与、专家咨询、政府决策良性互动。北京历史文化名城保护专家顾问组成员谢辰生、徐苹芳通过直接向政府部门提出意见，或公开发表意见的方式，要求保留这处故居；7月20日，北京市政协文史委员会组织委员赴故居现场察看，吁请保护；7月27日，国家文物局公开表态，要求保留这处故居；7月28日，北京市文物局会同北京市规划委员会出台保留这处故居的五点意见。

2004年经北京市人大通过、2005年经国务院批准的《北京城市总体规划》规定："重点保护旧城，坚持对旧城的整体保护"（第60条），"保护北京特有的'胡同—四合院'传统的建筑形态"（第61条），"停止大拆大建"（第62条），"推动房屋产权制度改革，明确房屋产权，鼓励居民按保护规划实施自我改造更新，成为房屋修缮保护的主体"（第67条），"遵循公开、公正、透明的原则，建立制度化的专家论证和公众参与机制"（第67条），"本规划一经批准，任何单位和个人未经法定程序无权变更"（第176条）。此次公众参与活动的最大诉求点，即要求有关部门不折不扣地执行以上规定，并部分地获得成功。

20世纪以来，北京的城市建设与文化遗产保护在不同时期伴随着不同程度的公众参与。1920年代、1950年代两次城墙存废问题的讨论，即为代表性事件。此次梁思成、林徽因故居保护的公众参与，回应了中共十七大报告"从各个层次、各个领域扩大公民有序政治参与，最广泛地动员和组织人民依法管理国家事务和社会事务、管理经济和文化事业"，"保障人民的知情权、参与权、表达权、监督权"，"增强决策透明度和公众参与度"，其意义已超越文化遗产保护本身。

2009年11月22日

踏访北总布胡同三号

两年前，我陪一位热爱中国文化的法国画家来到北京北总布胡同梁思成、林徽因故居，他落泪了。

故居的状况确实令人伤感。这里原本是一个精致的四合院，可垂花门无存，东厢房无存，取而代之的一幢宿舍楼，没商量地塞满了整个院落，正房被挤在阴影之中，瓦顶也被拆改，只有苦撑着的梁柱还能勾起对岁月的回忆。

可以说，这里正代表着北京古城的现状。昨与今就是这样在你死我活中交织着，留给彼此的伤痕直逼着你的眼，压迫着你的情。

联想起梁、林二位当年为保护北京古城、力促新旧共荣的往事，倒能生发另一番感慨。是的，他们的故居到底是配得上他们的命运的。

可在当年，这里又荡漾着他们多

么动人的光彩啊。

20世纪30年代，正是一次次从这里出发，他们发现了辽代的独乐寺、隋代的赵州桥、唐代的佛光寺……在日本侵略者的炮火逼近之时，他们争分夺秒，远赴深山老林，抢救祖国的建筑遗产；林徽因体弱，竟也不让须眉，以致积劳成疾。

正是在这里，他们不堪北平沦落日寇之手，操起行囊奔赴后方，无悔于颠沛流离的贫苦生活，最后在四川李庄的乡下，双双病倒，却拼死完成了中国人的建筑史。

打那儿以后，他们就再也没有回到这儿住过了。从1931年到1937年，他们在这儿共同度过了一生中难得平静的6年时光，就是这6年，使他们成为了梁思成、林徽因。

故居现在的门牌号是北总布胡同24号，老门牌号是北总布胡同3号。提起这个老门牌号，文坛的人就会打起精神来，这是诗人林徽因的家呀，徐志摩（1897～1931）、沈从文（1902～1988）、陈梦家（1911～1966）、萧乾（1910～1999）、卞之琳（1910～2000）常在这儿议论文学，金岳霖、李济（1896～1979）、钱端升（1900～1990）、陈岱孙（1900～1997）、陶孟和（1887～1960）、费正清（John King Fairbank, 1907～1991）常在这儿议论学问。

徐志摩爱上了她，痛苦出诗人；金岳霖爱上了她，终身不娶。而老金的房子就紧挨在这故居的北边，还看得见，现在的门牌号是北总布胡同12号。

冰心在1933年写了一篇小说，叫《我们太太的客厅》，对这里的文坛雅聚有暗讽之意。发表时正值梁思成在山西调查应县木塔。当年的一位老人跟我讲，梁思成回来后径直给吴文藻（1901～1985）、冰心（1900～1999）夫妇送去了一瓶山西陈醋。

那个时候，他们还是一群小青年呢。故事好玩极了。

"高高的墙里是一座封闭但宽敞的庭院，里面有个美丽的垂花门，一株海棠，两株马缨花……"这是费正清夫人费慰梅（Wilma Canon Fairbank, 1909～2002）笔下的北总布胡同3号。

好想再看到那株海棠和马缨花啊！

2004年6月15日

闻梁思成林徽因
故居获保留之后

我们欠他们的情已欠得太久，尽管他们不需要我们偿还，我们也必须作出努力。难道不是吗？

昨天下午，北京市文物局给我发来传真和邮件："7月28日我局会同市规划委专题研究了北总布胡同24号院的保护问题，已责成建设单位调整建设方案，在建设规划上确保院落得以保留。"同时表示，清华大学新林院8号梁思成、林徽因故居（那里是他们1946年至1951年的住所。此间，他们创办了清华大学建筑系，为解放军绘制北平文物地图，编写《全国重要建筑文物简目》，设计中华人民共和国国徽、人民英雄纪念碑，书写《关于中央人民政府行政中心区位置的建议》，抢救景泰蓝工艺）也将得到保护。这实在是意外之喜。这份文件还表示，各区县文委的普查队伍，要统筹做好四合院等传统建筑的调查保护工作，欢迎社会各方对发现具有保护价值的文化遗产提供线索并共同参与文物保护工作，继续坚持旧城整体保护的原则。

北京市文物局孔繁峙局长专嘱局办公室工作人员打电话给我，对我呼吁保护梁思成、林徽因故居表示感谢。这让我非常感动。作为一名报道北京城市建设的记者和梁思成的研究者，我可能比其他朋友了解更多梁思成、林徽因的故事，也因此承担着更多的责任，在这个时候站出来说话，也是别无选择。

因为有关方面不知情，北总布胡同24号梁思成、林徽因故居险些被拆掉，这也使我深深自责。虽然我在2004年应《北京青年报》编辑赵晓笠女士之约，写过一篇介绍此处故居的短文，但只有这样一篇文章，是远远不够的。如果我能多写一些，让各个方面多了解些情况，可能就会避免这次折腾了。市政协文史委路舒平副主任今年春节拜访郑孝燮先生，郑老对她说，日本要为梁思成先生建纪念碑，感谢他在"二战"中保护京都、奈良，我们也应该以适当的方式纪念梁思成先生，否则，实在是说不过去。我到市政协开会，路主任非常关切地与我谈起此事，我说梁思成先生在北京住过好几处地方，北总布胡同24号和新林院8号最有代表性，应该保护下来，国家文物局和清华大学对新林院8号已有保护之意，最要紧的就是北总布胡同24号。路主任就请我写一份保护梁思成故居的建议稿。因为这事儿那事儿，我拖拖拉拉。就在这个时候，得知北总布胡同拆迁的消息。7月10日以来，我为这处故居的保存所写的四篇文章，皆是在绝望之中对自己灵魂的拯救，竟在这么多朋友，那么多未曾谋面的朋友们心中引起强烈共鸣，实在是巨大的荣幸——同时，更加深了我的自责。

在这个事件中，我看到了负责任的政府官员形象。北京市规划委员会黄艳主任读到我的文章后，主动打电话向我了解情况，刘玉民副主任在第一时间赶赴现场叫停拆迁；国家文物局单霁翔局长主动约见我了解情况，以坚定的态度表示要保护这处故居，并澄清对名人故居保护政策的认识。他动情地说："一个城市能不留下自己的足迹吗？能不留下让我们感动的历史记忆吗？我们不能以建筑价值来论名人故居的价值，可能最普通的房子，才最让我们感动。"上周三下午，我看到前一天《北京晚报》上北京市文物局文保处有关负责人的言论，很不能理解，给孔繁峙局长拨去一个电话，那几天他正在宽沟开会，不了解具体情况，他跟我说："我要回去问问，把这个事情处理好。"前天一早，

我接到了孔局长的电话，他说，局里的态度是，这处故居不能拆除，要坚决地保下来。就在今天下午我回家的路上，还接到他热情洋溢的电话，说文物局执法大队已向建设单位发出通知，北总布胡同12号金岳霖故居也要保护下来。"对旧城进行整体保护，就是任何一个四合院都不能拆了，"我听到电话里他急切的声音，"现在不能只谈挂牌文物的保护，如果只保护挂牌文物，北京还要拆多少东西啊？只保护挂牌文物，这个概念已经过时了！"

这段时间我发表的言论或有偏激之处，我们的官员不但容忍了，还在昨天逐一作出积极而正面的回应，特别是"继续坚持旧城整体保护的原则，对于旧城胡同四合院提出严格要求，严格按照有关规划及修缮、改善、疏散的原则进行保护修缮"，这一条非常重要，亟待在文保区之外尚未被拆毁的老城区得以有力施行。2005年北京城市规划学会完成的《胡同保护规划研究》显示，2003年北京老城区的胡同还有1571条，其中保护区之内660多条，保护区之外900多条。保护区之外的这900多条，也是我们的心肝宝贝啊！岂能不被纳入整体保护的范围！

还有"要求各区县文委的普查队伍在第三次全国文物普查中继续深入调查，统筹做好四合院等传统建筑的调查保护工作，尤其是对列入建设区域的要采取保护措施"，这一条也非常重要。对北京旧城来说，弄清文化

遗产的家底，第三次文物普查也许是最后的机会了。现在，拆的力量很大，修的力量也很大，不弄清家底，就是修也会把那些有文物价值的老房子修坏了，甚至修没了。所以，文物部门的朋友们，抓紧最后的机会啊！我深知你们往往承受着巨大压力，因为总有人错误地把你们的工作跟 GDP 对立起来。越是在这个时候，你们越是要记住孔子所言："三军可夺帅也，匹夫不可夺志也。"（《论语》，子罕第九）请相信，子孙后代会记住你们今天的每一分努力！

回到孔局长的那句话："任何一个四合院都不能拆了。"这句话，2003 年 4 月，刘淇书记说过。也是在那一年的 9 月 9 日，胡锦涛总书记对谢辰生先生关于保护北京历史文化名城的来信作出批示："赞成，要注意保护历史文化遗产和古都风貌，关键在于狠抓落实，各有关方面都要大力支持。"同年 9 月 8 日，温家宝总理在谢辰生先生的同一封来信上作出批示："保护古都风貌和历史文化遗产，是首都建设的一件大事，各级领导必须提高认识，在工作中注意倾听社会各界的意见，严格执行城建规划，坚决依法办事，并自觉接受群众监督，不断改进工作。"（引自北京城市规划学会，《胡同保护规划研究》，2005 年 2 月，第 33 页）这样的精神，正需要落实在每一个四合院的保护中。唯此，2005 年 1 月由国务院批准的要求整体保护旧城的《北京城市总体规划》，才能得到不折不扣的实施。我也知道，旧城内还在

施行的那些成片拆除的危改项目，要全部停下来还有相当难度，光靠孔局长一个人是顶不住的。那么，就让我们一起顶吧！

在这个事件中，我真实感受到了"负责报道一切"的《新京报》精神，作为北京的市民，我为我们的城市拥有这样一份报纸而感到骄傲；《人民日报》《光明日报》《中国青年报》等众多新闻媒体的同仁们，以不妥协的职业信念，作出忠实于事实的报道，发表令人信服的评论；在新浪网的调查中，网友们以压倒性的多数，支持保留北总布胡同梁思成、林徽因故居并恢复原貌（占 76.7%），支持加大对北京名人故居的文物普查力度（占 80.5%），支持扩大保护范围，对全城的胡同四合院"应保尽保"（占 80.4%）。谢辰生先生在病榻上一而再、再而三地与有关部门联系，敦促保护；徐苹芳先生一次次在媒体上公开表态，支持保护；北京市政协文史委员会的委员们赴现场察看，吁请保护；开发商难能可贵地表示"听政府的"；非政府组织——北京文化遗产保护中心在积极行动，他们的意见虽然尖锐，政府部门也接纳了。可以说，这一事件，与 2007 年东四八条历史街区、西四北大街历史街区的保护一样，标志着北京文化遗产保护公众参与时代的到来。我深知，这个过程不会是一马平川，好在，它已经开始了！

在新闻媒体和互联网上正常地发表意见，甚至是不同的意见，是中国社会进步的表现。《北京晚报》的

"未名"先生，您供职的是一份有着光荣传统的媒体，我欢迎您指名道姓地对我提出任何不同的，甚至是批评性的意见，在公共事务的讨论中，您和我都平等地享有发表意见的权利，但请您不要用"迫不及待地脱下理性的外衣"那样的字眼来描述我，更没有必要说同情旧城保护的人士"不明真相"，也请您不要曲解我的那位朋友在梁思成、林徽因故居落泪的故事❶——他落泪，只是因为热爱北京；我这样写，只是为了释放一些内心的痛苦。也许，您以"未名"二字署名，是因为另有苦衷。没关系，如果哪一天我们相识，就在一起喝杯啤酒吧！

昨天——2009 年 7 月 28 日，是我无比幸福的一天。这一天，我陪同康乃尔大学学者韩涛（Thomas H. Hahn）访问河北正定（又是一位外国朋友，"未名"先生不要见怪啊），踏访梁思成、林徽因夫妇 1933 年从北总布胡同出发，到这里调查、发现、测绘的开元寺钟楼（建于唐代）、县文庙大成殿（建于唐末或五代初年）、隆兴寺摩尼殿（建于北宋）等雄伟的古代建筑，看到它们得到悉心保护，天津大学建筑学院的同学们利用暑假时间，像当年梁思成、林徽因那样，握着笔和尺，攀上高高的梯子，再一次测绘这些伟大建筑的每一个构件，心中无比欣慰。

站在开元寺的唐代地层上，眼前是风格豪劲的中国现存唯一的唐代钟楼，我接到了北京市文物局打来的电话，收到了孔繁峙局长转来的问候，得知文物局和规划委员会刚刚开会商定保护梁思成、林徽因故居诸项事宜，

---

❶ 2009 年 7 月 22 日，笔者撰写《保护梁思成林徽因故居岂是一个噱头》，有言曰：

笔者想起几年前陪同一位外国艺术家探访这处故居的情景。看到故居院落保存不善，这位艺术家当场伤心落泪。不知这样的眼泪，在这位文保官员和那位"资深文物工作者"看来，"'含金量'到底有多大"《北京晚报》报道语）。

2009 年 7 月 24 日，《新京报》以《凭啥说"保护梁林故居是个噱头"》为题刊登此文。当日，《北京晚报》就此发表署名"未名"的文章，题为《外国人的眼泪能成为保护的依据吗？》，有言曰：

一位"外国艺术家"的眼泪，被作者津津乐道，并且成为保护梁林故居的借口，由此还要拿来质问中国的专家，这样的道理不能不说是奇谈怪论。在这里，我们除了被"学者"王军丰富的情感所感动，似乎并不能得出什么"新鲜"的结论。而且，从所谓学者的角度出发，凭借外国人的眼泪就能做出保护与否的判断，连专业的文保机构和资深文物工作者的判断都敌不过外国人的几滴眼泪，这样的做法也实在是太不职业了。

我们身处一个法制社会，感性的眼泪代替不了理性的判断，喧嚣和鼓噪代替不了法律条文。况且，文物保护是有法可依的，《文物保护法》对文物（包括古建）三大价值的厘定是很清晰的；上至国务院下到北京市以及各区县，每隔几年都会定期公布一批文物保护单位，文保机构对文保单位的认定有着严格程序和科学的论证，而且必须经过政府认定并正式向社会公布。这些，也是必须得到尊重的。而最近被一些所谓学者热炒的梁林故居风波，包括近几年针对北京旧城保护不断掀起的所谓保护运动，之所以能够一波未平一波又起，之所以能够博得一些不明真相的人士的同情，其手段大多是以感性代替理性，以讲故事的方式赢得眼泪，进而博取同情。

就拿《新京报》这篇立论来说，除了文章的起始引用了一段《文物保护法》的条文概而论之，给人一种似乎所有与名人有关的建筑都必须原封不动地得到保护这样似是而非的结论之外；从第二段开始，作者就迫不及待地脱下理性的外衣，开始大谈特谈梁思成、林徽因的业绩和贡献，特别是不厌其烦地引述晚年梁思成表达爱国情怀的直接引语。字里行间，我们似乎看到了"谁的眼泪在飞"，对作者的深情投入除了感动、唏嘘似乎已经别无选择。

对于梁林的贡献，我们虽不是相关领域的学者，不能进行专业的判断，但是我们深知其价值是不容置疑的；但是，感动之余，我们还是要说，以梁林的价值来断定建筑的价值，在这之间简单地画上一个等号，这种偷换概念式的研究并不是一种科学的态度，也不符合一个学者应有的理性的立场。历史上北京各个领域的名人众多，从我们非学者的角度判断，很多人的价值并不比梁林低，是不是他们所有曾经的住处都要保护起来，这本身是需要通过科学的标准和程序来认定，而外国人的眼泪并不足以为据。

1933年4月，梁思成测绘正定隆兴寺，在北宋建筑转轮藏殿檐下　清华大学建筑学院资料室提供

我的心情难以言表。

那一刻，看着身边忙碌着的天津大学的小梁思成、小林徽因们，我更加深刻地理解了中华文明为什么历尽数千年磨难而不曾中断——正是因为我们民族的心灵中有一种永远也磨不掉的本能。这种本能，在梁思成《正定古建筑调查纪略》中是这样呈现的：

第四天棚匠已将转轮藏殿所需用的架子搭妥。以后两天半——由早七时到晚八时——完全在转轮藏殿、慈氏阁、摩尼殿三建筑物上细测和摄影。其中虽有一天的大雷雨雹，晚上骤冷，用报纸辅助薄被之不足，工作却还顺利。这几天之中，一面拼命赶着测量，在转轮藏平梁叉手之间，或摩尼殿替木襻间之下，手按着两三寸厚几十年的积尘，量着材梁栱斗，一面心里惦记着滦东危局，揣想北平被残暴的邻军炸成焦土，结果是详细之中仍多遗漏，不禁感叹"东亚和平之保护者"的厚赐。（《梁思成全

彼时，已侵占我国东北三省的日寇又占领承德，基本上控制了热河，直逼长城一线，很快占领唐山、蓟县，越过平谷、三河，攻占密云，进攻怀柔，突破中国军队防线，继续南进，使北平在其枪口之下。

国难当头之际，梁思成、林徽因冒着枪林弹雨，对华北大地上的古代建筑进行抢救性调查测绘，心之所系，正如前面引文所述，"一面心里惦记着滦东危局，揣想北平被残暴的邻军炸成焦土"，"一面拼命赶着测量"。这样的情况，他们已习以为常——"手按着两三寸厚几十年的积尘"，"晚上骤冷，用报纸辅助薄被之不足"。后

1933年11月，林徽因在正定开元寺唐代钟楼的梁上　林洙提供

正定开元寺钟楼建于晚唐，1988年被公布为全国重点文物保护单位，同年国家文物局批准对其进行落架复原性修缮，1990年竣工　王军摄

来，病弱的林徽因过早地去世，朋友们向梁思成叹道，都是她跟着你在外面受苦啊！这样的苦，却让他和她的心，是那样的甜。

站在开元寺钟楼前，当年林徽因身穿旗袍攀上这处唐构梁架上的美丽身影浮现在我眼前。还是在几年前，梁从诫先生身体康健时，我捧着林徽因的这张照片，跟他调皮道："您母亲好厉害哟，穿着旗袍就爬上去了，什么诀窍啊？"梁先生还以同样的调皮："这是我们梁家的秘密！"

1998年底，梁先生告诉我："我们家在北总布胡同的那个院儿，还在！"这让我大喜过望。转过年，他老人家和夫人方晶老师就领着我去了，折入那条小夹道，左手一拐，就

进了大门。

这处院落残破了。现在，更加残破了。那么，就让我们把它修复吧！

今天下午，北京城市服务管理广播请我作了一期节目，主题是名人故居的保护。主持人张锋先生提了一个好问题：梁思成、林徽因的故居应该如何保护呢？是按照图纸重建么？但梁思成、林徽因他们自己就很反对建假古董的行为，你怎么看，有什么建议？

我的回答是：尽管我不提倡复建古建筑，但我主张完整地修复这处故居，使它成为我们和子孙后代纪念他们的场所；我们不是在建假古董，24号院还保留着大量珍贵的历史信息，我们是在修复一个真实的场所，也是

314

真实表达我们崇高情感的场所；这样的行为只会让我想起波兰的华沙，"二战"时，华沙85%的历史建筑遭到毁坏，可波兰人民在战争结束后，严格按照保存下来的图纸，以十几万人，义务劳动量数十万工时，历时五年，庄严修复了这个历史名城。重获新生的华沙被整体列入《世界遗产目录》，因为它"表明了努力保留波兰传统文化环境的真切心情，并以经典的方式显露了二十世纪下半叶重建技术的功效"。

就让我们庄严地修复梁思成、林徽因故居吧！我的手中，正握着林徽因在1936年写给美国友人费慰梅的信中手绘的那张北总布胡同寓所的平面图。我们还能找到更多的这处院落的老照片和相关资料。就让我们严格按照这些文献，以经典的方式让它重获新生吧。

我们欠他们的情已欠得太久，尽管他们不需要我们偿还，我们也必须作出努力。难道不是吗？

2009年7月29日

附北京市文物局7月28日发给我的邮件全文：

北京市文物局会同市规划委共同研究东城区北总布胡同24号院建筑遗存保护问题

1. 7月28日我局会同市规划委专题研究了北总布胡同24号院的保护问题，已责成建设单位调整建设方案，在建设规划上确保院落得以保留。

2. 邀请专家参与指导院落的保护方式、方法，制定具体保护措施，处理好建设与保护的关系，尽快落实北总布胡同24号院的保护问题。

3. 梁思成1946年到1954年的居所位于清华大学内（新林院8号），不仅见证了清华大学建筑系创建的历史、新中国文物保护事业的起步，而且从这里诞生了中华人民共和国国徽、人民英雄纪念碑等设计方案。我局将与规划、校方等共同研究，做好相关建筑的保护工作。

4. 已要求各区县文委的普查队伍在第三次全国文物普查中继续深入调查，统筹做好四合院等传统建筑的调查保护工作，尤其是对列入建设区域的要采取保护措施。严格按照文物法和文物普查认定的相关标准做好相关建筑保护的同时，深入挖掘其历史文化内涵。同时欢迎社会各方对发现具有保护价值的文化遗产提供线索并共同参与文物保护工作。

5. 继续坚持旧城整体保护的原则，对于旧城胡同四合院提出严格要求，严格按照有关规划及修缮、改善、疏散的原则进行保护修缮。

2009年7月28日

旧城保护是法律问题

对这一事件的处理，既让我们看到北京历史文化名城保护工作的进步，也让我们感受到这项工作的紧迫，以及我们肩上的使命——伟大的老北京，让我们骄傲的"都市计划的无比杰作"，岂能在我们这代人的手中葬送？

不仅仅是学术层面的问题

近一年来，笔者以北京市政协特邀委员的身份，在市政协、市政府有关部门举办的几次会议上，发表这样的观点：今日之北京旧城保护，已不仅仅是学术层面的问题，它是一个如何贯彻执行经中央政府批准、北京市人大常委会通过的具有法律效力的《北京城市总体规划（2004年至2020年）》的问题，是一个如何做到有法必依、执法必严的问题。

近期引发广泛关注和讨论的北总布胡同24号梁思成、林徽因故居的保护问题，及其衍生的北京历史文化名城的保护问题，既不是"连名人都无法界定，怎么去认定故居？""跟名人沾边就保护，几乎每个院落都能说出点门道，那是不是意味着名城将永远'凝固'"（王世仁语，《北京日报》，2009年7月20日）这样的问题，也不是

"所谓'故居'如今多已沦为大杂院，破败拥挤，上厕所要走出200米，曾经的文化是否能让这里的居民感到自豪"（"一位资深文物工作者"语，《北京晚报》，2009年7月21日）那样的问题，更不是中央关于"少宣传个人"和"严格控制纪念设施建设"的有关文件是否意味着名人故居不能被纳入文物保护工作范畴的问题。

对以上三个问题，北京市近年来在历史文化名城保护工作中的实践，已经作出回答——保护与发展、保护与民生，是统一的而不是对立的；国家文物局予以澄清：开辟名人纪念馆等纪念设施与保护名人故居是两个概念，属于不同范畴。中央关于名人故居的有关规定无疑是十分正确的，应当坚决执行。同时，从文化遗产保护的角度出发，将名人故居纳入《中华人民共和国文物保护法》的保护范畴，是文物工作的重要组成部分，是文物

保护的应有之意。把名人故居列入文物保护单位，并非必须"专门腾出作纪念馆"，完全可以不影响故居的"正常使用"。

由梁思成、林徽因故居保护引出的问题，正是如何贯彻执行《北京城市总体规划(2004年至2020年)》的问题，这份领引21世纪北京城市科学发展的法规性文件，对历史文化名城保护作出规定："重点保护旧城，坚持对旧城的整体保护"(第60条)；"保护北京特有的'胡同—四合院'传统的建筑形态"(第61条)；"停止大拆大建"(第62条)；"推动房屋产权制度改革，明确房屋产权，鼓励居民按保护规划实施自我改造更新，成为房屋修缮保护的主体"(第67条)；"遵循公开、公正、透明的原则，建立制度化的专家论证和公众参与机制"(第67条)，等等。

《总体规划》还特别强调："本规划一经批准，由北京市人民政府统一组织实施，北京市各委、办、局和各级政府必须统一思想，充分认识城市总体规划的重要性，维护城市规划的严肃性、权威性"(第160条)；"本规划一经批准，任何单位和个人未经法定程序无权变更"(第176条)。

梁思成、林徽因故居之所以引起社会各界广泛关注，一是人们对梁思成、林徽因夫妇对中国文化遗产保护事业作出的巨大贡献怀有深深的敬意，二是社会普遍要求严格执行整体保护旧城的《总体规划》。历尽数十年的持续拆除，北京旧城，作为"中国古代都城建设的最后结晶"(吴良镛语)、"人类在地球表面上最伟大的个体工程"(埃德蒙·培根语)，已残存不多，这更激发了各界人士致力于保护的强烈愿望。

梁思成、林徽因故居能够赢来被保留的局面，是政府有关部门及时调整，果断决策，贯彻执行《总体规划》的结果，其中的曲折是非，也表明"各委、办、局和各级政府必须统一思想，充分认识城市总体规划的重要性，维护城市规划的严肃性、权威性"的必要性。对这一事件的处理，既让我们看到北京历史文化名城保护工作的进步，也让我们感受到这项工作的紧迫，以及我们肩上的使命——伟大的老北京，让我们骄傲的"都市计划的无比杰作"(梁思成语)，岂能在我们这代人的手中葬送？

《总体规划》是"最大、最重要的原则"

7月27日，国家文物局有关负责人通过《光明日报》明确表态：梁思成、林徽因故居具有重要的历史价值，完全符合《中华人民共和国文物保护法》对文物的界定，应该由地方文物部门向同级政府申报公布为文物保护单位，依法严格保护。

7月28日，北京市文物局会同北京市规划委员会专题研究北总布胡同24号院的保护问题，决定"责成建设单位调整建设方案，在建设规划上确保院落得以保留";同时表示，梁思成、林徽因在清华大学新林院8号的故居也将得到保护；要求各区县文委的普查队伍在第三次全国文物普查中继续深入调查，统筹做好四合院等传统建筑的调查保护工作，尤其是对列入建设区域的要采取保护措施；欢迎社会各方对发现具有保护价值的文化遗产提供线索并共同参与文物保护工作；继续坚持旧城整体保护的原则，对于旧城胡同四合院提出严格要求，严格按照有关规划及修缮、改善、疏散的原则进行保护修缮。

北京市文物局局长孔繁峙表示："国务院2005年批复的《北京城市总体规划》已明确规定，北京旧城整体保护，禁止大拆大建。这对于文物保护、旧城保护来说，是一个最大、最重要的原则，不能再拆了平房建楼房。旧城内很多传统建筑都没有挂牌，一些名人故居也在其中，这都需要去一一发现、认定和保护。如果不挂牌就要拆，那么，新发现的很多建筑就来不及保护了。"（《新京报》，2009年7月30日）

相关政府部门和官员依照相关法律法规和政策，对近期各界人士就梁思成、林徽因故居和北京旧城保护提出的问题，作出积极而正面的回应。北京市文物局和规划委员会关于"欢迎社会各方对发现具有保护价值的文化遗产提供线索并共同参与文物保护工作"的声明，正是中共十七大报告——"从各个层次、各个领域扩大公民有序政治参与，最广泛地动员和组织人民依法管理国家事务和社会事务、管理经济和文化事业"，"保障人民的知情权、参与权、表达权、监督权"，"增强决策透明度和公众参与度"——的具体体现，必将对北京历史文化名城保护产生积极影响。

旧城仅残存约四分之一的现实

在过去的半个多世纪里，北京旧城经历了三次大规模拆除改造，城门、城墙、牌楼被拆除殆尽，众多庙宇、会馆、戏楼等古建筑被毁，成片成片的老街区被夷为平地。北京旧城仅占中心城面积的5.76%，据2006年清华大学根据卫星影像图作出的分析报告，经历持续的拆除，旧城仅残存约四分之一的面积。对这残存的部分，我们已别无选择，唯有尽最大努力加以最为细致的保护。

贯彻执行整体保护旧城的《总体规划》，并不是要将旧城"凝固"为一块化石，我们希望永存的是我们对祖国文化的热爱，这一砖一瓦见证着的伟大文明和我们作为光荣的中华儿女的理由。

今日之北京旧城，正如当年梁思成先生所言："它同时也还是今日仍然活着的一个大都市，它尚有一个活着的都市问题需要继续不断的解决。"（《北平的文物必须整理与保存》，1948年）这些年来，北京市致力于改善旧城内的基础设施，施行"煤改电"等工程，不是以大规模房地产开发的方式，而是通过公共服务的供应、财产权的保护、四合院交易市场的建立，激活了烟袋斜街、南锣鼓巷等曾经衰败的街区，通过四合院修缮标准等设计导则，使老房子的"微循环"符合《总体规划》的保护要求，历史街区得以自然而真实的再生。这些，正是我们希望在北总布胡同看到的。

我们希望永存的是对科学发展城市的坚定信念，正如《人民日报》7月16日就梁思成、林徽因故居保护问题发表的评论所言："如果我们既能做到对文化历史的保护，又能做到对现代文明的建设，贯彻落实科学发展观，岂不是大大地上了一个台阶？"

贯彻执行整体保护旧城的《总体规划》，停止对老城区的继续拆除，并不是说城市就不需要发展了。仅是弹丸之地的最后的旧城，岂会妨碍在它之外更为广阔的市域范围内的日新月异？相反，长期以来在旧城之上建新城，不但使文化遗产承受巨大损失，还使城市功能过度聚焦于以旧城为中心的区域，形成单中心城市结构，致使市中心的工作人口被迫到郊区居住，每日往返于城郊之间，激起进出城交通大潮，抬高了城市运营和生活成本，导致全市性交通拥堵和空气污染，衍生一系列城市问题。

正是直面对这样的情况，《总体规划》经过科学研究，提出整体保护旧城、重点发展新城、调整城市结构的战略目标，要求"逐步改变目前单中心的空间格局，加强外围新城建设，中心城与新城相协调，构筑分工明确的多层次空间结构"（第15条）。这个目标能否实现，事关首都发展大局，我们岂能视为儿戏？

我们希望永存的是对依法治国的不懈追求。2003年9月9日，胡锦涛总书记对谢辰生先生关于保护北京历史文化名城的来信作出批示："赞成，要注意保护历史文化遗产和古都风貌，关键在于狠抓落实，各有关方面都要大力支持。"同年9月8日，温家宝总理对谢辰生先生的同一封来信作出批示："保护古都风貌和历史文化遗产，是首都建设的一件大事，各级领导必须提高认识，在工作中注意倾听社会各界的意见，严格执行城建规划，坚决依法办事，并自觉接受群众监督，不断改进工作。"（引自北京城市规划学会，《胡同保护规划研究》，2005年2月，第33页）这样的精神，正需要落实在每一个四合院的保护之中。唯此，《总体规划》才会得到不走样的实施，政策法规的严肃性，和我们这个时代最不可缺少的法治精神，才能得到张扬。

承担起"免于匮乏"的责任

我们并不是要让老百姓永远生活在破败拥挤的大杂院内，除非我们无视北京市近年来在历史文化名城保护与人民住房条件改善方面取得的进步。

因房屋产权关系的混乱、住房建设长期滞后，大量的四合院成为年久失修的大杂院。挤住其中的居民渴望改善住房条件，是不争的事实，但他们对城市拆迁又怀着复杂的心态，往往心存顾虑。现行的拆迁政策，是按面积给予货币补偿，并非福利性住房分配，挤住在大杂院内的贫苦人家，最需要住房救济，可因为住房面积小，获得的补偿也少，往往一拆迁，就被逼上了购买商品房的独木桥（对他们来说，经济适用住房多是一房号难求，甚至求到也买不起），导致拆迁矛盾加剧。

在这样的政策下，"盼着拆迁"的，往往是那些在外面拥有第二套住房的租赁户，因为一拆迁，他们就可以将不属于自己的租赁房产变现为个人收入，而自己的实际居住不会受到任何影响（北京市社会科学院2005年发布的《北京城区角落调查》显示，崇文区辖内的前门地区，人户分离现象严重，户在人不在的占常住人口的20%以上，个别社区外迁人口占45%以上。这样的情况，在各城区都不同程度地存在）。这样，最应该得到救济的最困难居民，往往难以获得救济，原本可以适当方式解除租赁关系的自有房住户，成为最大的赢家。

正是针对这样的政策弊病，北京市近年来开始以住房保障对接历史文化名城保护和解危解困工作，启动房屋修缮和市政改良工程，在旧城内施行"修缮、改善、疏散"政策，对愿意迁出原居住房屋的居民，提供多种

2009年6月21日，从景山南望北京中轴线　王军摄

安置方式；对符合保障住房供应条件的居民，优先纳入住房保障体系，优先审核供应。这样的政策，亟须普及到旧城的每一个角落，普及到北总布胡同这样的地方。

贯彻执行整体保护旧城的《总体规划》，并不是要把老城区的老百姓的生计"冻结"起来；并不是要把旧城内逼仄拥挤的居住环境原封不动地保存下来，强迫老百姓生活在"水深火热"之中；并不是连一个抽水马桶都不让建，强迫老百姓"上个厕所都要跑出几里地"。

我们主张：以良善的金融政策发展住房保障，使保障性住房成为大规模吸纳流动性，并提供稳定的中长期回报的投资品（这正是应对金融危机，中国亟须研究的经济政策），去救济最需要我们帮助的贫苦家庭，而不是把他们的安居之梦托给开发商，迷信开发商的推土机就是人民的福祉。

我们须调整商业性房地产开发即可强制性拆迁民房的政策，这一政策已制造太多被动性住房需求（2002 年 6 月《北京日报》披露的信息显示，被拆迁居民对商品住房的需求量已约占北京市场全年住宅销售总面积的三分之一，"已经成为市场中重要而且比较稳定的有效需求量"），虽可在一时为 GDP 作出"贡献"，终会导致社会财富向强者集中，拉大贫富差距，加剧阶层分化，长此以往，必将动摇和谐的根基。

在《物权法》已经施行，物业税已在酝酿的今天，过度依赖售卖土地的地方财政即将迎来深刻变革，各级政府部门应该顺应这个趋势，当仁不

让地承担起"免于匮乏"的责任,以高度的智慧与政治责任,为人民谋取最大的福利,并由此创造经济增长的机会。

完善专家论证和公众参与机制

关于这次梁思成、林徽因故居的保护,笔者在一篇文章中写道:"这一事件,与2007年东四八条历史街区、西四北大街历史街区的保护一样,标志着北京文化遗产保护公众参与时代的到来。"北京的历史文化名城保护事业,始终伴随着公众参与。东四八条、西四北大街和梁思成、林徽因故居的保护,之所以成为标志性事件,一是这些事件,得到社会各界人士,包括非政府组织、志愿者,通过新闻媒体、互联网等渠道广泛而充分的参与;二是社会各界的呼声,得到政府部门的积极回应,促成了问题的解决,表明公众参与机制正在形成之中。

"遵循公开、公正、透明的原则,建立制度化的专家论证和公众参与机制"是《总体规划》提出的机制保障要求。在加强专家论证方面,2004年北京市聘请城市规划和文物保护方面的专家组成"北京旧城风貌保护与危房改造专家顾问小组",2007年调整为"北京古都风貌保护与危房改造专家顾问小组",2009年调整为"北京历史文化名城保护专家顾问组",

专家组成员已由最初的10位增加到目前的14位。

专家组成立以来,开展了数十次论证活动,对北京的历史文化名城保护起到积极的推动作用。专家组成员的意见对历史街区的生死存亡,有着关键性影响,他们的言行自然受到社会舆论的高度关注。

今年4月,在北京市住房和城乡建设委员会召开的"北京旧城房屋保护修缮工作研讨会"上,国务院发展研究中心东方公共管理综合研究所副所长杨维富提出:专家的话语权应该有多大?如果他的儿子在后面搞开发公司怎么办?是否需要一个北京市古都保护专家论证条例?

今年7月,中国社会科学院教授李楯,在与北京市政协委员、区政府官员座谈旧城保护时提出:专家论证意见是否应该公示?是否应该把每一位专家的意见都标示出来?"如果拆对了,也好让子孙后代记得他们的功劳;如果拆错了,也让后人知道都是谁同意拆的。"

专家论证的是关系首都城市发展的重大公共事务,并且是受社会各界高度关注的公共事务,因此,完善专家论证的程序和规则,建立必要的公示制度、回避制度等,防止个别人公权私用、既当裁判员又当运动员、为亲属谋取不当利益,尤为重要,这既是推动公众参与的应有举措,也是对专家组成员的爱护。

更为重要的是,专家组成员必须贯彻执行整体保护旧城的《总体规划》，不为仍在大拆大建的项目作"可行性"论证，只有在这个前提下，专家论证和公众参与才能取得和谐，政府部门的决策才能获得有益的支持，历史文化名城保护才能获得更大的保障。

2009 年 8 月 3 日

斥"维修性拆除"

坚决捍卫文化遗产保护的法律法规，坚决捍卫中国人的文化尊严！在对这一事件的查处中，必须做到毫不手软，有法必依，执法必严！

各位委员：

还记得 2009 年 7 月，我与多位委员赴北总布胡同实地调查梁思成、林徽因故居被破坏情况。在现场，大家都深感痛心，都强烈呼吁：必须付出最大努力，对这处故居加以保留与修复。当时，文史委有关领导委托我草拟了一份意见书。今天，我把它翻检出来，其中写道：

位于拆迁范围内的梁思成、林徽因故居，门楼、西厢房已被严重拆损，院落内的垂花门、东厢房位置，被上世纪八十年代插建的一处三层住宅小楼占据，目前该院倒座房、正房、老树尚存。此院北侧的 12 号院是梁思成、林徽因的挚友哲学家金岳霖故居，属 24 号院的后罩房，形成三进四合院格局。

由于失于保护，梁思成、林徽因故居已显残破，故居内现存建筑也经历过一些改建，但院落格局完整。1936 年林徽因致美国友人费慰梅的信中，手绘了该院的平面图，故居内现已不存的垂花门也有老照片可查，将此院修复应不是一件难事。我们郑重地建议：应该怀着对中国文化遗产保护先驱的敬意，将这一院落加以抢救、保护，及时公布为文物保护单位，使之成为纪念梁思成、林徽因的场所，以弘扬人类文化遗产保护精神，发挥爱国主义教育作用。

我还记得，经历了一场拉锯战，2009 年 7 月 28 日，北京市文物局会同北京市规划委员会，作出保护北总布胡同梁思成、林徽因故居的决定，责成建设单位调整建设方案，在建设规划上确保院落得以保留。之后，孔繁峙局长带队向市政协文史委作出汇报，还与诸位委员一同赴故居现场查看。得知政府部门已作出行政决定，尽最大力量保护这处故居，大家都深感欣慰，也深受鼓舞，并就故居保护的具体方案，以及由此反映的北京历史文化名城保护依然存在的问题，献言献策，要求必须举一反三，真正落实国务院 2005 年批复的《北京城市总体规划》，真正做到整体保护旧城、停止大拆大建。

按照国家文物局和北京市文物局要求，在全国第三次文物普查中，经过现场勘查、专家论证及广泛征求各方意见，并经区长办公会研究通过，北京市东城区将北总布胡同梁思成、林徽因故居列为全国第三次文物普查东城区新发现项目，确定为不可移动文物。2011 年 3 月 11 日，东城区文化委员会发出通知，要求开发商做好不可移动文物北总布胡同 12、24、26 号院（梁思成、林徽因故居和金岳霖故居）的保护。可就在这样的情况下，这处故居惨遭拆毁。据当地居民反映，拆除行为发生在 2011年 10 月，不但把建筑遗存夷为平地，还将木料售卖。这一事件迟至今年 1月被文保人士发现，再经媒体披露，引起轩然大波。

毫不夸张地说，拆毁这处故居的行为，直接挑战了政府决策的公信力与执行能力，直接挑战了《中华人民共和国文物保护法》《北京历史文化名城保护条例》《北京城市总体规划》。特别是在十七届六中全会提出"培养高度的文化自觉和文化自信，提高全民族文明素质，增强国家文化软实力，弘扬中华文化，努力建设社会主义文化强国"、中共北京市委十届十次全会通过《关于发挥文化中心作用加快建设中国特色社会主义先进文化之都的意见》、市委领导要求"把十七届六中全会精神作为历史文化名城保护工作的指导思想"的背景下，发生如此肆意妄为地践踏文化遗产，对抗文化遗产保护的政府决策、法律法规的恶性事件，令人震惊！令人痛心！令人忧虑！

就在人们痛切谴责这一违法行径的时候，主事者竟称这是"维修性拆除"，与 2009 年发生的情况相似——有的媒体又提出反面意见，在未对相关政府部门的行政决定加以平衡报道的情况下，仅仅以一个化名居民的"口述"为"依据"，声称"梁林故居上世纪已拆除、照片拍错引发'乌龙'"，其用心何在？这是不是在挑战 2009 年的政府决策和第三次文物普查确定这处故居为不可移动文物的成果？我要告诉对这样的报道负有责任的人士：你不可如此无视新闻工作者的职业与道德底线，你完全可以提起行政复议，推翻政府的行政决定。作为共同参与推动政府决策的政协特邀委员，我不会有丝毫退缩！

关于这处故居的价值，我还想多说一句：即使它被毁为一片遗址，也必须一如既往地尽最大力量加以保护，因为它是中国文化一脉相传的神圣见证，是中华文明复兴不可或缺的里程碑。但是，现在还不是讨论保护方案的时候，当前必须尽最大力量去做的，是采取果断措施，坚决捍卫政府决策的公信力与执行能力，坚决捍卫文化遗产保护的法律法规，坚决捍卫中国人的文化尊严！在对这一事件的查处中，必须做到毫不手软，有法必依，执法必严！

我的发言就到这里，谢谢大家！

王　军

2012 年 2 月 7 日在北京市政协
文史委会议上的发言

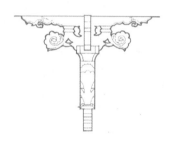

追诉拆毁者

当前中国的文化遗产保护法律体系，已为查处梁思成、林徽因故居被毁事件，提供了充足的法律依据。能否做到有法必依、执法必严，事关法律尊严。

2012 年 2 月 9 日，新华社播发电稿："北京市、区文物部门 9 日宣布了'梁林旧居'拆迁罚单：开发单位拆除'梁林旧居'是破坏古都文物保护的恶劣事件，对古都名城保护和文化之都建设带来极大负面影响。依据文物法规定，拟对其处以 50 万元罚款，并责令其恢复所拆除旧居建筑原状。"

这一处罚意见引发社会各界热议。此前，在北京市政协召开的通报会上，多位政协委员对此提出不同意见，有委员质疑："绳之以法，绳子这么细行吗？是不是把天安门烧了，罚 50 万元即可了事？对开发商来说，50 万元，也就是卖一间房的价钱，这样的处罚，能让他畏惧吗？建筑被毁了，恢复的还可能是原状吗？"

文物部门表示，上述处罚决定依据的是《中华人民共和国文物保护法》第六十六条"擅自迁移、拆除不可移

动文物的，造成严重后果的，处以 5 万元以上 50 万元以下罚款"的规定。

查该条法律，全文如下：

有下列行为之一，尚不构成犯罪的，由县级以上人民政府文物主管部门责令改正，造成严重后果的，处五万元以上五十万元以下的罚款；情节严重的，由原发证机关吊销资质证书：

（一）擅自在文物保护单位的保护范围内进行建设工程或者爆破、钻探、挖掘等作业的；

（二）在文物保护单位的建设控制地带内进行建设工程，其工程设计方案未经文物行政部门同意、报城乡建设规划部门批准，对文物保护单位的历史风貌造成破坏的；

（三）擅自迁移、拆除不可移动文物的；

（四）擅自修缮不可移动文物，

明显改变文物原状的;

（五）擅自在原址重建已全部毁坏的不可移动文物，造成文物破坏的;

（六）施工单位未取得文物保护工程资质证书，擅自从事文物修缮、迁移、重建的。

刻划、涂污或者损坏文物尚不严重的，或者损毁依照本法第十五条第一款规定设立的文物保护单位标志的，由公安机关或者文物所在单位给予警告，可以并处罚款。

可见，《文物保护法》第六十六条，针对的是"尚不构成犯罪"的违法行为，其中还规定："情节严重的，由原发证机关吊销资质证书。"

显然，北京市、区文物部门作出的处罚决定，是基于拆毁梁思成、林徽因故居"尚不构成犯罪"之判断，其行为也不被视作"情节严重"，否则，就应该"由原发证机关吊销资质证书"。

值得注意的是，北京市、区文物部门公布的是"拟处罚"，也就是说，还不是最后的正式决定。这就具备了公示性质，为公众参与提供了空间。

查《文物保护法》第六十四条，其对构成犯罪的违法行为作出规定，全文如下:

违反本法规定，有下列行为之一，构成犯罪的，依法追究刑事责任:

（一）盗掘古文化遗址、古墓葬的;

（二）故意或者过失损毁国家保护的珍贵文物的;

（三）擅自将国有馆藏文物出售或者私自送给非国有单位或者个人的;

（四）将国家禁止出境的珍贵文物私自出售或者送给外国人的;

（五）以牟利为目的倒卖国家禁止经营的文物的;

（六）走私文物的;

（七）盗窃、哄抢、私分或者非法侵占国有文物的;

（八）应当追究刑事责任的其他妨害文物管理行为。

如能认定拆毁梁思成、林徽因故居是"故意或者过失损毁国家保护的珍贵文物"的违法行为，就应该"依法追究刑事责任"。

对此，《中华人民共和国刑法》确立了"妨害文物管理罪"，其第三百二十四条规定:

故意损毁国家保护的珍贵文物或者被确定为全国重点文物保护单位、省级文物保护单位的文物的，处三年以下有期徒刑或者拘役，并处或者单处罚金;情节严重的，处三年以上十年以下有期徒刑，并处罚金。

故意损毁国家保护的名胜古迹，情节严重的，处五年以下有期徒刑或者拘役，并处或者单处罚金。

过失损毁国家保护的珍贵文物或者被确定为全国重点文物保护单位、省级文物保护单位的文物，造成严重后果的，处三年以下有期徒刑或者拘役。

拾年

梁林故居

再查全国人民代表大会网站的"法律问答"，其对"故意和过失损毁文物、名胜古迹罪"作出解释：

关于损毁文物、名胜古迹的行为，刑法共规定了三种犯罪，即故意损毁文物罪、过失损毁文物罪和故意损毁名胜古迹罪。

故意损毁文物罪和过失损毁文物罪的犯罪对象都是国家保护的珍贵文物和被确定为全国重点文物保护单位、省级文物保护单位的文物。珍贵文物主要是指可移动文物。

梁思成、林徽因故居已在全国第三次文物普查中被确定为不可移动文物。2011年3月，北京市东城区文化委员会将文物认定情况告知华润置地股份有限公司，再次要求该公司严格按照文物保护有关法律、法规，对该院落实施原址保护修缮，确保文物建筑安全。在这样的情况下，故居建筑遭到拆毁，明显故意。

这处故居尚未被公布为全国重点文物保护单位或省级文物保护单位，但它是否属于"国家保护的珍贵文物"？前述"法律问答"指出"珍贵文物主要是指可移动文物"，但未完全排除可移动文物之外的其他文物。那么，能不能以"故意损毁文物罪"追究违法者的法律责任？

"法律问答"对"故意损毁名胜古迹罪"作出解释：

故意损毁名胜古迹罪，是指故意损毁国家保护的名胜古迹，情节严重的行为。名胜古迹，是指可供人游览的著名的风景区以及虽未被人民政府核定公布为文物保护单位但也具有一定历史意义的古建筑、雕塑、石刻等历史陈迹。对故意损毁国家保护的名胜古迹，情节严重的，处五年以下有期徒刑或者拘役，并处或者单处罚金。

梁思成、林徽因故居符合"虽未被人民政府核定公布为文物保护单位但也具有一定历史意义的古建筑、雕塑、石刻等历史陈迹"的情况。那么，应不应该以"故意损毁名胜古迹罪"追究违法者的法律责任？

据前述新华社报道，公安部门已依法对开发单位及有关责任人的违法行为进行调查。由此引发的悬念是，公安机关是否应该将这一违法事件纳入其管辖范围内的刑事案件并立案追诉？

查《最高人民检察院、公安部关于公安机关管辖的刑事案件立案追诉标准的规定（一）》（公通字[2008]36号），其对"故意损毁文物案"和"故意损毁名胜古迹案"作出规定：

第四十六条 ［故意损毁文物案（刑法第三百二十四条第一款）］故意损毁国家保护的珍贵文物或者被确定为全国重点文物保护单位、省级文物保护单位的文物的，应予立案追诉。

第四十七条 ［故意损毁名胜古迹案（刑法第三百二十四条第二款）］故意

损毁国家保护的名胜古迹，涉嫌下列情形之一的，应予立案追诉：

（一）造成国家保护的名胜古迹严重损毁的；

（二）损毁国家保护的名胜古迹三次以上或者三处以上，尚未造成严重损毁后果的；

（三）损毁手段特别恶劣的；

（四）其他情节严重的情形。

可见，公安机关有充分理由介入这起被文物部门认定为"对古都名城保护和文化之都建设带来极大负面影响"的"破坏古都文物保护的恶劣事件"。

综上所述，当前中国的文化遗产保护法律体系，已为查处梁思成、林徽因故居被毁事件，提供了充足的法律依据。能否做到有法必依、执法必严，事关法律尊严，这也是相关文化遗产保护专家要求追究肇事者刑事责任的重要原因。

在国家文物局、北京市文物局、北京市规划委员会、北京市东城区文化委员会三令五申责令保护的情况下，开发商公然将已被确定为不可移动文物的梁思成、林徽因故居拆毁，如果只付出九牛一毛的 50 万元，并"恢复"不可能恢复的"原状"，岂不贻笑大方？

2012 年 2 月 14 日

一处典型四合院的生死映像

"三十年代我家坐落在北平东城北总布胡同，是一座有方砖铺地的四合院，里面有个美丽的垂花门，一株海棠，两株马缨花。"

2012 年 1 月 27 日，北京北总布胡同梁思成、林徽因故居被毁事件经媒体披露，引发各界关注。这处故居的旧门牌号为北总布胡同 3 号，现门牌号为 24 号、26 号。它与北侧的 12 号（哲学家金岳霖故居）共同组成一个标准的北京四合院住宅院落。其中，梁思成、林徽因故居为倒座房、垂花门、正房、东西厢房等围合的第一、二进院（外院、里院），金岳霖故居为后罩房第三进院（后院）。

1928 年，梁思成、林徽因留美归国，创办东北大学建筑系。1930 年秋，林徽因患肺病离开沈阳回北平治疗。梁思成把家迁至北总布胡同 3 号，再回东北大学授课。1931 年 6 月，梁思成离开沈阳回到北平，9 月 1 日，参加中国营造学社，任法式部主任，从此开始对中国古代建筑进行系统的调查、研究。

1937 年"七七事变"爆发、北平沦陷，誓不做"亡国奴"的梁思成、林徽因举家告别北总布胡同南下，颠沛流离至云南昆明、四川李庄，抗战胜利后重返北平，创办清华大学建筑系，定居于清华园。

在北总布胡同居住期间，梁思成、林徽因迎来了古建筑调查的黄金期。他们一次次从这里出发，或二人携手并进，或梁思成只身而行，以日寇枪炮威胁之下的华北为重点，发现、测绘、记录、研究了大量珍贵的中国古代建筑实物，包括：赵县的隋代安济桥、五台的唐代佛光寺、蓟县的辽代独乐寺、应县的辽代佛宫寺木塔、正定的北宋隆兴寺，等等。与此前西方学者和日本学者对中国古代建筑的研究不同，梁思成、林徽因，以及中国营造学社的同仁，将建筑实物与中国古代营造法式相印证，开拓了中国建筑史的研究新路。

在北总布胡同的寓所内，林徽因

完成了人生中绝大多数的文学创作，成为民国时期著名的诗人、作家；梁思成完成了《清式营造则例》的著述，他撰写的关于隋代安济桥的论文，分两期发表在美国权威的建筑杂志《笔尖》(Pencil Point) 上，引起国际工程界关注。1991 年，早于欧洲同类结构一千二百年的安济桥，被美国土木工程师学会列为第十二处"国际历史性土木工程里程碑"(International Historic Civil Engineering Landmark)。

基于在北总布胡同居住期间丰富的调查成果，以及抗战时期在西南地区的实地考察，梁思成 1943 年完成《中国建筑史》的写作，并在抗日反攻时期的 1945 年 5 月、国共内战时期的 1949 年 3 月，两次向作战方开列中国文化遗产名录，以确保文物安全。其中的第二份名录——《全国重要建筑文物简目》，成为 1961 年新中国颁布第一批全国重点文物保护单位的依据。

梁思成、林徽因是北总布胡同 3 号的租户。他们离开后，房主将房屋售卖，后经房屋翻建及房产分割出售，院门由东南角改至西南角，院落格局依然完整。1988 年，院内插建一幢三层小楼，占据垂花门、东厢房位置。2009 年，在房地产开发中，该处院落的门房、西厢房被严重拆损，经各界人士呼吁，国家文物局、北京市文物局、北京市规划委员会作出保护这处故居的决定。在全国第三次文物普查中，北京市东城区政府将北总布胡同 12、24、26 号院 (梁思成、林徽因故居和金岳霖故居) 列为新发现项目，确定为不可移动文物。据当地居民反映，约在 2011 年 10 月，梁思成、林徽因故居的倒座房和第二进北房被拆毁。2012 年 2 月 9 日，北京市政府新闻办通报称：经北京市东城区文化委员会调查，开发单位是在 2011 年 12 月中旬违法拆除了旧居建筑。同日，北京市、区文物部门宣布，这是一起"破坏古都文物保护的恶劣事件"，华润置地股份有限公司对此承担责任，拟对开发单位处以 50 万元罚款，并责令其恢复所拆除旧居建筑原状。

2012 年 2 月 9 日

林徽因手绘之《床铺图》(图中方向为下北上南。来源：林徽因致费慰梅信，1936 年 5 月 7 日；胡劲草编导：纪录片《梁思成林徽因》资料)

1936 年 5 月 7 日，林徽因在致美国友人费慰梅信中手绘了一幅北总布胡同寓所平面图，名曰《床铺图》，注明了每间房的使用者、人数，以及床铺等情况。

如图所示，院落南侧夹道东尽端设有车库；入门门，向东折入小院，南侧为厨房、男仆用房；向西折入外院，南侧之倒座房，为女仆、保姆用房以及儿童卧室，其北为梁思成之妹卧室、起居室；前院之东设煤房，林徽因注："煤，不记得有多少吨。"煤房之东设药房，与垂花门东侧套间 (备膳室) 相接。林徽因标注前院为"娱乐场"。

垂花门两侧，设有儿童玩具储藏室，西侧套间为公共浴室、卫生间，东侧套间为备膳室。跨入里院，西厢房之居中明间与南次间，为林徽因母亲的起居室、卧室，北次间为值夜班的护工吴小姐用房，林徽因注："吴小姐不再在此工作，仅负一半的责任，提供一半的帮助。"西厢房北次间之西与正房西耳房之西，为套房，套房南部为储藏室，中部为书房、绘图室，北部为客房，林徽因在客房处注："很高兴这个最暗的角落保留下来了，目前还没什么"，"吴小姐白天在此睡行军床，因为她在夜间工作"。

里院之东厢房，居中明间和南次间为餐厅，北次间为林徽因

之弟林恒卧室。里院之正房 (上房)，居中明间与西次间为客厅，东次间为梁思成、林徽因卧室。林徽因在卧室处注："一个老爷，一个太太。亚的斯亚巴巴，意大利军队正在逼近。"写这信时，墨索里尼统治下的意大利法西斯军队正在入侵阿比西尼亚，即今埃塞俄比亚，兵临其首都亚的斯亚贝巴。正房之东耳房被涂上蓝色，那里是林徽因的私人浴室、卫生间、更衣室、书房、起居室。林徽因注："非常高兴我总算有一处属于自己的房间了！"正房之西耳房为书房、绘图室。林徽因还标出客厅和两处书房、绘图室的书架位置。东耳房之东为柴火间，林徽因注："黄杨木，或整或折。"她还在里院处标注"黄色沙尘暴，今年更恶劣的色调。"

林徽因在图下写道："答案：当一个'老爷'娶了一个'太太'，他们要提供 17 张床和 17 套铺盖，还要让黄包车夫睡在别人家，不然他只能在外院里站着。"

林徽因由于繁重的家务界所累，她在信中感叹："慰梅，慰梅，我给你写什么新闻还有什么用——就看看那些床吧！它们不叫人吃惊吗！！！！可笑的是，当它们多少少妆标出的公用地点摆放到一起之后，他们会一个接一个地要吃早点，还要求在不同的样式在他的或她的房间里喝茶！！！下次你到北京来，请预订梁氏招待所！"

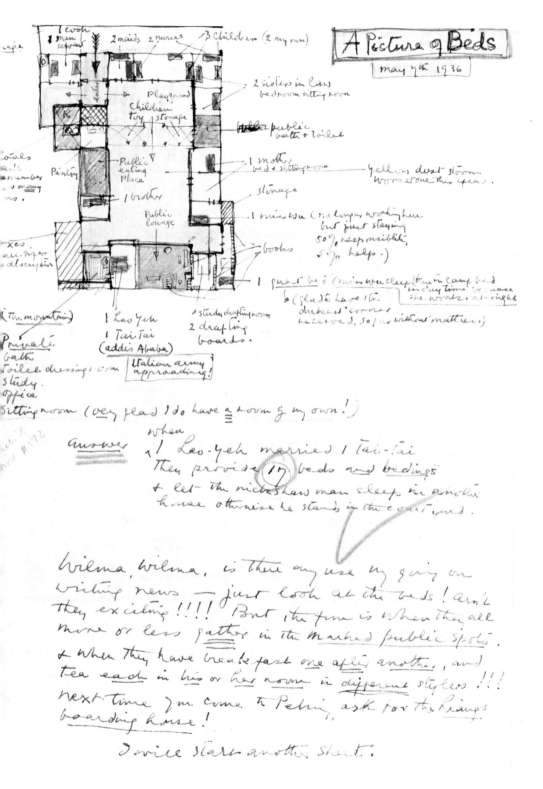

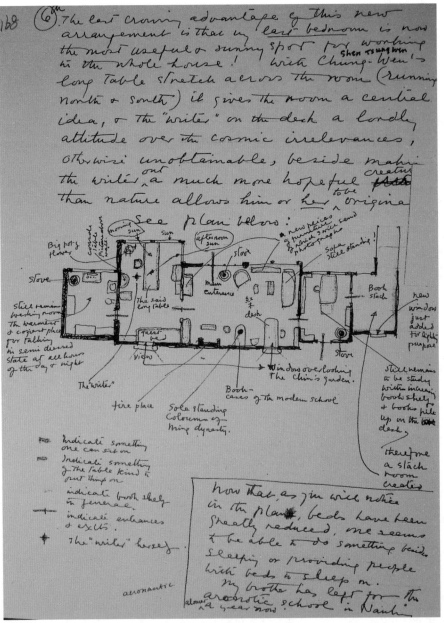

林徽因手绘之正房平面图（图中方向为下北上南。来源：林徽因致费慰梅信，1937年3月31日；胡劲草编导：纪录片《梁思成 林徽因》资料）

　　1937年3月31日，林徽因在致费慰梅信中手绘了一幅北总布胡同寓所的正房平面图，显示室内陈设与1936年5月7日致费慰梅信中所绘情况发生较大改变。如图所示，正房的居中明间与西次间，仍为客厅。客厅的东隔扇与南窗前，添置了新家具，林徽因注："几件新家具，我会寄去照片。"客厅西墙前，置沙发，林徽因注："沙发还在！"客厅北墙之前，自东而西，林徽因依次标注："壁炉"、"唯一的明代立柱"、"现代学校的图书柜"、"红木桌"、"窗户可眺金（岳霖）的花园"。正房东次间，不再是梁思成、林徽因的卧室，此屋向南作了扩展，南侧、西侧开窗，林徽因标注了上午、中午和下午的日照情况，还标出信中所说的沈从文的长桌；房屋东墙之前，自南而北，林徽因标注："大花瓶"、"桌案，照片在上方的桌上"；还标出自己（The "writer"）写信时的位置。此间房屋北部设客房，林徽因标出此窗可眺金岳霖的花园。东耳房改作了梁、林卧室，林徽因注："仍保留了

洗手间，是最温暖最舒适的地方，可以轻解罗裳日夜长谈。"

　　西耳房仍是书房，林徽因注："仍保留为书房，增加了书架，书堆在桌子上，成了书库。"西耳房西侧套房，客房不再，成了书库，北墙开窗，林徽因注："为采光而添新窗。"林徽因还标出各屋炉火的位置，并绘出坐具、桌案、书架、房间出入口及她本人位置的图例。

　　林徽因在信中写道："这次新的安排，最大的优点是，我原来的卧室，成了所有房屋中最实用最阳光的工作间！加上从文的长桌自北而南纵横其间，给了这间屋一种中心的感觉，令伏在此案的'写信人'有一种不然却难以获得的君临天下的气度，同时也使'写信人'成为比大自然给予他或她的原初状态更充满希望的一个生灵。"她还介绍了家中的变化："现在，你会注意到图中的床铺已大大减少，一个人除了睡觉或给大家提供床铺，似乎还能做点其他事儿了。我的弟弟已离开，去南京的航校，差不多一年了。"

梁思成绘制的四合院平面图（图中方向为上北下南。来源：《清式营造则例》，1934 年）

1934 年，中国营造学社出版梁思成著作《清式营造则例》，这是中国第一部以现代科学技术的观点、方法总结中国古代建筑构造做法的著作。该书中载有一个两进院的四合住宅平面图（如图），其主体建筑格局与北总布胡同梁思成、林徽因寓所一致。

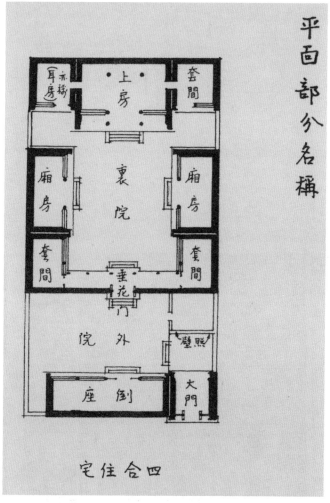

平面部分名称

四合住宅

北京典型四合院住宅鸟瞰、平面图（来源：《中国古代建筑史》第二版，1984 年）

1959 年，建筑科学研究院建筑理论及历史研究室组织了中国建筑史编辑委员会，开始编写《中国古代建筑史》，历时七年，前后修改八次。梁思成参加了编委会的领导，也是第六次稿本的主编之一，并在 1965 年主持了最后一稿的审定。该书载有三进院的"北京典型四合院住宅鸟瞰、平面图"，其主体建筑格局与北总布胡同梁思成、林徽因寓所（前院、里院）和金岳霖寓所（后院）一致。

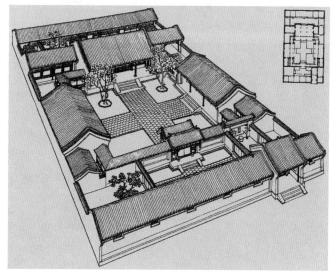

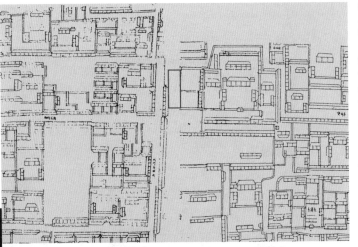

乾隆《京城全图》中梁思成、林徽因所居院落情况（图中方向为上北下南。来源：《加摹乾隆京城全图》，1996 年）

梁思成、林徽因所居院落在清乾隆时期的建筑格局，因现存图纸漫漶，不能明察，仅可见院落西侧南北向临街铺房，与今日情形相似。

1937 年 3 月 31 日，林徽因在写给费慰梅的信中，注明北总布胡同寓所的正房，尚存一根明代立柱，可知此院年代久远，这也是旧时房屋翻建，多视既有材料情况，加以偷梁换柱之见证，也表明此类翻建活动，实为院落生长、基因传递之过程。

费慰梅1994年出版《梁与林——探索中国建筑史的伴侣》（Liang and Lin-Partners in Exploring China's Architectural Past），忆及林徽因在北总布胡同寓所内，给她讲述如何帮助邻居修缮房屋的故事："陈妈开始讲述：有一天，陈妈跑来急切地报告；超出梁宅高墙的西邻屋顶裂开一洞，房客太穷，修不起，求徽因向房东说情。与往常一样，徽因马上放下手中的一切前往调查，跟房东一聊，才知这家人租住这三间房，每月仅付五十铜币，相当于十美分。房东解释，房客的祖上在二百年前的乾隆年间即租住此房，并付固定租金。因为是同一户人家从那时起就住在这里，中国的法律规定，房主不得涨租金。徽因生动而细致的叙述以这样的情节结束——她捐给房主一笔屋顶修缮费。听她讲完，我们都笑了，拍手称赞：'徽因给我们提供了一个奇特的案例，表明北京还与其历史共生，太经典了！'"

梁思成、林徽因所居院落在乾隆《京城全图》中的位置（图中方向为上北下南。来源：《加摹乾隆京城全图》，1996 年）

乾隆《京城全图》显示，北总布胡同时称城隍庙后胡同，图中可辨识梁思成、林徽因所居院落位置。城隍庙胡同清宣统时称城隍庙大街，其地属元代之皇华坊、明代之黄华坊、清代之镶白旗。胡同以南百余米，为明代永乐年间在元代礼部旧址上改建的会试考场——贡院。

民国《都市丛考》载："城隍庙街在崇文门内，东单牌楼北，东总布胡同东口，因街内有城隍庙，故名。此城隍庙建于明万历十八年六月间，清光绪二十五年重修。彼时香火甚盛，嗣后经二十六年拳匪事变，香火渐萧条。民国八年五月，以此庙有碍交通，遂拆毁。"

据今人考证，乾隆《京城全图》完成测绘，进呈御阅，时为乾隆十五年（公元1750年）五月，主要绘制人员为海望、郎世宁（1688～1766）、沈源等。该图综合运用了测量学、舆图学、投影几何学、建筑工程绘画等多种技术手段，在中国舆图史上占有重要地位。

梁思成、林徽因故居在卫星影像图中的位置（图中方向为上北下南。来源：Google Earth，2009 年 6 月）

该处院落与五四运动火烧赵家楼遗址相邻，西望赵堂子胡同中国营造学社创始人朱启钤故居。1919 年 5 月 4 日，18 岁的梁思成作为清华学校学生"爱国十人团"和"义勇军"中坚分子，参加五四运动，游行示威，进城宣传时被军警拘捕，仍坚持斗争，直至凯旋。他被同学们称为"一个有政治头脑的艺术家"。1931 年 9 月，梁思成应朱启钤（1872～1964）之邀，加入中国营造学社。

1936 年梁思成、林徽因在天坛祈年殿屋檐上（来源：Wilma Canon Fairbank, *Liang and Lin—Partners in Exploring China's Architectural Past*, 1994）

1931 年梁思成在北总布胡同寓所客厅的南窗前读报 林洙提供

1935 年 1 月 11 日，旧都文物整理委员会在北平成立，梁思成被聘为委员。1935 年至 1936 年，旧都文物整理委员会实施第一期古建筑修缮工程，项目包括：天坛、东南角楼、西直门箭楼、正阳门五牌楼、东西长安牌楼、金鳌玉蝀牌楼、东四牌楼、西四牌楼、东西交民巷牌楼、西安门、地安门、颐和园内桥梁及涵虚牌楼、先农坛西墙、明长陵、新华门、紫禁城角楼。推动此项工程的北平市市长袁良（1882～1952）认为，若能将北平规划建设为旅游胜地，东方最大的文化都市，定为国际社会瞩目，又可将国防建设寓于新兴的都市计划与市政建设之中，藉此遏止日本的侵略图谋。基泰公司承担修缮工程的设计业务，梁思成在清华学校、宾夕法尼亚大学的学长、著名建筑师杨廷宝领衔设计，梁思成参加了这项工作。1936 年夏，梁思成携林徽因考察天坛修缮工程，并在祈年殿屋檐上合影留念。

1931 年梁思成加入中国营造学社之后，发现大量珍贵的中国古代建筑实物，以丰富的研究成果，成为享誉国内外的建筑史家。1932 年 6 月，他在《中国营造学社汇刊》发表第一篇古建筑调查报告《蓟县独乐寺观音阁山门考》及《蓟县观音寺白塔记》，论证独乐寺建于辽统和二年（公元 984 年），是当时中国所知最古木构建筑。这篇论文是中国学者第一次用现代科学方法调查测绘古建筑的报告。1937 年 7 月，梁思成、林徽因发现山西五台佛光寺东大殿（建于唐大中十一年，公元 857 年），将当时中国已知最古木构建筑的年代纪录，准确地前推至唐代。

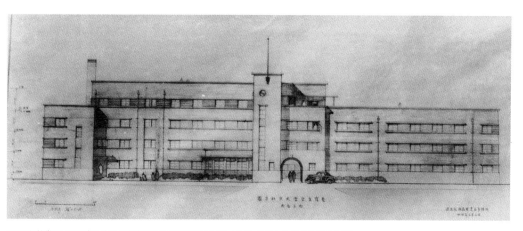

1935 年林徽因、梁思成设计的北京大学学生宿舍方案立面图（来源：清华大学建筑学院资料室）

梁思成、林徽因 1934 年、1935 年设计的北京大学地质馆、女生宿舍楼，是中国早期现代主义建筑的代表作。他们认为中国古代建筑采用框架结构，"内部结构坦率的表现"，与现代主义建筑相通，完全可以"老树上发出新枝"，创造出具有中国传统的现代主义建筑。

1935 年林徽因在客厅北窗旁的红木桌写作　林沫提供

在繁忙的家务之余，林徽因多次与梁思成携手，赴山西、山东、河北、河南、陕西、浙江等地调查、测绘古建筑遗存。1932 年和 1934 年，林徽因相继发表《论中国建筑之几个特征》《清式营造则例绪论》，针对西方学者认为中国建筑是"非历史"的偏见，以翔实的史料和建筑实物分析，论述中国木造结构方法，最主要的就在构架之应用，而西方公元前十几世纪由构架变成垒石，支重部分完全倚赖"荷重墙"，"在欧洲各派建筑中，除去最现代始盛行的钢架法，及钢筋水泥构架法外，唯有哥德式建筑，曾经用过构架原理"，但"始终未能如中国构架之彻底纯净"。

林徽因指出："因为后代的中国建筑，即达到结构和艺术上极复杂精美的程度，外表上却仍呈现一种单纯简朴的气象，一般人常误会中国建筑根本简陋无甚发展，较诸别系建筑低劣幼稚。这种错误观念最初自然是起于西人对东方文化的粗忽观察，常作浮躁轻率的结论，以致影响到中国人自己对本国艺术发生极过当的怀疑乃至于鄙薄。"

1935 年林徽因与女儿梁再冰、儿子梁从诫在北总布胡同寓所的正房廊下　林沫提供

1932 年 8 月 4 日，梁思成、林徽因之子梁从诫出生，这是从沈阳搬至北平之后，梁家迎来的最大喜讯，林徽因提笔赋诗献给新生的儿子："你是一树一树的花开，是燕在梁间呢喃，——你是爱，是暖，是希望，你是人间的四月天！"梁思成、林徽因之女梁再冰 1929 年 8 月 21 日出生于沈阳，这一年 1 月 19 日，梁思成之父梁启超逝世，为怀念这位"饮冰室主人"，梁思成给女儿取名"再冰"。

1935 年林徽因身着骑马装在北总布胡同寓所的垂花门下　林洙提供

1935 年 5 月，日本关东军越过长城入侵华北，与华北驻屯军共同策划"华北五省自治运动"；11 月 21 日，日本人下令无限期停刊天津《大公报》。此前，该报之文艺副刊由沈从文、萧乾主持，是林徽因发表文学作品的园地。这一事件使梁思成、林徽因深深陷入国之将亡的痛苦。为缓解林徽因愤懑的心情，费慰梅约她去郊外的外国人俱乐部骑马，归来后在寓所留下此影。

1935 年 12 月，费正清、费慰梅夫妇离开北平返回美国，收到林徽因来信，其中写道："今秋或初冬的那些野餐、骑马（还有山西之行）使我的整个世界焕然一新。试想如果没有这些，我如何能熬过我们民族频繁的危机所带来的紧张、困惑和忧郁？骑马也有其象征意义。在我总认为都是日本人和他们的攻击目标的齐化门（北京明之朝阳门，元代称齐化门，后一种名称被当地人沿用至今——笔者注）外，现在我可以看到农村小巷和在寒冬中的广袤的原野，散布着银色的纤细枯枝，寂静的小庙和人们可以怀着浪漫的自豪偶尔跨越的桥。"

林徽因的小说、诗歌、剧本，多写于寓居在北总布胡同期间，代表作包括《窗子以外》《九十九度中》《梅真同他们》。她不忘提携年轻作家，曾约请大学生萧乾到府上做客，第一句话便是："你是用感情写作的，这很难得。"

1934 年林徽因在北总布胡同家中　林洙提供

1934 年梁思成、林徽因与金岳霖（左一），费正清（右二）、费慰梅（左二）夫妇在北总布胡同寓所的客厅合影（来源：Wilma Canon Fairbank, *Liang and Lin—Partners in Exploring China's Architectural Past,* 1994)

　　1930 年，梁思成、林徽因家从沈阳搬到北平之后，经徐志摩介绍，结识金岳霖，并成为近邻。金岳霖与梁思成、林徽因发展了一种特殊的友谊，并成为被梁家接纳的成员。

　　彼时，北总布胡同梁思成、林徽因寓所的"客厅茶聚"，与北京大学后门慈慧殿 3 号朱光潜（1897～1986）家定期举办的"读诗会"，三座门大街 14 号郑振铎（1898～1958）、靳以（1909～1959）、巴金（1904～2005）等主办的《文学季刊》馆，是北平著名的文化名流雅聚之所。住在梁宅后院的金岳霖，也办起一个"星期六碰头会"。经常到梁宅和金宅参加聚会者，有诗人徐志摩，法学家钱端升，政治学家张奚若（1889～1973），社会学家陶孟和，经济学家陈岱孙，考古学家李济，物理学家周培源（1902～1993），作家沈从文，美学家邓以蛰（1892～1973），年轻的诗人、后来又成为考古学家的陈梦家，诗人卞之琳等。

　　1932 年 9 月，梁思成、林徽因在"北京美术俱乐部"的一个画展上，结识了当时正在北京学习中文并为博士论文收集资料的 John King Fairbank 和他的新婚妻子 Wilma Canon Fairbank。梁思成分别给他们取了中国名字——费正清、费慰梅。后来，费正清成为大名鼎鼎的汉学家，并为新中国与美国的邦交正常化建立功勋。费正清夫妇住在西总布胡同，离梁宅不远，他们也经常参加北总布胡同的聚会。

　　1933 年 9 月 27 日至 10 月 21 日，梁思成在清华学校的同窗好友吴文藻的夫人冰心，写了一篇小说，题为《我们太太的客厅》，分期发表在《大公报》文艺副刊上。在这篇小说里，到"太太的客厅"聚会者，被描述为一群无聊虚伪的文人，"太太"是"当时社交界的一朵名花，十六七岁时候尤其娇艳！"其中人物，不难与梁宅、金宅的聚会者对上号。

　　1997 年 10 月 14 日，当年聚会的参加者、钱端升夫人陈公蕙，向笔者忆及此事："冰心写'太太的客厅'时，梁先生正在山西考察古建筑，回来后送了一瓶从山西带来的醋给吴文藻和冰心，意思是冰心吃林徽因的醋。当时大家聚会是在林徽因家，当然是因为林徽因吸引人，有才有貌，知识渊博，人家一看见她就很喜欢她。那时，周培源也常去。冰心、林徽因都是福建人，但冰心不像林徽因这样开朗。她们同样是写文章的，也都有名气，但冰心没有像林徽因那样，有那么多人捧。"

北总布胡同梁思成、林徽因寓所之正房东隔扇前　林洙提供

　　照片应摄于 1937 年 3 月 31 日林徽因致信费慰梅之后，其中显示的正房东隔扇前的明式平头案，当是林徽因在信中所说的将寄给费慰梅照片的新家具之一。

北总布胡同梁思成、林徽因寓所之垂花门　林洙提供

拍摄地点为里院正房西侧，隐约可见垂花门两侧抄手游廊的什锦窗。照片摄于 1930 年代中叶，时为大雪纷飞的冬季。每年的这个季节，都是梁思成最揪心的时候，他必须保证室内供暖充足，不使林徽因肺病恶化。

北总布胡同梁思成、林徽因寓所之书房一角　林洙提供

根据 1936 年 5 月 7 日林徽因致费慰梅信中所绘书架陈设情况，此照片显示的当是东耳房梁思成书房之西北角。壁悬一联："读书随处净土，闭户即是深山。"书架上摆满英文书、线装书等，左侧书架顶部的图书，可见写有"左传"字样的包装。

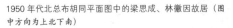

梁思成林徽因故居、金岳霖故居位置

1950 年代北总布胡同平面图中的梁思成、林徽因故居（图
中方向为上北下南）

　　1937 年"七七事变"之后，北平沦陷。9 月 5 日，梁思成、林徽
因举家离开北平。此后，房主将这处院落出售，新房主将房屋翻建，再后，
又将座倒座房出售，把门房从东南角改至西南角。该图显示，至 1950 年代，
院落保存完好，格局与林徽因 1936 年 5 月 7 日致费慰梅信中所绘情
况一致。

2002 年 12 月北总布胡同梁思成、林徽因故居正房南面
王军摄

　　照片显示正房前廊已被门窗封挡，私搭乱建严重，房屋已呈
破败之相。历经时局演变，此院平房多成公产，挤住着十余户居民，
成为名副其实的大杂院。

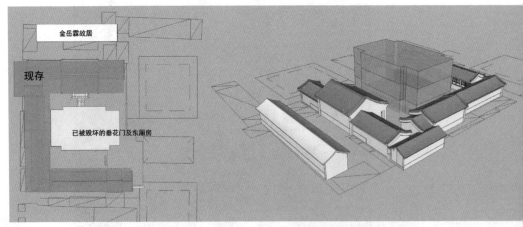

1988 年北总布胡同梁思成、林徽因故居院内插建三层小楼
情况　刘辉绘制

　　1988 年，北京金鱼胡同台湾饭店开工建设，建设单位在北
总布胡同梁思成、林徽因故居院内插建三层小楼被拆迁户，
美术家叶浅予（1907～1995）被迁居于此，至 1995 年逝世。
拆迁安置楼占据了垂花门与东厢房位置，里院正房形同面壁。

2002 年 12 月北总布胡同梁思成、林徽因故居倒座房北侧院内　王军摄

照片显示前院之马缨花树尚存。梁从诫在 1991 年改定的《倏忽人间四月天》中作此描述："三十年代我家坐落在北平东城北总布胡同，是一座有方砖铺地的四合院，里面有个美丽的垂花门，一株海棠，两株马缨花。" 2005 年 11 月，北京市政协《关于北京名人故居保护与利用工作的建议案》将北总布胡同梁思成、林徽因故居和金岳霖故居列入需要保护的北京名人故居目录，但未得到政府部门的积极回应。

2009 年 8 月 17 日北京市政协委员考察北总布胡同梁思成、林徽因故居，在现场听取北京市东城区文化委员会副主任刘景地（左二）通报情况　王军摄

此次视察由北京市文物局局长孔繁峙（左三）陪同。在这之前的 5 至 7 月，梁思成、林徽因故居的门房、西厢房在房地产开发中被严重拆损，经社会各界人士呼吁，国家文物局、北京市文物局、北京市规划委员会紧急叫停拆除行动，作出保护这处故居的决定。

2012 年 1 月 26 日，一位小女孩从废墟上走过。位于北总布胡同的梁思成、林徽因故居已被拆除　孙纯霞摄

2012 年 1 月 27 日，《新京报》报道梁思成、林徽因故居建筑被拆毁事件，据该院居民讲述，倒座房和第二进北房大约是 2011 年 10 月被拆毁，北京市文物局负责人表示此前不知故居被拆之事。

2012 年 2 月 9 日，北京市、区文物部门宣布：开发单位拆除"梁林旧居"是破坏古都文物保护的恶劣事件，对古都名城保护和文化之都建设带来极大负面影响。依据文物法规定，拟对其处以

50 万元罚款，并责令其恢复所拆除旧居建筑原状。北京市政府新闻办通报称：经北京市东城区文化委员会调查，开发单位系在"未经报批"的情况下，于 2011 年 12 月中旬违法拆除了旧居建筑。

此前的 2011 年 3 月，北京市东城区文化委员会将文物认定情况告知华润置地股份有限公司，要求该公司严格按照文物保护有关法律、法规，对该院落实施原址保护修缮，确保文物建筑安全，但未能防止悲剧的发生。主事者称，他们实施的是"维修性拆除"。

北总布胡同的哀思

您们永远不会落花似的落尽、与这片土地再没有些牵连！！

徽因女士：

今天清晨，京城雪花飘零。

我站在北总布胡同，飘零为瓦砾的您的故居面前，手捧从诚先生编辑的您的文集，念下您的诗行：

我情愿化成一片落叶，
让风吹雨打到处飘零；
或流云一朵，在澄蓝天，
和大地再没有些牵连。

但抱紧那伤心的标志，
去触遇没着落的怅惘；
在黄昏，夜半，蹑着脚走，
全是空虚，再莫有温柔；

忘掉曾有这世界；有你；
哀悼谁又曾有过爱恋；
落花似的落尽，忘了去
这些个泪点里的情绪。

到那天一切都不存留，
比一闪光，一息风更少
痕迹，你也要忘掉了我
曾经在这世界里活过。

此刻，我的心，正如让风吹雨打到处飘零的落叶。

又是那么内疚与惭愧。

我要说一声：对不起啊！徽因女士！思成先生！

对不起啊！！！

思成先生：

那是在 1930 年秋季，您把家从沈阳搬到北总布胡同的这处院落。

初为人母的徽因女士不胜东北天寒，患肺病，竟成终生之疾。

把家安顿下来，您又匆匆返回。在东北大学，有您无法离舍的三尺讲台，和莘莘学子——"那快要成年的兄弟"。

我还记得在北总布胡同的这个院落里，您写给东北大学第一班毕业生的信。

先生有言曰：

你们的业是什么？你们的业就是建筑师的业。建筑师的业是什么？直接地说是建筑物之创造，为衣食住三者中住的问题，间接地说，是文化的记录者，是历史之反照镜，所以你们的问题是十分繁杂，你们的责任是十分的重大。……非得社会对于建筑和建筑师有了认识，建筑不会得到最高的发达。所以你们负有宣传的使命，对于社会有指导的义务，为你们的事业，先要为自己开路，为社会破除误解，然后才能有真正的建设，……你们的责任是何等重要，你们的前程是何等的远大！林先生与我两人，在此一同为你们道喜，遥祝你们努力，为中国建筑开一个新纪元！

先生出生于 1901 年——《辛丑条约》签订那年，知事时起，就生怕中国被人瓜分，认定"那是一种不堪设想的前景"。

"我从小就以为自己是爱国的，而且是狂热地爱我的祖国。"先生晚年，被打成"牛鬼蛇神"，被逼交代"爱国心"，写下的检讨，头一句话如此。

还记得那是在 1997 年冬日，在清华大学，青灯之下，展开这一册黄卷，泪水模糊了我的双眸。

先生有言曰：

我之所以参加中国营造学社的工作，当时自己确实认为重要原因之一就是出于我的"一片爱国心"。我在美国做学生的时候，开始上建筑史时，教授问起我中国建筑发展的历史，我难为情地回答：中国还没有建筑史。以后我就常想，这工作我应该去做。一个有五千年悠久文化的民族、国家，怎能对自己的古建筑一无所知？怎能没有一部建筑史呢？

1928 年，先生创办东北大学建筑系，心中凄凉，尽在笔端——

我在沈阳东北大学教书，多次因工程业务取道长春到吉林。平时在沈阳"南满铁道附属地"看到称王称霸的日本人，就已经叫人够气愤的了。尤其令人愤慨的是车站上的日本警察，手执赶大车的长鞭，监视排队买票上车的广大中国乘客，只要一个人站歪了一点，突然一皮鞭就从远处飞来。……我感到，东北还未沦亡，但我们中国人已在过着"亡国奴"的日子了。

日本人的长鞭，力从何来？先生自知。

1904 年，在中国的东北大地，日俄开战。事后，俄国人在写给日本人的报告中，以轻蔑之语称："我们在战争中虽然败给了日本，但与欧美文化相比极为落后的日本并不是我们的对手，与中国人没有太大的差别。"

后来，看到日本人费力经营的"满铁附属地"，俄国人服膺，认识到"把日本人与中国人等同视之是我们的认识不足"，遂承认对方为具有殖民统治能力的对等关系伙伴。

近代以来，伴随列强坚船利炮侵入中华的，不是上帝的福音，而是达尔文的声音。什么叫"具有殖民统治能力"？就是说你这一族，没有进化，只配被具有统治能力的进化民族殖民！

我泱泱中华，拥有如此灿烂文明的一国，竟遭如此屈辱！先生，您不得不退回北平。可就在北总布胡同刚刚安歇下来，"九一八"事变爆发，日本人向前来调查的国际联盟理事会专员大作宣传，称中国内政纷乱，缺乏统治能力，几不成国。仍是社会达尔文主义的那一套——你这个民族，就是需要由日本人来殖民！这也成为他们屠杀中国人的理由！！！

先生，您怎么咽得下这一口气？可以想象，当年在北总布胡同，踱步于这处院落，您的心，该是怎样的酸楚？又是怎样的急迫？您誓言要活出一个中国人的尊严来。在这里，如此难得的苟且平静的日子里，您的生命爆发出何等光彩！

此刻，我的心，怀着对您无尽的思念，又如此沉沉地失落。

我要说一声：对不起啊！思成先生！徽因女士！

对不起啊！！！

徽因女士：

在北总布胡同的病榻上，最让您不能安心的，与思成先生的一样，就是——中国之建筑无史！

打开弗莱彻《比较建筑史》，那上面分明写道：中国之建筑，"迄无特殊之演变与发展可言"，只配被列入"先史时代之建筑"。仍是在说：你这一族，始终没有进化啊！

这样的建筑史，是何等的傲慢，又是何等的无知！

您28岁时，在北总布胡同的书桌上，为中国建筑大笔直书——

中国建筑为东方最显著的独立系统，渊源深远，而演进程序简纯，历代继承，线索不紊，而基本结构上又绝未因受外来影响致激起复杂变化者。不止在东方三大系建筑之中，较其它两系——印度及阿拉伯（回教建筑）——享寿特长，通行地面特广，而艺术又独臻于最高成熟点。即在世界东西各建筑派系中，相较起来，也是个极特殊的直贯系统。大凡一例建筑，经过悠长的历史，多参杂外来影响，而在结构、布置乃至外观上，常发生根本变化，或循地理推广迁移，因致渐改旧制，顿易材料外观，待达到全盛时期，则多已脱离原始胎形，另具格式。独有中国建筑经历极长久之时间，流布甚广大的地面，而在其最盛期中或在其后代繁衍期中，诸重要建筑物，均始终不脱其原始面目，保存其固有主要结构部分，及布置规模、虽则同时在艺术工程方面，又皆无可置议的进化至极高程度。更可异的是：产生这建筑的民族的历史却并不简单。……这结构简单、布置平整的中国建筑初形，会如此的泰然，享受几千年繁衍的直系子嗣，自成一个最特殊、最体面的建筑大族，实是一桩极值得研究的现象。

您在北平，向西方人宣讲中国建筑，该是何等自豪！深爱着您的志摩先生，为听这一讲，急切地搭乘中国航空公司邮机北上，竟撞死在济南党家庄开山！

他是为爱而死！为中华文化之爱而死！！

思成先生到济南，向志摩先生作最后的告别，转过身来，再赴深山老林，踏上探索中华建筑的漫漫征途。徽因女士，您体质虽弱，却不让须眉，一次次伴着思成先生风餐露宿，用您的话来说，这叫"吃尘沙"！

您那不堪重负的双肺，又盛得了多少尘沙？您竟为此永远失去了健康，如此过早地离世！

此刻，我的心，郁积着无限的哀思，那正是没着落的怅惘！

对不起啊！徽因女士！思成先生！

对不起啊！！！

思成先生：

您一次次从这条胡同出发，在那处处烽火、车马难安的中国，如此艰难地朝着一个伟大文明的深处行进，心中是那般欣喜。

走出这条胡同，您到东四牌楼搭车远行，如此调皮地叙述："一直等到七点，车才来到，那时微冷的六月阳光，已发出迫人的热焰。汽车站在猪市当中——北平全市每日所用的猪，都从那里分发出来——所以我们在两千多只猪惨号声中，上车向东出朝阳门而去"，"在发现蓟县独乐寺几个月后，又得见一个辽构，实是一个奢侈的幸福"。

在那短短六年的时光里，您发现了独乐寺、佛宫寺木塔、赵州桥……您和徽因女士，终于找到了那处伟大的唐构——佛光寺！

那些年，您和刘敦桢先生，还有中国营造学社的同仁们，挑战着生命的极限。在那么艰难的时刻，你们负重前行，脚步覆盖如此辽阔的国土，一次次报来令人振奋的消息！

中国人终于能够写出一部名副其实的中国建筑史，能够在抗战与内战之际，为作战方开列长长的文化遗产名录，要求他们誓守保存中华文化的底线！

因为您们的工作，弗莱彻《比较建筑史》改写，庄严地补上中华建筑的篇章，成为真正的不朽。这才是人类文明的进化啊！

感谢您们啊！思成先生！徽因女士！

感谢您们啊！中国营造学社的先辈们！

徽因女士、思成先生：

莫宗江先生（1916～1999）在世时，给我讲过当年您们发现佛光寺时的欣狂：把所有的罐头打开，摆在辉煌的大殿前，吃它个欢天喜地！

可是，噩耗传来——"七七事变"爆发！

您们匆忙赶回北平。在北总布胡同的这处院落，徽因女士，您给女儿再冰寄去一信：

如果日本人要来占北平，我们都愿意打仗，那时候你就跟着大姑姑那边，我们就守在北平，等到打胜了仗再说。我觉得现在我们做中国人应该要顶勇敢，什么都不怕，什么都顶有决心才好。……你知道你妈妈同爹爹都顶平安的在北平，不怕打仗，更不怕日本。

可是，北平沦陷了！

您们毫不犹豫地拾起行囊，携儿带母，离开北总布胡同，奔向后方，共赴国难。

在长沙，日寇的飞机炸毁了您们的寓所，全家人险些罹难；在晃县，徽因女士肺病复发；在昆明，思成先生关节炎发作，肌肉痉挛，一卧就是半年。

费正清先生希望您们到美国避难，思成先生复信：

我的祖国正在灾难中，我不能离开她；假使我必须死在刺刀或炸弹下，我也要死在祖国的土地上。

2010年秋，我在北京大学与同学们分享您们的故事，念下思成先生的这番话语，竟是不能自持。

我还记得后来您们流亡至长江边上的李庄，双双病倒，思成先生勉强以花瓶支撑下颚写作。费正清先生赶来探望，留下如此记载：

我深深被我这两位朋友的坚毅精神所感动。在那样艰苦的条件下，他们仍继续做学问。倘若是美国人，我相信他们早已丢开书本，把精力放在改善生活境遇上去了。然而这些受过高等教育的中国人却能完全安于过这种农民的原始生活，坚持从事他们的工作。

我还记得从诚先生回忆起母亲预备投江殉国之时，幼小心灵承受的震动：

有一次我同母亲谈起1944年日军攻占贵州独山，直逼重庆的危局，我曾问母亲，如果当时日本人真的打进四川，你们打算怎么办？她若有所思地说："中国念书人总还有一条后路嘛，我们家门口不就是扬子江吗？"我急了，又问："我一个人在重庆上学，那你们就不管我啦？"病中的母亲深情地握着我的手，仿佛道歉似的小声地说："真要到了那一步，恐怕就顾不上你了！"听到这个回答，我的眼泪不禁夺眶而出。这不仅是因为感到自己受了"委屈",更多地,我确是被母亲以最平淡的口吻所表现出来的那种凛然之气震动了。我第一次忽然觉得她好像不再是"妈妈",而变成了一个"别人"。

徽因女士,就是在那样的苦境之中,您被医生宣布只能再享五年之寿。

而您视死如归,依然奋笔疾书,写就《现代住宅设计的参考》,把目光锁定在美国与英国的低租金住宅建设上,细研金融政策、资本经营模式、不动产税调节机制,以及标准化设计、快速施工等低成本房屋构造技术,深信"现在的时代不同了,多数国家都对于人民个别或集体的住的问题极端重视,认为它是国家或社会的责任","眼前必须是个建设的时代,这时代并且必须是个平民世纪,为大多数人造幸福的时期的开始"。

也是在那样的苦境之中,思成先生完成《中国建筑史》的写作,再把目光投向战后中国的重建,提出"住者有其房"、"一人一床"的社会理想。

您们的生命是如此绚烂,您们的爱是如此炽热!

您们是那么盼着那一个新中国的到来,不惜为此赴汤蹈火!

您们是中华民族最最宝贝的儿女!!!

拆毁北总布胡同这处故居的人们:

你们知道你们的肩上应该承担怎样的道义责任吗?

1948年12月,北平围城之际,人民解放军奉毛泽东主席之命,派专员到清华园,请思成先生绘制北平文物地图,以为枪炮长眼,宁可牺牲战士,也要保文物不失。

后来,思成先生一次次回忆起这一幕让他终生难忘的场景。

1957年,思成先生写道:

清华大学解放的第三天,来了一位干部。他说假使不得已要攻城时,要极力避免破坏文物建筑,让我在地图上注明,并略略讲讲它们的历史、艺术价值。童年读孟子,"箪食壶浆,以迎王师"这两句话,那天在我的脑子里具体化了。过去,我对共产党完全没有认识。从那时候起,我就"一见倾心"了。

1959年,思成先生又这样追忆:

一九四八年十二月,清华大学获得了解放。解放军的自觉的纪律,干部的朴实,和蔼的态度和作风,给了我深刻印象。出乎意外的是,党十分尊重我的一点知识和技术。北京城解放以前,来咨询我关于城内文物建筑的情况,以便万一攻城,可以保护,这更深深感动了我。……我感到共产党挺能够"礼贤下士",我也就怀着"士为知己者用"的心情,"以国士报之"。

你们怎能挥舞如此冰冷的铁器,将这处故居毁掉,还把木料卖掉,说这是"维修性拆除"?

北京故宫太和殿 王军摄

我要告诉你们，正是出自那一份道义责任，2005 年，国务院批复了《北京城市总体规划》，要求整体保护北京古城，停止大拆大建；

正是出自那一份道义责任，2009 年，国家文物局、北京市文物局、北京市规划委员会作出那神圣的决定，依法将北总布胡同梁思成、林徽因故居纳入文物保护的范畴，决心只要还有一丝历史信息留存，就要做最完全的保护！

你们分明是在挑战一个文明社会的底线啊！

但是，你们不会成功，因为我们这一族，拥有一个伟大的传统——永远是把文化放在最高的位置，它永远不会被人踩在脚下！

这个国家正朝着文化复兴的方向！尽管还有艰难坎坷，但我们会一如既往，本能地、一代人又一代人地——付出最大的牺牲！

徽因女士、思成先生，对不起啊！对不起啊！！对不起啊！！！

您们若在天有灵，真不知该如何打量北总布胡同，我眼前的一切？

但请您们放心，我和我的孩子，永远不会失去对祖国文化的热爱！永远不会失去对人类文明的热爱！

我和我的孩子，永远不会忘掉您们曾经在这世界里活过！！您们永远不会落花似的落尽、与这片土地再没有些牵连！！

念下那泪煞乡愁的诗行，我骑车西进——

故宫还在！！！

王军

2012 年 1 月 30 日

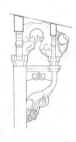

捌

此心安处

梁思成的死与生

他是"新民"而生，"爱国"而死，一生也未走出"新民"与"爱国"的迷宫。

2006年1月9日，梁思成逝世34周年祭日；2006年4月20日，梁思成105周岁诞辰。已有人筹划梁思成纪念事宜。这位昔日国宝的死与生，又成了一个大可议论的话题。

孔子有言"未知生，焉知死"，此语甚是。同样，未知死，又焉知生呢？对一个人来说，没有什么比生和死更要紧的了。梁思成一生专攻建筑成就大器，但今日人们记得他的，更多的还是他的悲剧。他死力上谏保北京古城不得，再死力保城墙、城楼不得，又死力保牌楼等古建筑不得。1957年他说，"拆掉一座城楼像挖去我一块肉；剥去了外城的城砖像剥去我一层皮"，这样的痛确实浸入了他的血脉。

1972年梁思成逝世之时，北京城墙已被拆尽。此前，在"文革"风暴中，他被打成"牛鬼蛇神"，被赶入清华园北院的一间平房里蜗居，距

他的父亲梁启超任清华国学院导师时的旧宅，仅咫尺之遥。

父亲在清华园教书时风神潇散，声如洪钟，讲得认真吃力，渴了便喝一口水，掏出大块毛巾揩脸上的汗，不时呼唤坐在前排的儿子："思成，黑板擦擦！"梁思成便跳上台去把黑板擦得干干净净。当年这位天真烂漫的少年，如今算是死在了父亲跟前。

1929年父亲因庸医切错肾脏而亡，梁思成为父亲造墓，同时还为父亲生前好友、自沉昆明湖的王国维设计了一块碑，碑上刻下陈寅恪的铭文"思想而不自由，毋宁死耳"。碑就在清华园内，梁思成死之前该是记得它的。他的知己陈占祥从图圄中出来，着笔挺西服到病床前看他，他对陈说："在学术思想上要有自己的信念。"

在清华北院风雪交加的陋室里，梁思成重温了儿时的艰辛，家里吃的

356

清华大学校园内的王国维纪念碑。设立于 1929 年，梁思成拟碑式，陈寅恪撰碑文，林志钧书丹，马衡篆额　王军摄

是一道贵州菜：清水煮白菜蘸酱油。这是父亲戊戌变法失败后寓居日本时的家宴。梁母是贵州名门之后，那时全家靠这道菜清苦度日。

1901 年梁思成在东京出生时，父亲正在从澳大利亚赶回日本的海轮上。在澳大利亚亲历联邦制度的创建，父亲的思想由"保皇"向"立宪"转折。回到日本，见到襁褓中的儿子，父亲转身创办《新民丛报》，疾呼"欲维新吾国，当先维新吾民"。这"新民"二字，该是要管儿子一辈子了。

同样是这"新民"，改变了毛泽东的命运。毛泽东在东山学堂时，表哥借给他一套《新民丛报》合订本，毛泽东阅罢疾书："正式而成立者，

立宪之国家，宪法为人民所制定，君主为人民所拥戴；不以正式而成立者，专制之国家，法令为君主所制定，君主非人民所心悦诚服者。前者，如现今之英、日诸国；后者，如中国数千年来盗窃得国之列朝也。"从此，这位农家少年，走上了闹革命的道路。

父亲大概预料不到轰轰烈烈的革命使儿子的命运突变。1951 年思想改造运动兴起，梁思成和父亲说再见了，称父亲"抗拒最进步的无产阶级革命思想"，自己受了父亲的爱国教育，但"我的爱国思想的内容是小资产阶级个人主义的"。支撑梁思成说下这番话的，是"我这一生自以为爱国不后于任何人"。"新民"与"爱国"，

在他的灵魂深处展开了较量。

这个国，他爱得不易。为爱国，他跑去学建筑，以为学得一门技术就可以报效国家；为爱国，他和林徽因漫山遍野寻访古建筑，写下《中国建筑史》；为爱国，他创办清华大学建筑系培养家国栋梁；为爱国，他为文化遗产请命，屡败屡战；为爱国，他死之前曾笃信批倒自己的学术就是为国家好，希望"接受群众批判，踏上千万只脚，其中包括我自己一只脚在内"；为爱国，他开始向自己的学术宣战，无奈"一开口就放毒"，欲寻死而不能；为爱国，他竟要和父亲一刀两断……

他是"新民"而生，"爱国"而死，一生也未走出"新民"与"爱国"的迷宫。

2005 年 12 月 31 日

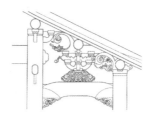

老舍墓座上的波澜

"我想起了他那句'遗言'：'我爱咱们的国呀，可是谁爱我呢？'我会紧紧捏住他的手，对他说：'我们都爱你，没有人会忘记你，你要在中国人民中间永远地活下去！'"

2005年8月23日，老舍（1899～1966）在北京下葬，妻子胡絜青（1905～2001）与他相伴。39年前的这一天，老舍在北京孔庙遭红卫兵毒打，次日舍身太平湖。

23日上午9时，老舍的儿女舒乙、舒济、舒雨、舒立等，从八宝山革命公墓骨灰堂一室取出父亲的骨灰盒，步行到不远处的革命公墓一区，在刚刚建好的墓穴前，将父母的骨灰盒放在一起，准备安葬。

墓由舒乙设计，没有隆起的墓室，墨绿色花岗岩铺地为座，墓座的左下角是老舍浮雕头像，一圈圈白色波澜由此散开。两面汉白玉矮墙与墓座围合，其一上刻老舍夫妇各自的签名和生卒日期，其二以胡絜青生前所绘工笔菊花为底，上刻老舍生前所言："文艺界尽责的小卒，睡在这里。"

血衣残片入葬

舒乙、舒济、舒雨、舒立打开了父亲的骨灰盒，里面没有骨灰。

1966年8月24日老舍投太平湖自尽后，火葬场将他的骨灰遗弃。当时北京市文联出具的证明函称："我会舒舍予自绝于人民，特此证明。"

"文革"结束后老舍获得平反，人们临时在八宝山革命公墓安排了一个灵堂，桌上放着骨灰盒，盒前有一张老舍的画像，盒里有老舍用过的两支笔和一副眼镜，还有一两朵小花。

这一情形与老舍之父相似。1900年，老舍之父——守护北京城的小卒，死于与八国联军之战，遗体未得保存，衣冠冢里只有他临死前脱下的一双袜子。

舒乙往父亲的骨灰盒里放入一块木牌，上书"老舍先生生辰八字和血

2005年8月23日，在八宝山革命公墓，舒乙举起父亲的血衣残片　王军摄

还有专程从日本赶来的友人，朗读了父亲写于1938年的《入会誓词》。

老舍当年入的是全国文艺界抗敌协会，他以最高票当选为协会理事，在《入会誓词》中说："我是文艺界中的一名小卒，十几年日日夜夜操练在书桌上与小凳之间，笔是枪，把热血洒在纸上。可以自傲的地方，只是我的勤苦；小卒心中没有大将的韬略，可是小卒该作的一切，我确是作到了。以前如是，现在如是，希望将来也如是。在我入墓的那一天，我愿有人赠我一块短碑，刻上：文艺界尽责的小卒，睡在这里。"

舒乙说，让父亲的愿望成真，是儿女们的一大心事。4年前，母亲胡絜青去世，骨灰一直暂放家中。儿女们从去年开始筹划将父母合葬，这得到八宝山革命公墓管理部门的支持。老舍的骨灰盒从骨灰堂迁出入土，可为人们提供一个公开凭吊的场所，这也免去了以往的遗憾。

安葬老舍夫妇的革命公墓一区，长眠着许多近现代名士，包括任弼时（1904～1950）、瞿秋白（1899～1935）、欧阳予倩（1889～1962）、李可染（1907～1989）、侯宝林（1917～1993）等。他们有的生前与老舍相识，有的还是至交。

研究老舍之死的困惑

中国现代文学馆研究员傅光明来到八宝山参加老舍夫妇葬礼。在"老

迹"，再将生辰八字牌放入，上书"舒庆春字舍予笔名老舍生于戊戌年腊月二十三日申时"。然后，他举起了老舍受难时的血衣残片，那是1966年8月23日老舍在北京孔庙遭毒打后留下的遗物，家人保存了39年。舒乙将血衣残片放入骨灰盒，以代表父亲的肉身。同时放入的还有老舍生前用过的毛笔和他最喜欢的香片茶。最后，亲人们往骨灰盒里撒入干菊花。

墓室培土之后，舒乙面对来到这里的各界人士，有的是老舍夫妇的生前友好、所在单位的代表，有的是老舍研究会、老舍纪念馆的工作人员，

舍之死"的研究中，他是一位著名人物。他刚刚完成博士论文《老舍之死与口述历史》并通过答辩，中国第一篇研究老舍之死的博士论文从此问世。他的学术专著《口述历史下的老舍之死》将在今年年底出版。

傅光明倾十余年之力完成这项研究，走访了几十位老舍之死的见证人。"最初的动机就是想为历史留下痕迹，做历史的书记员。"傅光明说，"只有记录历史、研究历史，才能反思历史。"

傅光明在这项研究中面临巨大困惑，"不同的人有着不同的叙事，有的人明明是在说谎，你又很难去质疑他。有的可能就是道听途说，没有真实性可言。这样的话，哲学意义上的思考将像纸一样不堪一击。而我所做就是寻找并对照不同的版本，得出自己的叙事"。

舒乙是傅光明的博士生导师，也是老舍之死的重要见证人。舒乙写了一篇文章，追忆父亲逝世前的情况："病愈出院，医生嘱他在家多休养些日子，他却急着上班。命运无情地嘲弄了他的献身精神，着急啊，着急，事与愿违，他竟以最快的速度直接奔向了生命的终点。"

1966 年 8 月 23 日是老舍病愈后上班的第一天，红卫兵在成贤街孔庙焚烧京戏戏装，老舍被从单位拉去陪斗。"在孔庙，父亲受伤最重，头破血流，白衬衫上淌满了鲜血，"舒乙写道，"他的头被胡乱地缠上了戏装上的白水袖，血竟浸透而出，样子甚可怕。闻讯赶来的北京市副市长，透过人山人海的包围圈，远远地看见了

老舍、胡絜青之墓　王军摄

这场骇人听闻的狂虐。他为自己无力保护这位北京市最知名的作家而暗暗叫苦，"父亲使足了最后的微弱的力量，将手中的牌子愤然朝地下扔去，牌子碰到了他面前的红卫兵的身上落到地上。他立即被吞没……是的，被吞没了……"

次日，不堪凌辱的老舍从家中离开。舒乙身披父亲的血衣，奔国务院接待站呈递冤情，周恩来设法寻找老舍，没想到等来的竟是死讯。舒乙追忆："父亲死后，我一个人曾在太平湖畔陪伴他度过一个漆黑的夜晚，我摸了他的脸，拉了他的手，把泪洒在他满是伤痕的身上，我把人间的一点热气当作爱回报给他。"

2001年1月9日，傅光明和夫人郑实找到当年参与孔庙事件的北京女八中的一位红卫兵头目，已是50多岁的她，1966年才17岁。她说："打老舍的是个老初三的学生。我没让打老舍，我只让打了萧军（1907～1988）"，"我没有碰过老舍一个指头……当时没考虑会出人命什么的"。

傅光明问："您是什么时候知道老舍自杀的？"

她答："后来过了很长时间才知道老舍自杀了，听说就是在被我们批斗之后。我很内疚。后来又听说还有另一个学校也斗老舍了，心里觉得好受一点了。"

傅光明问："'文革'结束后，有没有想过去给老舍的家人道歉？"

她答："想过，但不知道该怎么说。"

接着，她就哭了。

傅光明问："您有没有想过要改名字？"

她答："没有，没有那么严重。我还不是千古罪人，因为我觉得当时对老舍的态度还是同情的。但我有沉重的感觉，也觉得有责任把当时的情况说出来。有机会，希望能向萧军和老舍的家人道歉。"

傅光明和郑实在采访记中写道："2001年的除夕，我们打电话给'她'拜年。并告诉'她'，傅光明已替'她'向老舍和萧军的家人道歉了。'她'十分感激。"

墓座上的波澜

老舍一周年忌日时，太平湖畔出现一截小碑，上刻"人民艺术家老舍先生辞世处"，署"许林邨敬立"。许林邨（1913～2005）是一位画家，住在距太平湖不远的一条胡同里。后来他回忆道，由于老街坊们暗中保护，"文革"中他未因此闯祸。刻碑时，"每天深夜干。背着家里人，更不能让外人知道，所以不敢出大响动"。

1967年8月24日凌晨，许林邨扛着碑来到太平湖畔，与一位朋友将它立下，然后默哀，"只当是给老舍先生开了个有两个人出席的追悼会"。

老舍之友、日本作家井上靖（1907～1991）1970年写了一篇题为《壶》的文章怀念老舍，说他终于领悟了老舍曾讲给他们听的中国人宁肯把价值连城的宝壶摔得粉碎也不肯给富人去保存的故事。日本作家开高健(1930～1989)以老舍之死为题材写了一篇题为《玉碎》的小说，获1979年川端康成奖。

1970年，地铁要修车辆段，北京西北城墙外的太平湖就势被城墙的灰土填平。此前，在"文革"风暴中，许多人步老舍后尘，投太平湖自尽。

一次，舒乙和冰心聊天。冰心说："我知道你爸，一定是跳河而死！"

舒乙问："您怎么知道？"

冰心不假思索地回答："他的作品里全写着呢，好人自杀的多，跳河的多。"

一位作家的命运，与他作品中的人物命运相连，引起研究者的关注。舒乙在父亲逝世20周年之际写了一篇文章："由老舍先生投湖自尽时算起，整整20年过去了，湖面上激起的波澜，竟会越来越大，至今，只见那波澜还在一圈一圈地扩展，君不见描写老舍之死的作品最近不是又出了好几部吗？这——由一个人的死所引发的延绵不断的愈演愈烈的波澜，说明的却完全是另一回事：生命，的确是永不停息的。"

舒乙就把这一圈圈波澜刻在了父亲的墓座上。去年3月6日在荷兰上演的歌剧《太平湖的记忆》，是这波澜中的一环，剧作家曾力与傅光明联手，与旅法作曲家许舒亚合作，将"老舍之死"搬上欧洲舞台。荷兰歌唱家以中文完成演出，观众被剧中情节感动落泪。

病中的巴金托人到老舍墓前默哀。"我不相信鬼，我也不相信神，但是我却希望真有一个所谓的'阴间'，在那里我可以看到许多我所爱的人。倘使我有一天真的见到了老舍，他约我去吃小馆，向我问起一些情况，我怎么回答他呢？"巴金在《怀念老舍同志》一文中写道，"我想起了他那句'遗言'：'我爱咱们的国呀，可是谁爱我呢？'我会紧紧捏住他的手，对他说：'我们都爱你，没有人会忘记你，你要在中国人民中间永远地活下去！'"

2005年8月29日

向埃德蒙·培根致敬

我的心中充满了对这位老人的爱。还有，对他和我，都痛苦着的北京的爱。

这是康乃尔大学学者韩涛 (Thomas H. Hahn) 拍摄的照片。

3月下旬在美国费城举办的亚洲研究年会上，世界科学出版集团 (World Scientific) 将《城记》英文版 (Beijing Record) 样书置于其展台的醒目位置。韩涛先生拍了一张照片给我传来。

《城记》英文版是韩涛先生促成的，他为此做出的种种努力，我难以言尽。这位精通汉语的德国学者，数年前在北京给我打了一个电话，听声音我竟以为是一位中国人。

见面后，他说他已买了十本《城记》中文版赠送友人，并敦促我出英文版。

我曾两度访问费城，这个城市给了我太多的感动。

那里是梁思成、林徽因留学的地方。1920年代的宾夕法尼亚大学培养了包括他们，以及杨廷宝、童

寯 (1900～1983)、陈植 (1902～2001) 在内的一批中国建筑大师。

《城记》写的就是那一代中国建筑师与北京的故事。

康乃尔大学建筑系毕业生埃德蒙·培根 (Edmund N. Bacon, 1910～2005) 在1930年代的大萧条时期，在中国的上海找到一份工作，成为美国建筑师茂飞 (Henry Kikkam Murphy, 1877～1954) 的助手，后者曾设计燕京大学校园，并是南京国民政府首都计划的顾问。

向茂飞报到后，培根有机会来到北京，为古都之美深深触动。

1976年，他在那本伟大著作《城市设计》(Design of Cities) 中写道："人类在地球表面上最伟大的个体工程也许就是北京了。这个中国的城市，被设计为帝王之家，并试图成为宇宙中心的标志。这个城市深深地沉浸在礼仪规范和宗教意识之中，这些现在与

2010 年 3 月，《城记》英文版（*Beijing Record*）样书在美国费城召开的亚洲研究年会上展出　韩涛摄

我们无关了。然而，它在设计上如此杰出，为我们今天的城市提供了丰富的思想宝藏。"

那时，他已是费城的总规划师，领导完成了著名的费城市中心重建计划。这个计划从北京古都的规划中得到了灵感。

1964 年，他出现在《时代》周刊封面，并是迄今为止，被这本杂志刊为封面人物的唯一一位规划师。

2005 年春季，我首次访问费城，欲拜访这位老人，得知他身体不适不便见人，便托宾夕法尼亚大学学者黄振翔先生转送一册《城记》给他。

黄振翔先生与培根相识，他对我说，培根得知北京城墙被拆了，无比痛苦。后知永定门复建了，颇感欣慰。

我理解，培根不是赞赏假古董，

他高兴，应该是觉得中国人对待自己的文化，或许不再那么粗暴了。

几个月后——2005 年 10 月 14 日，培根逝世。《城记》终未能递到他手中。

2006 年，培根基金会与费城历史和博物馆委员会要在费城为培根立一个纪念牌（Historical Marker Honoring Edmund N. Bacon）。

黄振翔先生得知纪念牌上将把培根写成"国内知名"（nationally known）而不是"国际知名"（internationally known），非常着急，写信给我，希望我给培根基金会写一封信。

我把信通过电子邮件传去。我说，他那句"人类在地球表面上最伟大的个体工程也许就是北京了"，在中国不知感动并激励了多少人；他那本杰作，不知多少中国的规划师读过，他

1964 年，埃德蒙·培根出现在《时代》周刊封面

竖立在费城爱情公园的埃德蒙·培根纪念牌

2002 年，92 岁高龄的埃德蒙·培根在费城爱情公园踩滑板，以此抗议当局禁止年轻人在这里玩滑板的禁令

怎么可能是"国内知名"呢?

基金会很快复信，说接受了我的建议，并将这封我以拙劣的英文写的信作为档案收存。

2006 年 9 月 13 日，纪念牌竖立起来了，那上面正写着"国际知名"。

纪念牌就竖在他设计的爱情公园 (LOVE Park)。

这位伟大的规划师，2002 年得知费城当局禁止年轻人在爱情公园玩滑板，竟以 92 岁的高龄，带着一块滑板，到那里玩起来。

新闻记者摄下他那艰难的时刻。

看到《城记》在费城的照片，我想到了这个时刻。

我的心中充满了对这位老人的爱。

还有，对他和我，都痛苦着的北京的爱!

2010 年 4 月 9 日

怀念陈占祥先生

他的一生，壮志未酬，却获得了与一个伟大城市共命运的意义。

2001年3月，我动笔写《城记》一书，有个问题想请教陈占祥先生，打电话过去，得知先生刚刚过世。

4月6日上午10时，到八宝山参加陈占祥先生追悼会，见灵堂之上高悬周干峙先生书写的挽联："惜哉，西学中用，开启规划之先河，先知而鲜为人知；痛哉，历经苦难，敬业无怨之高士，高见之难合众见。"

与陈占祥先生同龄、85岁的郑孝燮先生来了，他对我说："过些日子，建筑界就要纪念梁思成先生诞辰100周年，我刚写了一篇怀念文章，没想到在这个时候，陈占祥先生去世了。"

2001年3月22日，陈占祥因病与世长辞。提起他，人们总会想到当年曾与他一道为理想而奋斗的梁思成。1950年2月，梁思成与陈占祥共同提出《关于中央人民政府行政中心区位置的建议》，即"梁陈方案"，建议在北京元明清古城的西侧，建设中央行政区，以使"古今兼顾，新旧两利"，并为城市的可持续发展开拓更大的空间。

陈占祥曾在英国伦敦大学师从著

1980年代，陈占祥在长城留影　陈衍庆提供

北京动物园留影 1961. 春节

1961 年春节，陈占祥与夫人陶丽君和孩子们在北京动物园留影。从左至右依次为陈弥尔（次女）、陈占祥、陈方（次子）、陈衍庆（长子）、陶丽君、陈宪庆（三子）、陈愉庆（长女）
陈衍庆提供

彼时，被划为右派的陈占祥还在接受劳动改造。1957 年，在"整风"运动中，陈占祥对苏联专家指导完成的《北京城市建设总体规划初步方案》提出不同意见，认为其脱离现实，并批评改建城区"房子拆多了"，把办公、宿舍、生活福利用房放在一起建大院是"封建割据"、"公家土地私有制"、"已经没有社会主义优越性了"，等等。这些言论被认定为右派言论，北京建筑界奉命召开三次大会、九次小会予以批判。

名城市规划学家阿伯克隆比爵士（Sir Patrick Abercrombie, 1879～1957），参加完成英国南部 3 个城市的区域规划。归国后，1947 年，他在上海，针对欧洲大城市功能越是过度集中，遭到的破坏越大的情况，提出了开发浦东的建议。"在英国随名师研究都市计划学，

这在中国是极少有的。"这是 1949 年 9 月梁思成在写给当时的北平市市长聂荣臻的信中，对陈占祥作出的评价。梁力荐陈参加首都建设。

后来，这两位学者提出建设北京的建议，未被接受。1957 年，陈占祥被划为右派，下放到京郊劳动改造，后回到设计院，只能做一些翻译和资料工作。1979 年，陈占祥得到平反，担任中国城市规划设计研究院顾问总工程师。

追悼会上，见林洙女士，她刚告别了陈占祥先生，就要去骨灰堂悼念梁思成先生，她说："想起他们俩就太难过了。陈占祥这样有才华，却受那么大的委屈，被埋没了那么长时间，真让人伤心啊！"

从八宝山途经南礼士路复印《陈占祥生平》。复印员大惊："我跟他太熟悉了！"原来，这位中年男子曾在北京市建筑设计研究院的资料室工作，是 1974 年去的，与陈占祥先生共事过几年。他说："陈占祥太有学问了。话不多，烟抽得很厉害，人很瘦。老先生特别有精神，一看就是有大学问的。"他很难过，坚决不收我的复印费。

加上这最后的告别，我与陈占祥先生仅见过三次面。前两次，一是在 1994 年 3 月 2 日，我就"梁陈方案"问题登门采访；二是在 1995 年 1 月 13 日，在首都建筑设计汇报展的一次座谈会上，我看到陈先生被儿子搀扶着，步履蹒跚地来了，并作了一次发言。遗憾的是，他的宁波口音太重

了，包括我在内，现场有很多人听不清楚，只是觉得他很激动。

陈占祥先生在世时肯定记不住我的名字，如果我能给他留下一些印象的话，就是他或许会记得，曾有一位年轻记者，向他打听过"梁陈方案"的往事。

陈先生生前未能看到我写下的文字，作为一名采访者，我万分愧疚。现在想起来，可能我是少有的就"梁陈方案"问题对他细加访谈的记者，他确实快被这个世界遗忘了，虽然当年他与梁思成的努力，使北京城的命运获得了一种可能的选择。那时，他正值韶华，激情澎湃。可是，生命的火焰未来得及绽放，就被政治风云吞没了。

在撰写《城记》一书时，我深感陈占祥先生是那么用心地回答我的每一个问题，虽然在那个时候，他面对的尚是一个无知的青年。回想起来，我总有这样的感受，也许这样的机会对他来说确实太少，所以他要一次讲清楚。

我得识陈占祥先生，缘于梁从诫先生。1993年底，梁从诫先生告诉我陈先生还健在，退休前在中国城市规划设计研究院工作。后来，我拨114，问得研究院的电话，再拨过去，问得陈先生的电话。陈先生的宁波口音确实浓重，他告诉我他的住处，反复了好几次我才听明白。一大早我就去了，陈先生在家穿西装打领带迎我，怕我听他讲话吃力，将长子陈衍庆教授招来作"翻译"。

我与陈先生面对面坐着聊着，他不时看着窗外，神情凄然。他落了两次泪，一次是含泪说："关键是我们要自己来设计我们自己的城市，不要外国人来插手，这不是排外，这是国家主权问题。"后来又谈到北京吉祥戏院被拆除，眼中又是泪花闪动。

陈先生的夫人有些怕了，劝他说话把握分寸。祸从口出曾使一家人22年抬不起头。陈先生却倔强道："你不要管，有什么不能说的！"

后来我得知，陈先生去世前，长年瘫卧在床，几不能语。因从小所受教育之故，他是英文思维，当年写检查，底稿用英文打，病重之际，与谈英文，尚能知一二。

"陈占祥那派头特像海外华侨，每次见到他，我总是和他开玩笑，要

1950年2月，梁思成、陈占祥提出的《关于中央人民政府行政中心区位置的建议》封面　清华大学建筑学院资料室提供

跟他换美元！"单士元（1907～1998）老先生有一次对我说。人称单老"国宝"，单老自称"活宝"。他说："华侨像西瓜，皮是绿的，心是红的！"

陈先生与单老都揣着一颗滚烫的中国心。单老1998年逝世，享年91岁。他们带走的是一个时代。

兹将陈先生与我仅有的一次谈话的主要内容整理如下。陈先生有言曰：

当年在五棵松日本人留下了一个"新北京"，我认为那里太远了，没有条件，一是交通，二是那里的人也不多，我认为应该近一点，以钓鱼台为中心来布置中央行政区。不过，关于这个问题，有人认为是放弃了天安门，是要搬出去。

当时我和梁思成先生提出这个方案，是总结西方城市建设的历史经验，从这个角度来讲的。现在北京的城市问题，已是非常拥挤，住宅不够，就是人都集中在城市里面，这也是西方城市在发展中遇到过的问题。

当年有一个都市计划委员会，我在那里做都市区的规划，认为应该把城市作为整体来考虑。那时我刚到北京工作。1949年苏联专家访问团来到中国，非常隆重，到北京后，他们搞了一个规划草图，我们反感。开国大典，苏联专家在天安门城楼上，指了指东交民巷一带的空地，认为可在那里先建设办公楼，主张一切发展集中在天安门周围，第一项工程就在东长安街，当时东交民巷周围是一片绿地，包括东单广场，进深50米，这

是保护东交民巷的外围的一圈绿地，苏联专家主张利用这圈绿地造房，建纺织部、煤炭部、外贸部、公安部，这遭到梁思成先生和我的反对。

我们反对先开发东长安街，理由是没能力，不成熟，我们的施工能力不够。另外，不能再把北京城的什么东西搬进去了。在西方这样做已产生了很多问题，一些城市根本的问题就是拥挤。一个城市最怕拥挤，它像个容器，不能什么东西都放进去，不然就撑了。所以，有的功能要换个地方，摆在周围的地区分散发展，这是伦敦规划的经验。规划师在伦敦周边规划了10多个可发展的新城基地。后来，政府换了许多届，但这个规划没有变，建成了一系列的新城。现在，伦敦老市区的人口已从当年的1200万下降到七八百万。

当年，他们还做了一个剑桥的规划。剑桥是一个古城，战后要发展，怎么办？规划师同样是把新的发展搬到外面去了，不然古城一动，里面的每个学校都受影响，而每个学校都有好几百年历史，这一碰，古的风貌就全毁了。

剑桥规划是我的老师贺尔福（William Graham Holford, 1907～1975）做的。这里面也包含了我的基本思想，就是不能什么都硬塞进去，最好到别的地方另外做。北京当时的地方太大了，昌平等远郊县都可建设起来，可来个大北京规划。干吗都要挤到城墙里面不可呢？应该搬出去！

大伦敦规划是1944年做的，是

我的老师阿伯克隆比做的，当时还做了一个伦敦市区的规划，但这个规划不好做，因为产权太复杂了，有的地方被炸毁了，进行土地的再分配才有可能，才可根据规划来实施，而其他地区则被框得死死的，一点也动不了。唯一成功的是以疏散人口为主的大伦敦规划。

我的老师贺尔福，是唯一进入英国贵族院的规划师，他成为了勋爵，是英国建筑界在近现代史上唯一在圣保罗大教堂的地下室被设立纪念碑的，英国文艺科学界有名望的历史人物都在圣保罗大教堂的地下室设有纪念碑。

这次修编《北京城市总体规划 (1991 年至 2010 年)》我没有参与。我对规划师们说要在大范围内考虑北京的问题。当年对苏联专家的方案，梁思成先生表示反对，但我们无法辩论，中央的官员主张以天安门广场为城市中心，苏联专家也是这样。一提要建新城，他们就以为要放弃天安门。而不把行政中心放出去，势必旧城之上建新城，古都风貌就要被破坏。

1949 年 10 月份我们就开始做方案，那时苏联专家还没有走，还在活动。后来在六部口市政府大楼开会，聂荣臻市长主持，我和梁思成先生提出反对意见。我与梁思成先生商量，他说他的，我说我的，开会以后我做规划，梁先生写文章，这就是方案出来的经过。

可后来的事情怪了。方案完成后，我与梁先生自己花钱印刷分发，没有

人讨论，可不久又冒出一个方案，是朱兆雪、赵冬日他们做的。这个方案就是苏联专家的思想。领导没有正式对这两个方案表态。我们只是交给市领导了，他们也不说对还是不对。这两个方案交给了当时的北京市委书记彭真。后来，北京市搞了一个正式的方案，是 1954 年出来的。❶

朱兆雪他们围绕天安门做文章，争论点就是天安门不可以放弃，中华人民共和国成立是毛主席在天安门上宣布的。这没关系嘛，事实回避不了，那时只有天安门有广场，这么多人当然要到那儿去。其实，天安门作为庆典中心是可以的，行政中心搬出去对它不会有影响。

我和梁先生的方案比较粗，想做细一些，在大规划中列出 30 多个小问题。发生的这次争论，是同事之间的争论。对于梁思成先生和我的建议，领导一直没有表态，但实际的工作却是按照苏联专家的设想做的。最后，东长安街部委楼的建设开始，纺织部、煤炭部、外贸部、公安部都开始在这里建设，这比较仓促。

企划处的另一位朋友华揽洪，法籍华人，是建筑专家，从法国回来加入我们的都市计划委员会，他娶了法国夫人，我们两个人私人关系很好，但也有争论。在总图上，华揽洪主张把城墙拆了，我坚决反对。城墙拆不

---

❶ 陈占祥指的是《改建与扩建北京市规划草案的要点》，此方案于 1953 年 11 月提出，并上报中央。经国家计委审议并提出意见后，1954 年 9 月，北京市完成了局部修改。——笔者注

拆是关系到总图怎么做的事，我说绝对不能拆，争吵得不得了，很厉害。干脆分成两个方案吧，华揽洪做甲方案，我做乙方案。

我与华揽洪在城墙的问题上发生争论，后来领导知道了，派人来调查，开座谈会，说你们争吵保不保城墙，城墙的问题实际上是你们阶级感情的问题。这很吓人啊！所以一下子我被孤立起来了，跟我做规划的三个人，这一下就散了。当年领导派人来调查，我并不知情，后来还是一位女同志临终前告诉我的，她是从英国留学回来的，叫苹耘尊，当过全国人大代表。她去世前对我说，当时领导派人来开会，说拆城墙是毛主席的意思。

华揽洪1950年参加工作，比我晚一年。做甲、乙两个方案，是1952年和1953年的事情。华揽洪的总图方案，与赵冬日的没有大的区别，和现在的也没有多大区别。因为城墙的去留，要做出两个方案来比较，但没有必要作为一个政治问题嘛！当年的北京市委副书记郑天翔，后来在回忆录里写了一段，他说当年有好些事情做错了！

1954年苏联专家来了一个团，被聘为顾问，在正义路办公，后来又到动物园畅观楼办公，我们都不知道，他们就在那儿做规划了，把甲、乙方案合在一起，综合起来，中央第一次批下来的就是这个。[1]我认为，拆城墙并不是华揽洪掀起来的，我怀疑他是听到领导的意思后这样做的。

我是在联合王国注册登记的建筑师，有这个执照我可以在香港开业。今天，香港或国外随便一个设计师都可以到我们这里做设计，这对于保护古都风貌简直是开玩笑！关键是我们要自己来设计我们自己的城市，不要外国人来插手，这不是排外，这是国家主权问题。

一个城市古老的东西不是凭空而来的，是生长起来的，要拆了再得到，谈何容易！吉祥戏院拆了，[2]大家都

---

[1] 1953年6月，中共北京市委成立了一个规划小组，聘请苏联专家指导工作，在党内研究北京的规划问题，对甲、乙方案进行综合修改。梁思成、陈占祥、华揽洪从此不再参与总体规划的编制。这个小组在动物园畅观楼办公，被称为"畅观楼小组"。11月，"畅观楼小组"提出《改建与扩建北京市规划草案的要点》，中共北京市委同时写出报告，上报中央，中央批交国家计委审议。国家计委在1954年10月16日呈报中央的审议报告中，提出了四点意见：（一）不赞成把北京建设成为"强大的工业基地"，在照顾到国防要求，不使工业过分集中的情况下，在北京可以适当地逐步地发展一些冶金工业、轻型的精密的机械制造工业、纺织工业和轻工业；（二）二十年左右人口达到400万较为合适；（三）居住区定额偏高，道路红线定得偏宽，绿地、河湖水系面积偏多，这样会增加城市用地，增加管道、桥梁的建设费用，既不经济，也不易实现；（四）设置单独的文教区，不便学生接近社会文化，也不方便教职工生活。为此，北京市委对规划草案进行了局部修改，并制订了第一期（1954年至1957年）城市建设计划和1954年建设用地计划。1954年10月24日，北京市委将《关于早日审批改建与扩建北京市规划草案的请示》和《北京市第一期城市建设计划要点》两个报告上报中央，请示报告仍然强调北京必须是一个大工业城市，认为考虑到工业建设的需要，才提出二十年城市人口发展到500万的设想，把道路和绿地留得宽些、多些，将来如果经验证明用不了这样大、这样宽，可以在分期建设计划中逐步修改，这样做可进可退，比较主动。中央未对此作正式批复，而北京市的实际工作是依此执行的。——笔者注

[2] 吉祥戏院由光绪末年内廷大公主府总管事刘鉴之创建于1906年，位于北京市东城区金鱼胡同西北口内东安市场北端，是北京著名的戏院之一。1993年，在东安市场改建工程中，吉祥戏院遭到拆除。此前，时任中国剧协主席的曹禺（1910～1996）、连同骆玉笙（1914～2002）、冯牧（1919～1995）、冯其庸、谭元寿、新凤霞（1927～1998）、梅葆玖、梅葆玥等50余名戏曲、学术界人士联名呼吁保留此剧院，未获成功。——笔者注

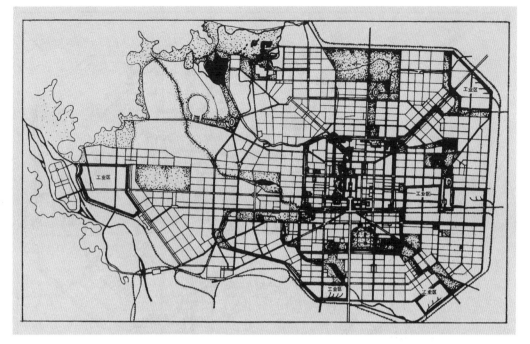

1953 年华揽洪提出的《北京市总体规划 (甲方案)》。在行政中心区设于旧城的要求之下，这个方案主张行政机构适当分散布置，同时建议对北京旧城原有格局作较多改变，将东南、西南两条放射干道插入正阳门，将东北、西北两条放射干道插入北新桥、新街口，并引铁路干线从地下插入中心区，总站仍设在前门外（来源:《建国以来的北京城市建设》，1986 年）

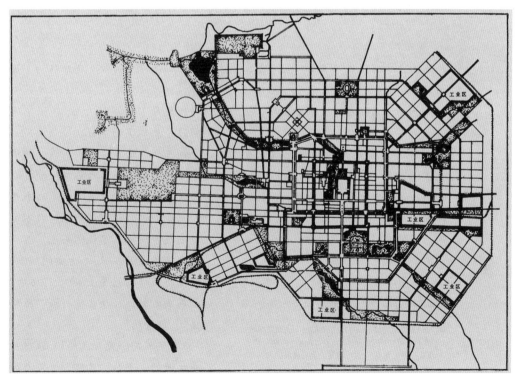

1953 年陈占祥提出的《北京市总体规划 (乙方案)》。在行政中心区设于旧城的要求之下，这个方案提出将行政机构集中安排在平安里、东四十条、菜市口、磁器口围合的区域之内，主张完全保持旧城棋盘式道路格局，放射路均交于旧城环路上，铁路不插入旧城，把铁路总站设在永定门外（来源:《建国以来的北京城市建设》，1986 年）

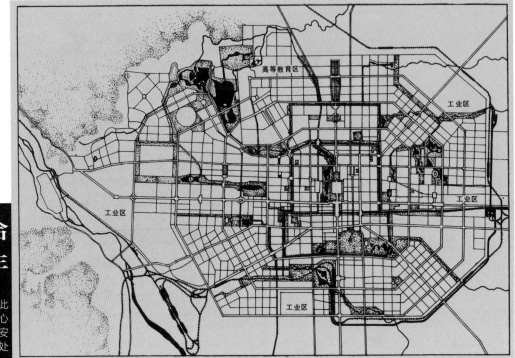

1954年中共北京市委规划小组提出的《北京市规划草图·总图》（修正稿）。这个方案在苏联专家的指导下完成，提出将东南、西南两条放射干道插入磁器口、菜市口，行政中心区设于旧城中心区，把北京建设成为强大的工业基地，"打破旧的格局所给予我们的限制和束缚，改造和拆除那些妨碍城市发展的和不适于人民需要的部分，使它成为适应集体主义生活方式的社会主义城市"（来源：《建国以来的北京城市建设》，1986年）

很伤心，拆得干干净净的！当年拆三座门❶的时候，梁先生哭了。不该拆的都拆了，盖起房子就要加屋顶，古都风貌不能这样搞。❷

最滑稽的是规划和计划这两个词。五十年代初，苏联专家穆欣（A. S. Mochin）一听说都市计划委员会这个名称，就表示反对，说这不是计划，而应是城市设计，他认为城市设计是计划的一部分。穆欣是莫斯科的总规划师，我最欣赏他。他的本意是计划与城市设计不能分家，他多次讲了这个问题，但翻译翻不出来，就用规划这个词来代替城市设计。所以，都市计划委员会后来改名为都市规划委员会。这很滑稽，穆欣的本意是城市设计，而我们却只认为是规划，只不过把计划这个词改成了规划而已。

我与华揽洪在甲、乙方案问题上，在拆不拆城墙的问题上，争吵得厉害。后来在反右时，一块儿被打成"陈华联盟"，很滑稽！

"罗马不是一天盖成的"，城市是不断生长的。罗马、巴黎、伦敦都经

---

❶ 指天安门东西两侧的明代建筑——长安左门与长安右门，1952年8月被拆除。——笔者注
❷ 1993年北京市提出"夺回古都风貌"，大量新建筑被"穿靴戴帽"，安上了中国传统式屋顶、门楼、亭子、垂花门等"饰物"，这一时期此类新建筑的代表作即北京西站。——笔者注

过改造的过程。关键是我们要自己掌握自己的命运。城市要有整体性，要和谐。这是潜移默化的，会影响人的。可有的人有权，想怎么弄就怎么弄。

北京有一条路，月坛南街，老百姓叫它社会路，这是我和华揽洪一起设计的，是1954年设计的，有300多米长。华揽洪设计平面，我设计立面，盖起来后，老百姓管它叫社会主义大路。五十年代初，时兴建一条街，我认为要建和谐的一条街。一条街的建筑要和谐、美观又实用，既要有统筹的平面计划，还要有周到的立体设计。社会主义的优越性就体现在整体上。这条大街的建筑有变化，但又是统一的。可惜在"文革"中，建筑上的雕刻被毁了，但整体面貌仍保存了下来。我们搞建筑的，就怕看自己的旧作品，但我今天看了，觉得很自豪。

穆欣欣赏《建筑十书》，我在英国读书时知道这本书，花50英镑买了一部十八世纪的版本。后来我到美国访问，知道这本书在拍卖行已值3000美元。这本书已能从城市设计的角度来考虑城市，尽管那时还没有城市设计这个专业。

英国有位建筑师，写了一本小书，说建筑有的是"有礼貌的建筑"，有的是"没有礼貌的建筑"，我很赞成这个观点。今天的建筑很多是没有礼貌的。我认为，社会主义的建筑必须有礼貌，新的要尊重旧的环境。

1995年1月13日，陈占祥先生在首都建筑设计汇报展的专家座谈会上发言，我在现场作了录音。陈先生

1954年陈占祥设计立面、华揽洪设计平面的月坛南街是新中国初期北京市少有的统一规划建设的街道，被称为"社会主义大路" 王军摄

逝世后，他的次子陈方先生将录音整理如下：

　　我们现在讨论建筑创作和夺回古都风貌，这里主要是要确定许多东西，我看就是一个整体性，就是城市的整体性，这就是规划。说到规划，我觉得有件事需要讲一下，规划和计划这两个词据我所知在俄文里面的区别是非常非常小的，只有几个字母的变化，计划就变成了规划。规划要区别于计划，规划是什么？就是城市设计，建筑在城市里面的地位。这就是我们讲到的规划。当初这个词据出以后，我们一下子就将计划变成了规划。现在这么多年过去了，现在到今天规划这个概念就是目前城市规划的概念才被我们理解和逐步掌握。今天的讨论说明得很清楚了。我看规划与城市设计是值得我们注意的。

　　我现在讲"恢复古都风貌"。一个城市的最后成功、定型，要经过很长的时间和历史阶段。比如世界上著名的经典城市，威尼斯的圣马可广场、梵蒂冈的圣彼德广场等，它不是很短

北京西站是1990年代北京市"夺回古都风貌"的代表作　　王军摄

的时间形成的，这是经过几个世纪才形成的，形成的过程是通过建筑师把城市的整体性保留下来，继承下去。我们今天的问题，北京风貌的消失，主要是规划上我们出了问题，整体性断了，断层了，如果是这样理解提出问题的话，我们古都风貌是完全可以夺回来的，这是符合城市建设，符合城市发展规律的。

　　西方有一句古话："罗马不是一天建成的。"所有的城市都是这样，不是几年里建成的，都要经过很长的时间。城市在发展，在建造的过程中逐渐地改过来而成为完整的城市。我觉得北京也将经过这个过程。这种情况在西方也一样，比如伦敦，也是很重视城市风貌的，"二战"后四十多年，他们也发生了问题，有些人也在讲伦敦的风貌丢失了。我看也差不多，经过四十多年的建设发展，伦敦的风貌变了，是非常遗憾的。怎么办？就是悟出城市规划的概念，贯彻城市建设的整体性，这是很容易做到的。北京市的确有许多遗憾的事情，只有坚持建筑繁荣，建筑设计思想中能正确地对待（城市建设的整体性），我想古都风貌是能夺回来的，只有通过这个过程能夺回来。

　　我非常同意张祖刚同志讲的，现在在市场经济的冲击下，个体建筑来势实在太凶猛，大有洪水猛兽的那种味道。但是这并不可怕，终究建筑是可以改变的，尤其是北京市的目前局势完全有可能改变。我们现在看到的建筑高高低低地凸现，没有多少生

命，我们真正看到的城市，上面的部位你其实是看不到的，你能看到的其实是目视的水平。换句话说，我们现在建的道路十分宽，但以视觉上看到的也就是四五十米高，这条视觉线非常重要。现在的城市建得虽然十分的高，但行人走路决不会两眼望天，这样行走是要惹祸的。如果在行人的视觉高度内，在这种情况下，我们通过建筑创作，我们假如在建筑创作中不要把左邻右舍忘了，我想我们能创作新的古都风貌，这新的风貌，就是如果我们还能记住，还没有忘掉的旧风貌中的特色，我想我们有可能把现有的一些建筑拉到古都风貌上来，这是完全可能的，关键问题是建筑设计。今天在建筑设计上，最令人讨厌、麻烦的一个问题就是个体建筑，它强调个性，现在的一些建筑的确十分可怕，张牙舞爪，让人害怕，这使我想起了一位英国建筑师发表的一个小册子，书中提到建筑、建筑设计中的有礼貌和没有礼貌，"badman and goodman architect"，有礼貌和没有礼貌的建筑师。我非常欣赏这本小册子，有许多的共同语言。建筑中的有礼貌与没有礼貌，在建筑中是非常重要的，不知怎么搞的，我们始终没有搞好，总有这种毛病。当初修建长安街的时候，第一次是建"四大部"——纺织工业部、煤炭部、外贸部、公安部，这些建筑摆在一条路上，虽然回想起来很简单，它们没有张牙舞爪的东西，规规矩矩，不过每栋楼它们有自己的中轴线，两旁对称，所以这些建筑也不能强拉在一起，你是你，我是我，我中间一坐，按中国的传统，左右两厢，你这样，我也这样，互相说不上话，无统一性，今天也一样。所以我想，我们一定要强调建筑的整体性。

我非常欣赏清华大学图书馆，的确非常好，有人性。它本身提出了如何把图书馆摆到周围的建筑群中的问题，而且完全是根据清华大学以前存在的建筑，根据原来那种建筑风格摆到今天去进行建筑设计的，所以得了奖。它在设计上非常好，没有伤害人家，也没有伤害自己，非常好，我们要的就是这样的创作。

对不起我说多了，我想，我们如果能做到这一步，古都风貌就能夺回来。关键是建筑设计中的整体性、建筑规划和城市整体设计。

陈占祥先生逝世后，我两次到上海衡山路踏访他在解放前驻足过的集雅公寓。1949年5月，已购得飞机票准备离开大陆的陈占祥，正是在这里被解放军严明的军纪打动，以至痛哭失声，将飞机票撕得粉碎。

那时，他的导师阿伯克隆比正在给香港做城市规划，希望他能过去协助。可陈占祥终还是给在北京的梁思成写了信，毅然北上。阿伯克隆比深爱他的这位高足，陈占祥1946年因北平市政府请他做北平的规划，未及完成博士学业，便决定归国，这得到了阿翁的支持。

阿翁写了一封信托陈占祥带给蒋介石，陈家与蒋家是世交，陈当时在

1949年5月，上海解放，居住在衡山路集雅公寓的陈占祥被解放军严明的军纪打动，遂放弃离开大陆的计划，北上投身首都建设事业。图为集雅公寓　王军摄

英国已是颇有名气的学者，还是社会活动家。在归国的客轮上，陈读阿翁信，信中，阿翁对陈的才华大加称赞，并称要是哪一天陈当上贵国的总统，他也不会感到惊讶。陈大惊，将信弃入海中。❶

林洙女士告诉我，费正清先生的夫人费慰梅女士一次向她询问陈占祥是谁，说如果这个人在国际上这样有名气，她怎会不知道。林洙女士即以陈占祥的英文名相告，费女士感叹，原来是他呀！

2004年6月3日，我在巴黎拜访了92岁高龄的华揽洪先生，和陈占祥先生一样，他也是在家里穿西装打领带迎我。谈起反右时被打成"陈华联盟"的旧事，华先生说，1957年鸣放时，他和陈占祥一次被请到北京市政府提意见，两人先在一间办公室里商量怎么说，决定分一下工，陈主要讲规划问题，华主要讲建筑问题，这正好被市府的一位秘书听见，才有了"陈攻规划、华攻建筑"的罪名。

被打成右派后，华揽洪先生在北京十分寂寞。1977年举家迁巴黎，依然寂寞。华先生对我说："如果你在巴黎有朋友想找人设计房子，不妨给我介绍介绍。"他那双绘图的手，确实是痒得很。我说："北京有项目

❶ 此故事是笔者在陈占祥先生逝世后，从他的家人和同事处获知的。——笔者注

您愿意设计吗?"他答:"我年纪老了,北京太远了。"

被打成右派后,陈占祥数度想自杀,终还是放弃了,因为不甘心,还想做些事情;晚年他赴美讲学,接受美国学术界给予的诸多荣誉,有人劝他留下来,他谢绝了。他对女儿说,自己被耽误了二十多年,剩下的时间不多了,特别想利用自己身体还好的时候,为国家多做点事情。

他的一生,壮志未酬,却获得了与一个伟大城市共命运的意义。

2005 年 3 月 17 日

徐苹芳先生的底线

"不成，那绝对不成，不能再这样拆了！"他唠叨着，本能地唠叨着。梁思成先生当年所说的挖肉剥皮之痛，该是如此吧？

5月22日上午，我在天津大学采访王其亨先生时，远在新疆出差的89岁的谢辰生先生打来电话："今天凌晨5点40分，徐苹芳先生走了！"我心中一阵绞痛。

"没人啦！"谢辰生先生在电话那边大声叹息。

这消息对我来说太突然了。因为就在过去几个月里，我还不时在媒体上看到徐苹芳先生为文物保护大声疾呼，他的精神是那么强大，怎么说走就走了呢？

我与徐苹芳先生最后一次见面，是去年9月16日在故宫博物院举办的《谢辰生先生往来书札》《谢辰生文博文集》的新书首发式上，我感到他的身体已大不如从前——瘦了，弱了，不再是满面红光；他坐在台下，不愿多语。

那天，走到台上讲话的谢辰生先生也是强打精神，他正在化疗之中，刚说几句话，就大汗淋漓。

谢辰生先生和徐苹芳先生是两位著名的抗癌老人，多少年来，他们忍受着病痛的折磨，却始终挺直了腰杆，以视死如归的气魄，支撑着中国人的良心。

"北京是世界上独一无二的历史文化名城，国际上给予了极高的评价，是祖先留给我们的一份珍贵的遗产。保护好并使之传至后代，不仅仅是北京市委、市政府的历史责任，而且是我们这一代人的共同责任。您们是当前我们党和国家的最高领导，理所当然地负有这个责任。"打开《谢辰生先生往来书札》，我看到2003年8月4日，谢辰生先生用遒劲的行楷写给胡锦涛、温家宝的信札。

上周，我收到最新一期《北京规划建设》杂志，一打开，就看到徐苹芳先生的文章《守住旧城保护的底线》："现在我们要保护仅存的历史文化名城的残迹是半个世纪努力下仅存的成果，如果还要在这些仅存的历史文化遗产上动土，就是违反了国务院关于《北京城市总体规划》的批示，一定要守住这个底线。"

这该是徐苹芳先生的绝笔了！

他至死捍卫的底线，分明是我们作为中国人的底线啊。

拆与保这台"绞肉机"

"没人啦！"谢辰生先生的这声叹息，深深刺痛着我的心。

在北京历史文化名城保护委员会专家组，谢辰生先生和徐苹芳先生，是最为强硬的保护派。在过去的这些年里，他们不时被邀请去论证这个项目该怎么办，那个项目该怎么办。我也不时接到他们打来的电话，知道多少次论证，都把他们弄得精疲力竭，寝食难安。

这是怎样的一种情形呢？

2005 年 1 月，国务院批复《北京城市总体规划 (2004 年至 2020 年)》，后者明文规定："重点保护旧城，坚持对旧城的整体保护" (第 60 条)；"保护北京特有的'胡同—四合院'传统的建筑形态" (第 61 条)；"停止大拆大建" (第 62 条)。这个《总体规划》，让一直为北京历史文化名城保护和可持续发展奔走呼号的老先生们欣喜若狂。可形势依然严峻，北京旧城之内，还有相当一批在《总体规划》修编之前就已确定要实施的危改项目，这些

徐苹芳在自家宅院门口　王嘉宁摄

项目如果不能停止，《总体规划》就难以落实。

针对这一情况，2005 年 2 月，谢辰生先生起草并与郑孝燮先生、吴良镛先生、罗哲文先生、傅熹年先生、李准先生、徐苹芳先生、周干峙先生共同签名的意见书递交至北京市有关领导："建议政府采取果断措施，立即制止目前在旧城内正在或即将进行的成片拆除四合院的一切建设活动"，"对过去已经批准的危改项目或其他建设项目目前尚未实施的，一律暂停实施"。

他们深知，要把这些危改项目全部叫停存在许多困难，亟须一个切实可行的解决方案。他们提出建议："要按照《总体规划》要求，重新经过专家论证，进行调整和安排。凡不宜再在旧城区内建设的项目，建议政府可

采取用地连动、易地赔偿的办法解决，向新城区安排，以避免造成原投资者的经济损失"。

他们提出这个方案有着充分理由，因为刚刚被国务院批复的《总体规划》，正是希望控制北京市中心区的建设规模，重点发展新城，改变长期以来在老城上面建新城而形成的引发严重交通拥堵和环境污染的单中心城市结构。而适时将旧城内的危改项目投资转移到需要重点发展的新城，正可既保护好旧城，又建设好新城，带动城市结构的调整。

这个建议看似顺水推舟，却给决策者出了一道难题，因为这牵扯一系列复杂问题，包括不少危改项目已实际发生交易费用。结果是，2005 年 4 月 19 日，北京市政府对旧城内 131 片危改项目作出调整，决定 35 片撤销立项，66 片直接组织实施，30 片组织论证后实施。这样，在《总体规划》被批复之后，北京旧城之内，仍有总计 96 片的危改项目获准直接组织实施或组织论证后实施。

这之后，作为专家组成员，徐苹芳先生被一次次邀请参加旧城内的危改项目论证。他生命的最后几年，便卷入到拆与保这台"绞肉机"里，个中滋味可想而知。如果严格按照新修编的《总体规划》，这些危改项目都是应该被禁止的，还有什么必要论证呢？他又不得不去，因为"总得有人去说说话，能多留一点儿是一点儿"。论证会上，他的声音特别刺耳，还不断发表公开的意见。"我们必须与媒体接触，"他说，"名城保护事业，是公事，不是私事！更不能假公济私！"

在专家组里，并不是每一位专家的意见都完全一样，有的人甚至是完全不一样。在有人主张拆、有人主张保的"论证"里，意见岂能获得一致？这是不是就给自由裁量留下了空间？给违反《总体规划》的行为寻得了"突破口"？是不是通过这样的"论证"，就可以把历史文化名城保护——甚至是破坏——的责任，完全推给专家？每一次与徐苹芳先生谈起这些事情，我都能感到郁积在他心中的苦闷有多么深重。

事实上，《总体规划》施行之后，对北京旧城的拆除一直没有停止，且多是经过了那样的"论证"。徐苹芳先生就住在元大都的一条胡同里，推土机都推到他的家门口了，他的心中承受着多么大的悲哀？

"不成，那绝对不成，不能再这样拆了！"他唠叨着，本能地唠叨着。梁思成先生当年所说的挖肉剥皮之痛，该是如此吧？

"必须服从整体保护！"

2000 年 2 月 27 日，徐苹芳先生与傅熹年先生提出《抢救保护北京城内元大都街道规划遗迹的意见》，有言曰："今日北京内城的前身是元大都城。元大都是元朝统一全国后规划设计的新都，它废弃了隋唐都市封闭式里坊制的规划，采用了北宋汴梁出

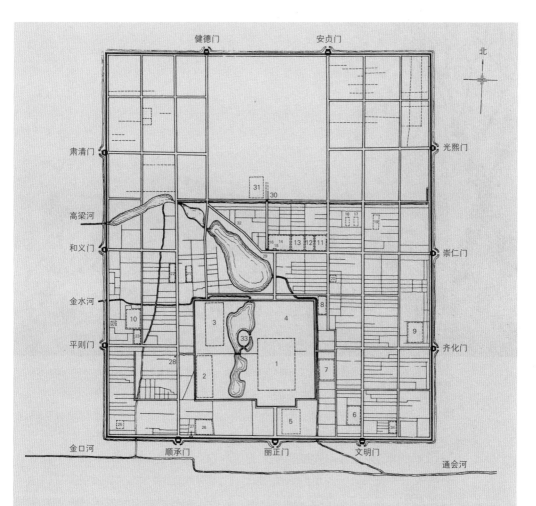

北

健德门　安贞门

肃清门　　　　　　　　　　　　　　　　　　光熙门

高梁河

和义门　　　　　　　　　　　　　　　　　　崇仁门

金水河

平则门　　　　　　　　　　　　　　　　　　齐化门

金口河　　顺承门　　丽正门　　文明门

通会河

1. 大内	10. 社稷	19. 柏林寺	28. 万松老人塔
2. 隆福宫	11. 大都路总管府	20. 太和宫	29. 鼓楼
3. 兴圣宫	12. 巡警二院	21. 大崇国寺	30. 钟楼
4. 御苑	13. 倒钞库	22. 大承华普庆寺	31. 北中书省
5. 南中书省	14. 大天寿万宁寺	23. 大圣寿万安寺	32. 斜街
6. 御史台	15. 中心阁	24. 大永福寺（青塔寺）	33. 琼华岛
7. 枢密院	16. 中心台	25. 都城隍庙	34. 太史院
8. 崇真万寿宫（天师宫）	17. 文宣王庙	26. 大庆寿寺	
9. 太庙	18. 国子监学	27. 海云可庵双塔	

0　　500　　1000　　1500 M.

元大都图（来源:《中国古代建筑史》，1984 年）

2002年12月7日，推土机逼近北京东城区南小街的法兴寺。这片区域拥有元大都最典型的胡同街巷，虽经徐苹芳、傅熹年呼吁保存，仍被大规模拆除　王军摄

现的新的规划体制，是我国历史上唯一一座平地创建的开放式街巷制都城。考古学的发现和研究证明今天北京内城东西长安街以北至北城墙内的街道基本上都是元大都街道的旧迹，明清两代主要是改建宫城和皇城，对全城的街道系统未作改变，故元代规划的街道得以保存。如以东城为例，东垣之朝阳门至东直门之间平列有胡同22条，胡同之间距均为77米，是保存元大都街道和胡同遗迹最典型的地段。完成于13世纪中叶的元大都是中国古代都城规划的最后的经典之作，又是当时世界上最著名的大都会之一汗八里，这样一座具有世界意义的历史名都，能有700年前的街道遗迹保存在现在城市之中心，在世界上也是罕见的，是值得我们珍视和骄傲的。"

就在这一年，北京市五年完成危旧房改造的计划，全面铺开了。徐苹芳先生与傅熹年先生在《意见》中呼吁保护的"建内大街以北至东直门大街以南这一保存元大都胡同旧迹最典型、保存较高质量大中型四合院最多的地段"遭到大规模拆除，他们提出的"自东西长安街以北至明清北京北城垣——即北二环路之间的街道布局，皆为元大都街道之旧迹，应列为一般保护区，不再开拓新的街道"，也未能成功。

也是在这一年，北京市在旧城内划定了25片历史文化保护区，占旧城面积的17%。保护线划到了哪里，拆除线也就划到了哪里。保护区之外，唐辽金故城、元明清故城，被大片大片夷为平地。2000年至2002年，北京市共拆除危旧房443万平方米，相当于前十年拆除量的总和。

"不成，那绝对不成，不能再这样拆了！"行笔至此，我的耳边又回荡起徐苹芳先生急迫的声音，眼前又浮现出他那焦虑万分的神情。好几次，他跟我谈起孤立地划出一些保护区、一边保又一边拆的做法，就急得直跺脚。

他是个不屈服的人。2002年6月，他在《论北京旧城的街道规划及其保护》一文中提出，中国古代城市与欧洲的古代城市有着本质的不同。欧洲古代城市的街道是自由发展出来的不规则形态，这便很自然地形成了不同历史时期的街区。中国古代城市从公元3世纪开始，其建设就严格地控制在统治者手中，不但规划了城市的宫苑区，也规划了居住在城中的臣民住区（里坊），对地方城市也同样规划了地方行政长官的衙署（子城）和居民区。

"可以断言，在世界城市规划史上有两个不同的城市规划类型，一个是欧洲（西方）的模式，另一个则是以中国为代表的亚洲（东方）模式。"徐苹芳先生写道，"历史街区的保护概念，完全是照搬欧洲古城保护的方式，是符合欧洲城市发展的历史的，但却完全不适合整体城市规划的中国古代城市的保护方式，致使我国历史文化名城的保护把最富有中国特色的文化传统弃之不顾，只见树木，不见森林，

捡了芝麻，丢了西瓜，造成了不可挽回的损失。"

他始终反对只划出若干片保护区进行"分片保护"的做法，竭力主张根据中国城市营造的传统，施行最为严格的整体保护。在这个大拆建的时代，他发出了城市遗产保护的最强音。

我也理解支持施划保护区的人士的苦衷——如果不划出这几片保护区，旧城恐怕一下子就被拆光了，连这几片都不会留下。事实上，就是这样划保护区，也是如上刀山啊，因为有的人就是不愿你多划上一片。拆的力量如此强大。打开《北京旧城二十五片历史文化保护区保护规划》可以看到，即便是在保护区里，仍有一个可拆范围——保护区由重点保护区和建设控制区组成，其中建设控制区可"新建或改建"，占保护区面积的37%；道路扩建工程随处可见。2004年，推土机推到了中轴线的鼓楼脚下，旧鼓楼大街要开大马路，而这正是对保护规划的"执行"。徐苹芳先生坐不住了，他与梁从诫先生等19位文化界人士联名致函世界遗产大会，呼吁"关注世界文化遗产北京紫禁城周边环境的保护，停止对北京古城的拆除、破坏"。他们在信中陈述："持续多年的拆除，使得北京成片的胡同、四合院已经越来越少。景山以北至什刹海、钟鼓楼地区是老北京最后的净土之一，如果不采取正确的保护措施，仍然沿用大拆大建、修宽马路的做法，那么，老北京最后的风貌

也即将消失!""对北京古城的保护和抢救已经到了最后关头。对北京古城的拆毁不仅直接危及世界遗产紫禁城的保护,也将是人类文化的重大损失"。

北京旧城仅占1085平方公里中心城面积的5.76%,它岂会拽住城市发展的脚步?这个中古时代的城市,被马可·波罗赞为"世人布置之良,诚无逾于此者",被埃德蒙·培根赞为"人类在地球表面上最伟大的个体工程",被梁思成赞为"都市计划的无比杰作",可它就在这样的"保护"中消逝着。

可以想象,得知《总体规划》确定了整体保护之后,徐苹芳先生该是何等欣狂,之后,心中又会是何等纠结。这一版《总体规划》并未如他所愿——将旧城划为完整的一片保护区,只是将旧城内的保护区增至33片,占旧城面积的29%。推土机又寻得了借口,去推倒那些为数更多的未能被保护区庇护的家园。

"必须服从整体保护!"徐苹芳先生的本能一次次爆发。《总体规划》关于保护机制的规定——"推动房屋产权制度改革,明确房屋产权,鼓励居民按保护规划实施自我改造更新,成为房屋修缮保护的主体"——给了他信心,让他有理由认为,既然《总体规划》规定了让老百姓自己修房子、他们是实施保护的主体,开发商再来拆就不能被允许了;让他有理由相信,在现有的法规、政策框架内,保全旧城也是完全可以做到的。

可是,拆除者就是拿着那个"分片保护"为难他,似乎将33片保护区之外的老城区全部荡光,也是在依法办事。更不要说那些拆你没商量的权势部门了。

更让他坐立不安的是,即使是在33片保护区之内的南池子、鲜鱼口,也是以开发商为主体来进行拆迁式"保护",尽管《总体规划》提出的保护条款,已在南锣鼓巷、烟袋斜街的实践中被证明是完全可行的,可是,这样的经验还未能得到普及……

老北京就在生死未卜之间,徐苹芳先生,您怎么舍得离去?

元大都啊元大都

在北京城的研究上,徐苹芳先生是一位里程碑式的大学者。

我们现在看到的元、明、清北京城市历史地图,就是他绘制的,它们被学术界评价为"迄今唯一的把考古材料和历史文献相互结合并以科学方法绘制的古代城市历史地图,使北京成为古今重叠式城市考古学研究的一个范例"。

谈及自己对北京城的研究,徐苹芳先生念念不忘赵正之先生的贡献。他一再强调,他的研究是在赵正之先生研究的基础上完成的,"只有赵正之先生的文章出来后,我才能讲元大都的事儿"。

1955年,徐苹芳先生毕业于北京大学历史系考古专业,之后,他到南开大学历史系任助教一年，1956年回到北京，任职于中国科学院考古研究所（现中国社会科学院考古研究所），并到清华大学聆听刘致平先生（1909～1995）、赵正之先生、莫宗江先生开设的中国建筑史课程，与赵正之先生相识。

1957年，徐苹芳先生跟从赵正之先生对北京古城作系统研究，试图弄清一个问题：举世闻名的元大都是否还活在现存的都市之中？

赵正之先生注意到，北京内城东西长安街以北，街巷横平竖直、规规整整，这种规整的街道布局，究竟是明清时期形成的，还是在更早的元大都时期形成的？经过研究，1957年，赵正之先生提出东西长安街以北的街道基本上是元大都的旧街，这在北京城市史研究上是一次重大突破。

1960年代初，赵正之先生患肺癌，无力写出他的研究成果。在宿白先生建议下，徐苹芳先生每周到医院一次，记录赵正之先生的口述，历时两月。"他说话，声音都哑了，"徐苹芳先生向我回忆，"他也实在没力气了，秋天就故去了。"

那一年，是1962年。与赵正之先生诀别后，徐苹芳先生马不停蹄地展开元大都考古学调查，证实了赵正之先生通过文献研究与初步的实地调查作出的判断：元大都的中轴线即明代的中轴线，两者相沿未变；今天北京内城东西长安街以北的街道胡同，就是沿袭了元大都的规划。

1966年，徐苹芳先生记录整理

在中国营造学社工作时期的赵正之　清华大学建筑学院资料室提供

的赵正之先生遗著《元大都平面规划复原的研究》，就要在《考古学报》上面世，杂志都印出来了，没来得及装订，便被当废纸处理，因为赶上了"文化大革命"。

在那个大浩劫的时代，雄伟的北京城墙被连根挖掉。1969年，拆西直门时，发现明代的箭楼内裹着元大都和义门瓮城，徐苹芳先生带领元大都考古队赶赴现场进行抢救性发掘。"和义门出来了，往上报，怎么办？陈伯达（1904～1989）批给郭沫若（1892～1978），请郭老斟酌处理。"2003年，徐苹芳先生向我回忆，"郭老一天下午赶到现场，我陪同，他一句话也没说。过几天，就拆了！'四人帮'倒了，夏鼐（1910～1985）有一次接见外宾时见到郭老。郭老说，和义门真不该拆啊，太可惜了！夏鼐说，你为什么不保呢？郭老说，我连

梁思成拍摄的 1935 年修缮之前的西直门箭楼，这处明代箭楼内藏元大都
和义门瓮城城门。1930 年代梁思成对北京明代城门作了系统的拍摄、测绘，
因"七七事变"日本全面侵华，梁思成被迫流亡后方，调查报告未能最后
写出　清华大学建筑学院资料室提供

自己都保不住了！"

"文化大革命"结束后，在徐苹芳先生的努力下，赵正之先生遗著终于在 1979 年出版的《科技史文集》第二辑中得以发表。

1997 年，我在清华大学查阅档案时，看到 1960 年 1 月 14 日梁思成先生的工作笔记，其中记录了赵正之先生在清华大学建筑系历史教研组会议上的发言："大都中轴无用，想不通。"

梁思成先生同时记下了莫宗江先生的感叹："'没有考虑'许多东西。（主要是没有考虑对社会主义建设有何用。）完全从文献出发。"

赵正之先生和莫宗江先生，同为

梁思成先生的学生，师徒三人分享着这样的苦恼，浸透着怎样的酸楚？

"我可以预言，若干年后，一个城市中有没有保留自己历史发展的遗痕，将是这个城市有没有文化的表现。"1998 年，徐苹芳先生在《现代城市中的古代城市遗痕》一文中写道，"考古学家现在正从事的中国古代城市的考古工作的现实意义也正在于此。"

这该是对"大都中轴无用"的回答吧？

匹夫不可夺志

徐苹芳先生对中国学术的贡献，实非我的笔力所能记载。兹将考古学界拟就的《徐苹芳先生生平》摘录如下——

先生长期致力于中国历史考古学的研究，以兼通历史文献学著称于学

1950 年修缮后的西直门。此处城门之方形瓮城，延续了元代瓮城的做法。1953 年，北京市决定拆除西直门筑路，遭到梁思成反对，西直门得以暂存至 1969 年　罗哲文摄

1969 年在北京地铁建设中，西直门城楼被拆除　罗哲文摄

拆除西直门时，在明代箭楼内发现元代和义门瓮城城门，经考古工作者发掘整理，和义门瓮城城门的门洞及上部构造得以呈现　罗哲文摄

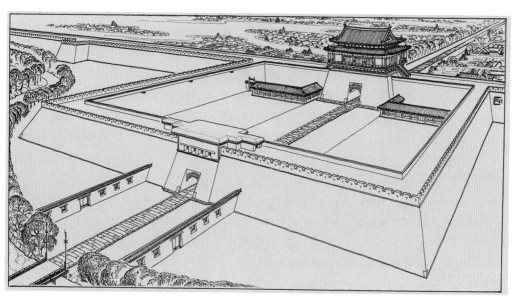

元大都和义门瓮城复原图（来源：《傅熹年建筑史论文集》，1998 年）

界。先生主持了北京金中都、元大都、唐宋扬州城、杭州南宋临安城的考古勘查和发掘工作，研究领域涵盖中国历史考古学诸多领域和重大课题，特别是在中国古代城市考古、汉代简牍和宋元考古研究上成就卓著。1989年至1991年，先生作为中国社会科学院考古研究所所长兼《考古》杂志主编，组织了"文明起源课题组"，通过主持召开座谈会、组织学术考察、发表笔谈等形式，有组织、有计划地探索中国文明起源的研究工作。这种由国家一级学术研究机构主持的多家研究单位参与的有计划的研究举措，使中国文明起源研究获得了实质性的进展，开启了中国文明起源研究的新阶段。

"平生无大志，只愿清清白白做人，老老实实治学。"这是1998年，徐苹芳先生写下的话语。

我与徐苹芳先生相识，是在1997年2月1日。那天，我去采访北京大学城市与环境系召开的一个学术座谈会，与会十多位学者，包括侯仁之先生、刘东生先生（1917～2008）、吴良镛先生、张开济先生、俞伟超先生（1933～2003）、吕遵谔先生，还有徐苹芳先生，他们联名呼吁："最近在北京王府井'东方广场'工地发现的古人类文化遗迹意义重大，在大都市中心区发现古人类遗迹举世罕见。这对我国人类学、地质学及北京文化史研究等有着极其重要的价值，并且是一项具有世界意义的发现。国家有关部门应该高度重视这项工作，

加强科研力量，以取得高水平的科学成果，永久保存这一宝贵的人类文化遗产。"

会后，徐苹芳先生与我同乘公交车从北大返城，我得缘与他一叙，话题还是那个"东方广场"。

彼时，在故宫东南侧建设的"东方广场"大厦，因设计方案突破《北京城市总体规划（1991年至2010年）》的高度限制，建成后将以巨大的体量对故宫形成压迫之势。徐苹芳先生曾在一次政府部门组织的会议上直言："你'东方广场'这样建，是违法的！你置故宫于何种地位？你是不是想让故宫像一条狗那样趴在你边上？！"

"三军可夺帅也，匹夫不可夺志也！"他确实有一种磨不掉的本能啊。

2003年，拙作《城记》出版之后，《读书》杂志召开了一个座谈会，徐苹芳先生亲自到场，让我受宠若惊。他在发言中指出，1911年辛亥革命之后，北京旧城的变化大致可分为三个阶段，一是1950年以前的第一个阶段，二是20世纪50年代至80年代的第二个阶段，三是20世纪80年代改革开放以后的第三个阶段。

徐苹芳先生有言曰："第二个阶段中的两种意见，即《城记》中所记的史实，已清楚地显示出是对北京城市规划的不同意见，反映的是建国初期对新中国城市规划设计思想的分歧，核心问题是如何对待中国历史文化遗产的态度，这既是学术问题，也是对城市建设这个新事物的认识问题，但绝无钱利之事。这个争论是理念性的，

健德门　　　　　　　　元城

德胜门　　明城墙

西直门

1943 年美国第十八航空队摄制的北京航拍拼贴图上显示的明城墙以北元大都城墙遗存　傅熹年提供

这张图上, 元大都城墙的马面 (城墙上等距离分布的外凸墩台, 也称敌台) 与东北角墩台、西北角墩台清晰可见, 健德门、安贞门、光熙门尚有瓮城残迹。其中, 健德门瓮城残存东西两面城墙, 安贞门瓮城残存部分西面城墙, 这两处城门的瓮城似为方形, 与西直门、东直门一致; 光熙门瓮城为弧形, 西直门、东直门之外的明代城门与之相似。这张拼贴图上, 健德门、安贞门的东西两侧未能完全对齐, 安贞门处错开较甚。此图显示的明城墙以北被废弃的元大都城区, 是 1960 年代徐苹芳领导的元大都考古队重点调查的区域, 在这里探明的元大都胡同街巷, 其分布规律与明城墙以南、东西长安街以北的城区相合, 1957 年赵正之提出的东西长安街以北的街道基本上是元大都旧街的观点得以证实, 这是北京城市史研究的重大突破。

是完全公开的，当然也伤害了许多著名学者的感情。第三个阶段的问题则完全不同，在进行大规模城市改造的同时，房地产开发商参与进来，这个新的因素构成了第三个阶段中国历史文化名城保护的特点，在利欲的驱动之下，官商勾结，唯利是图，暗中操作，恣意破坏中国政府公布的一百零一个中国历史文化名城的保护。以北京为例，在北京旧城的内城之内，把公元1267年（元至元四年）兴建的元大都城市街道，以'推平头'的方式成片铲平。元大都的城市规划的街道系统一直延续到明清北京旧城，我们再三呼吁说明北京旧城在中国古代都城史上和世界都城史上的地位及其价值，似乎未被当局所重视。"

"我建议作者要把北京历史文化名城保护的历史，补上辛亥革命（1911年）以后至1950年的第一阶段，再补上20世纪80年代以后至今的第三阶段。把保护北京历史文化名城的事迹以及破坏北京历史文化名城的劣迹，都如实地写出来，传给我们的子孙后代。历史是无情的，每个人的所作所为都要向历史做个交代。"

徐苹芳先生逝世后的这些日子，我的心中始终回荡着他的这番话语。

这是他老人家对我的最后嘱托了。

2011 年 6 月 10 日

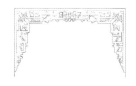

后 记

《拾年》一书即将杀青，我校阅书稿至"梁林故居"一章时，忽闻这处故居惨遭拆毁，愤忿之情难以言表，不得不离开书桌赶赴现场。今天，终于能够回到桌前，再将匆忙写下的几篇关于这处故居的文章收入书中。这样，原计划编入2001年至2011年有关北京城市建设文稿的这本书，增收了2012年的文字，索性再将写于2000年关于曹雪芹故居的那篇文章也收入其中，前后各错出一年，正可让读者对这十年看得更加立体和真切。

从曹雪芹故居到梁思成、林徽因故居，形成了历史的回应。前者未得到保护，是政府部门未采信主张保护者的意见；后者被拆除，则是政府部门采信了主张保护者的意见并作出行政决定之后，遭到开发单位的公然挑衅——性质已大不相同了，可这两处故居被拆除的结局仍是一样的。

这构成了一种象征意义。在过去十年里，在北京文化遗产保护事业中，公众参与的力度在不断增强，政府部门已在倾听、合作，开始意识到这是善治的必需，诚是可贵的进步。可是，推土机仍保持着强大的惯性。这个城市已制定了一部要求整体保护旧城的总体规划，可是，它不会自动成真，仍需要每一位热爱自己故乡的公民持之以恒的努力。

作为一位根基于北京的新闻记者，我目睹了这个城市发展变迁的许多重大事件，不断告诫自己要尽力记录、报道，却时常为自己力不能逮、未能尽职的方面愧疚不已。置身于矛盾的夹缝之中，平衡地观察、记录，是记者的天职，这正可为每一篇报道构架起最为真实而戏剧的线索，可每一次酣畅地落下最后一笔，心中总会积淀下沉重的思绪——为什么故事的主人公们竟是如此难以沟通？

2005年，联合国教科文组织在北京为《城记》举办了一个座谈会，我作了发言，题为《增进社会沟通的立场》。我说："我在大学读的是新闻专业，那时，我想的最多的是，我将要从事的职业是为什么？我得出的结论是，实现社会的沟通。所谓communication，仅仅说成传播是不够的，它还有沟通的意思，这是它的价值。所以，使我们这个社会成为一个可沟通的社会，应该是记者的职业归宿。那么，我们应该怎样来完成这个使命？我想，最关键的是不放弃对事实的追求，并以此作为工作的目的。我们不能强加事实任何的东西，因为事实本身就在说话，不用你去打扮它。这样做的结果，当然就是增进社会的沟通，而有了沟通，才会形成共识，也才会有真正的建设。"

我是一个笃信"拿证据来"的人，希望每写完一篇文章如同解完一道数学题，深信"论从史出"，生怕"以论带史"，最恶"以论代史"。每次看到交谈的双方不能心平气和地推杯换盏，竟是以摔碎杯子了事，总是希望为他们打一张桌子，让他们把杯子摆上去——《城记》《采访本上的城市》以及这一本《拾年》，就是我希望摆出来的桌子，希望它们能够为不同意见的人士提供一个可交流的基础，大家把杯子摆上去聊聊天，希望那上面还摆得住，毕竟这些文字提供了大量与今天的生活密切相关的事实，这些事实表述得准不准、"数学题"解得对不对，还可以深究，去证实或证伪，都是为了进步。

我不是一个爱打擦边球的人，我看到的更多情况是，擦边球的边，里面是空的，外面也是空的，请问哪一个空是对的？我们总不能以这一个空去覆盖那一个空，以这一种情绪去湮没那一种情绪，这样的故事毫无新意。桌子里面有做不完的事情啊，只是需要一颗安静的心。所以，我总是提醒自己要静下心来，从桌子的中间做起，虽然它也有边，可毕竟，多多少少打出了一张张小小的桌子的模样了。那么，就请大家把杯子摆上来吧。今天的中国，是多么需要有质量的交流啊。如果我能够为此尽一份力，就没有白来这一世。

人类文明的发展并非春江放舟、两岸鲜花那般惬意，把一切一切的不如人意，归结于一个抽象的敌人，是容易做到的事情，也是毫无意义的事情。我希望我的文字没有这样的敌人，如果有，那个敌人就是我自己，因为我看不惯的人性，我自己身上就有，谁叫我是人呢？所以，看到建筑物因为偷工减料而发生的悲剧，我总是担心我也是那一个偷工减料的人，因为我深知，是偷工减料害死了那些孩子！我不敢说自己做得有多好，但希望始终朝着勤勤恳恳的方向。《拾年》里的文字，和以往的文字一样，皆是经过了自己的一番怀疑，把它们呈现给读者，还是诚惶诚恐，因为它们皆是记者的工作，都有一个截稿时间，都是在被规定了的最短时间内完成的，它们能否经得起历史的检验？唯可慰藉的是，在过去的十年中，我的工作方法有了不少改进，使工作质量能够得到更多的保障，但这仍需要等待读者的审视。

这些年，在新华社与前辈们聊天，每每痴迷于他们亲历的往事，忍不住动员他们先写下来再说，因为那些事情是那么准确地定义了我们今天的生活，不能遗忘啊。记录历史总会遭遇这样或那样的挑战，面临这样或那样的困境，这不足为奇。与太史公相比，我们已是何等幸运。正是因为这个民族拥有一个伟大的传统——把墨浸到纸上的传统，这个民族的文明史未曾中断。这样的事情，总得有人去做，老老实实去做。我们不做，孩子们也得去做。而我们今天，正面对一个有着13亿人口的社会正在经历的空前转型，也面对人类文明自工业革命以来又一次激荡的变革，有太多的事情值得我们去思考、探索和记录。尽管我们的文字，可能在我们活着的时候，不能被完整呈现，但只要我们用心去做，这些文字总会活得比我们长。

我是一个幸运儿，自《城记》之后，我的写作得到了读者的关注与鼓励。对此，我深为感激，更是不敢懈怠。我是那么希望早一天把计划中的写作任务完成，包括那一本《梁思成传》，可由于种种原因，更是由于自己能力的不足，至今未能如愿，深感愧疚。在过去的这些年里，在紧张的工作之余，我成了档案馆、图书馆的常客，幸运地收集到大量珍贵的史料，我确实应该把更多的时间和精力，放到我的书桌上了。

我的工作得到许多前辈、同仁、朋友们的指教与帮助，请允许我在这里向他们致以崇高的敬意和发自内心的感谢。

感谢每一位接受我采访的人士。

感谢林洙老师为本书提供了有关梁思成、林徽因的历史图片。这些年，我最对不起她，她是那么盼着我早日完成《梁思成传》，可我总是拖拖拉拉。是的，我必须动笔了，我已能说服自己动笔了，确实是要早一些动笔了，不能再开小差了。感谢她老人家对我的宽容与期待。

感谢傅熹年院士提供给我1943年的北京旧城航拍图以及他复原的元大都和义门图，它们是非常珍贵的历史资料，其中有大量细节需要用心感悟。

感谢罗哲文先生提供给我1969年他拍摄的北京城门拆除现场图片，这些图片在《城记》一书中刊用过，此次，我仍选用了若干，因为它们与本书介绍的徐苹芳先生的元大都考古工作有着深刻的联系。

感谢岳升阳老师为我标注"2007年菜市口地区危改工程位置图"，为我绘制"大吉片历史文化点分布图""金中都城址图"以及"北京城址变迁图"，并提供他拍摄的观音院过街楼照片。在过去的二十多年里，岳升阳老师紧紧盯着一个又一个建设工地，怀着对祖先的巨大敬意，在极其艰难的情况下，倾力寻找北京古代城市发展演变的痕迹。他的探索精神与研究成果，给了我太多的鼓励与启发。

感谢陈衍庆先生提供给我陈占祥先生的照片。我不能忘记1994年3月2日第一次见到陈占祥先生时，陈衍庆先生当"翻译"的情景。在之前的电话联系中，陈占祥先生宁波口音的普通话让我这个贵州人听得很吃力。没想到陈占祥先生如此体贴，见面时竟将长子陈衍庆先生——清华大学建筑学院教授——

招来作"翻译"，使我顺利完成了一个上午的采访，这是我终生难忘的经历。

感谢胡劲草女士，她在完成纪录片《梁思成　林徽因》的拍摄之后，将她收集到的林徽因致费慰梅信中手绘的北总布胡同寓所平面图提供给我使用，使我对这处故居的理解能够在更准确的层面上展开，并与读者们分享。在梁从诫先生的敦促下，胡劲草女士为拍摄《梁思成　林徽因》付出长达四年的辛勤劳动，克服了一般人难以想象的困难。如今，这部深受观众喜爱的纪录片一播再播，梁从诫先生在九天之上，定可心慰。

感谢王南老师和刘辉同学。在王南老师的指导下，刘辉同学帮我绘制了北总布胡同梁思成、林徽因故居在 1980 年代被插建住宅楼的示意图。王南老师还向我提供了他绘制的《北京旧城城市肌理卫星影像分析图（2003 年 12 月）》，这是极其珍贵的图片史料。王南老师和夫人曾佳莉老师在繁忙的教学工作之余，坚持外出调查、测绘北京古代建筑，还邀请我和我的孩子加入其中。是的，我们必须当好王南老师的助手，把这项工作坚持下去。王南老师、李路珂老师带领胡介中、袁琳、李菁同学历时多年实地调查，投入巨大心力编著的面向大众的《北京古建筑地图》三册，是我外出调查时必备的参考资料，也是我这个"地图迷"见到的最好看、最实用、最专业的地图集，尽管编著者认为还有更加细致的工作等待完成，但它们已完全配得上北京这个伟大的城市。

感谢康乃尔大学的韩涛先生（Thomas H. Hahn）为本书提供约翰·泽布朗（John Zumbrun）1910 年代拍摄的北京影像及其他图片。这些年来，韩涛先生在城市规划、历史地理和艺术史方面给予我许多启发，他还为《城记》英文版的出版往返奔波，让我万分感动，唯以更加用心的写作相报。

感谢孙纯霞女士提供给我她拍摄的北总布胡同梁思成、林徽因故居被毁图片。后来无人能在那个地点拍摄了，这张照片更显珍贵。

感谢王嘉宁先生提供给我他拍摄的徐苹芳先生照片，那张难得的人物摄影佳作深受徐苹芳先生喜爱，本书有幸能够刊载。

感谢王荟女士为本书配图费心尽力。她作为一名书写北京文化遗产保护和历史地理变迁的新闻工作者，向读者们贡献了大量佳作，也使我这个同行受益良多。

感谢我的老同事李杨女士，这些年来她不断催我写稿，给了我太多灵感，这本书中的多篇文章，包含了她在编辑工作中付出的大量心血，她在职业生涯中面对最艰难时刻的毫不畏惧，给了我深深的激励。

感谢我的另一位老同事刘江女士，这本书收入了我与她在 2002 年 3 月合作完成的关于北京城市发展模式的调研，这组调研引发了太多的故事，我有幸能够把这些故事跟踪下来，形成《拾年》一书的重要线索。

感谢柳元先生一直以来在城市规划与文化遗产保护领域给予我的启发。我始终感到他在大洋彼岸一直默默地看着我写下的每一行字，让我知道我的笔端承载着怎样的使命。

感谢我十分敬重的新华社前辈熊蕾女士，她和柳元先生一道，将我引入美国城市规划的大门，打开了我的心扉，使我能够完成《采访本上的城市》一书，再将由此获得的能力，投入到我生活的这个城市。

感谢学长罗锐韧先生对我的关心与鼓励，每次与他相叙，都是生活中最快乐的时刻，也因此获得了太多的启发与力量。

感谢学友胡陆军先生，正是因为他无私的帮助，《城记》英文版去年终于问世。

感谢李竹润先生、金绍卿先生、熊蕾女士亲自翻译《城记》一书，这三位新华社老前辈优雅的英文，使这本书大大增色，也让我深深享受到了文字之美。

感谢张志军女士，她一如既往地高标准、严要求，不留情面地提出宝贵的意见，使《拾年》终于能够以这样的面貌呈现。难以想象失去了她的帮助，《城记》《采访本上的城市》以及这一本《拾年》将会留下多大的遗憾。

感谢清华大学建筑学院资料室的李春梅老师、郑竹茵老师在过去的十多年里给予的宝贵支持和热情帮助。

在这本书的完成中，我还得到杨林先生、刘文丰先生、曾一智女士的帮助，在此一并致以诚挚的谢意。

感谢我的妈妈、岳父、岳母、姐姐、妹妹。这些年来，我经常忙得顾不了家，可你们没有责怪我，而是分担了我的责任，更加关心、爱护着我。

感谢我的妻子刘劼和我的大宝贝宽宽。要知道，和你们在一起，我是多么幸运，又是多么幸福。

太多的话不能写在这里。真希望我所做的一切，对得起你们的爱！

王 军

2012 年 3 月 14 日